酸性气体脱除处理与相关技术

[加] Ying Wu, [加] John J. Carroll, Weiyao Zhu　编

赵章明　唐诗国　马辉运　王学强　译

石油工业出版社

内 容 提 要

本书介绍了酸性气体脱除机理、技术与过程建模，酸性气体水合物形成的预测，状态方程的适应性与预测结果的精确度，页岩气藏压裂产量预测与多尺度非线性渗流理论，国内二氧化碳捕获、利用、封存现状，以及吸收—吸附混合法沼气甲烷分离技术等内容。

本书可供从事油气藏开发与建模、酸性气体处置、二氧化碳强化采油等方面的工程技术人员、管理人员参考使用。

图书在版编目 (CIP) 数据

酸性气体脱除处理与相关技术 / (加)吴英, (加)约翰·J.卡罗尔 (John J. Carroll), 朱维耀编; 赵章明等译. —北京: 石油工业出版社, 2021.3

书名原文: Acid Gas Extraction for Disposal and Related Topics (Advances in Natural Gas Engineering)

ISBN 978-7-5183-4261-7

Ⅰ. ①酸… Ⅱ. ①吴… ②约… ③朱… ④赵… Ⅲ. ①酸性气体-处理-研究 Ⅳ. ①TE37

中国版本图书馆 CIP 数据核字 (2020) 第 193912 号

Acid Gas Extraction for Disposal and Related Topics
Edited by Ying Wu, John J. Carroll and Weiyao Zhu
ISBN 9781118938614
First published 2016 by John Wiley & Sons, Inc. and Scrivener Publishing LLC
Copyright © 2016 by Scrivener Publishing LLC.
All Rights Reserved. This translation published under license. Authorized translation from the English language edition, published by John Wiley & Sons. No part of this book may be reproduced in any form without the written permission of the original copyrights holder. Copies of this book sold without a Wiley sticker on the cover are unauthorized and illegal.

本书经 John Wiley & Sons. Inc. 授权翻译出版, 简体中文版权归石油工业出版社有限公司所有, 侵权必究。本书封底贴有 Wiley 防伪标签, 无标签者不得销售。

北京市版权局著作权合同登记号: 01-2020-4575

出版发行: 石油工业出版社
　　　　　(北京安定门外安华里 2 区 1 号楼　 100011)
　　　　　网　　址: www. petropub. com
　　　　　编辑部: (010)64523738　图书营销中心: (010)64523633
经　　销: 全国新华书店
印　　刷: 北京中石油彩色印刷有限责任公司

2021 年 3 月第 1 版　2021 年 3 月第 1 次印刷
787×1092 毫米　开本: 1/16　印张: 15.25
字数: 368 千字

定价: 200.00 元

译者前言

在酸性油气田开发过程中，硫化氢与二氧化碳的处置是酸性油气生产过程中的一个重要环节，本书的 23 篇论文来自提交给"处置气体注入与提高采收率研讨会"的会议论文。全书的内容涉及酸性气体脱除机理、技术与过程建模，酸性气体水合物形成预测，状态方程的适应性与预测结果的精确度，页岩气藏压裂产量预测与多尺度非线性渗流理论，中国二氧化碳捕获、利用、封存现状，以及吸收—吸附混合法沼气甲烷分离技术等内容。

本书由赵章明、唐诗国、马辉运和王学强共同翻译完成。在翻译过程中，为了力求翻译的准确性，译著查阅了大量相关的专业技术文献，但由于受到译著的专业知识与现场经验的限制，书中难免存在不足与不当之处，欢迎读者批评指正，在此深表感谢。

原书前言

2015 年 5 月在加拿大班夫举行了第五届"处置气体注入与提高采收率研讨会"。本书的文章选自提交给此次研讨会的会议论文，其中还包括几篇备用论文。

研讨会的主题发言和本书的第 1 篇论文讨论从气流中脱除二氧化碳的过程建模。接下来的几篇论文讨论酸性气体脱除技术，包括技术资料与相关的方程式。本书还包括几篇人们感兴趣的水合物方面的论文。

最后几篇论文，讨论了储层注气问题，其中包括酸性气体注入与二氧化碳提高石油采收率方面的文章。

目　　录

1　速率吸收过程模拟：是幻觉还是灵丹妙药？

P. J. G. Huttenhuis, G. F. Versteeg

（Procede Gas Treating BV，荷兰恩斯赫德市）

摘　要　针对分离过程的模拟设计，传统上使用了两个概念：理想级与效率。日益重要的以化学为基础的分离工艺，诸如使用链烷醇胺的气体处理工艺和碳捕获工艺，突显了正确建立多相系统耦合传质与化学动力学模型的重要性。

本研究中将通过各种真实案例来说明，速率模拟是极好的方法，通过速率模拟可以改善工艺性能，提出针对存在复杂化学反应的气—液分离工艺的新见解。使用速率模拟方法，用户能够全面了解现象背后的吸收机理。

1.1　简介

以复杂水化学反应（诸如 CO_2 捕获、选择性脱除 H_2S 以及类似于液化天然气预处理的速率限制物理分离）为基础的吸收工艺设计既复杂又难以理解。其涉及反应动力学、传质速率和热力学，必须同时考虑它们的影响。算法需要严格地将上述影响因素考虑在内，因此模型的建立受制于使用的算法。

了解传质参数如何协同影响预测结果是工艺工程师要求的重要培训内容，其目的是让工程师能够熟练应用此类技术。

本文使用速率模拟器来模拟高压 CO_2 捕获过程，给出了数个影响吸收性能的传质参数，以便获得既可靠又正确的模拟器预测结果。

1.2　Procede 程序模拟器

本文描述的模拟案例采用的是 Procede 程序模拟器。Procede 程序模拟开发了一种新的操作流程图工具（Procede 程序模拟器），专门设计用于酸性气体处理工艺的稳态模拟[1]。工艺模型包含与酸性气体处理工艺的设计、优化和分析有关的所有特征，如使用物理溶剂选择性脱除 H_2S、燃烧后 CO_2 捕获或脱除 CO_2。模拟器包含人性化的图形用户界面和强大的数值求解器，可求出热力学、动力学和传质方程的严格模拟解（这一组合通常称为速率模型）。Procede 程序模拟器也支持与气体处理设施有关的主单元操作，比如吸收塔、汽提塔、闪蒸罐、加热器、泵、压缩机、混合器和分离塔，以及为了提升工艺工程师的工作效率而设计的新单元操作，诸如计算水和溶剂补充量的自动化手段。Procede 程序模拟器经过了广泛的验证，可用于多个碳捕获项目[2-4]。将一乙醇胺水溶液吸收燃煤电厂烟道气 CO_2 作为比较基准，全面系统地比较平衡建模与速率建模[5]。

Procede 程序模拟器包括广泛的、经过详细评估的数据库，其中包含热力学模型参数、二元相互作用参数、动力学常数、化学平衡常数、扩散系数及其他要求的物理性质。优化物理性质模型参数，以便准确预测氨基捕获过程中的气—液平衡(VLE)、热力学性质与物理性质，以及动力学增强传质特性。可用的流体动力学传质模型有几种，如 Higbie 渗透模型[6]。

热力学模型对由吉布斯超函数推导出来的相容液体活度系数模型进行了必要的改进，以便用气体立方状态方程来处理水溶液中的离子物质。为了便于进行塔的性能预测，程序包含由各类塔盘以及大批乱堆填料与规整填料数据组成的大型数据库。使用了几种传质参数(k_g、k_l 和 a)和流体动力学模型，这得益于精确的物理性质模型，物理性质包括密度、黏度、表面张力、扩散系数和热导率；这些模型是专门针对酸性气体处理而挑选出来的，并进行了验证。

根据对细节的关注可以构建能够全面描述酸性气体处理过程的模拟器，包括具有多个(混合)溶剂回路的复杂工艺。模拟器使人们能够对潜在的新溶剂性能、当前操作以及当前操作的环境有更深刻的了解。

1.3 传质基础

Procede 程序模拟器最重要的部分是传质模块。利用传质模块计算从气相到液相的传质过程，反之亦然。

在下面的示例中，气态组分 A(CO_2)传递至液相组分 B，发生的反应为：

$$A+B \longrightarrow P \tag{1.1}$$

反应速率通过反应速率常数 $k_{1,1}$ 以及液相中组分 A 和组分 B 的浓度来计算：

$$-v_A = k_{1,1} c_A c_B \tag{1.2}$$

式中　v_A——反应速率；

　　　$k_{1,1}$——组分 A 和组分 B 之间的反应动力学速率常数；

　　　c_A、c_B——组分 A 和组分 B 的浓度。

定量描述这种吸收过程的常用基本传质模型是静止膜模型。在这个静止膜模型中，流体(气相和液相)被分成两个不同的区域：界面附近厚度为 δ(气体和液体)的静止膜和静止膜后充分混合的气—液混合物(气体和液体)，不存在浓度梯度。静止膜模型的吸收过程如图 1.1 所示。

图 1.1 给出了有/无化学反应的逆流气—液体系驱动力参数(基于膜模型)：

气体和液体阻力取决于两相中的扩散系数和膜厚度。静止膜模型假设平衡状态位于气—液界面处。对于酸性气体—溶剂系统来说，在液体中会发生化学反应，通过化学反应来增强液体中的传质过程，如图 1.1 所示。

基于反应速率方程中的变量数，确定几个限制条件。如果假设气相阻力可忽略不计(高 k_g；在大多数 CO_2 捕获吸收过程中，k_g 是无限大的)，则组分 A(CO_2)的吸收速率为：

$$-r_A = m_A k_l a E c_{A,g} \tag{1.3}$$

式中　r_A——组分 A 的吸收速率，mol/[s·m³(反应器)]；

　　　m_A——组分 A 在溶剂中的物理溶解度；

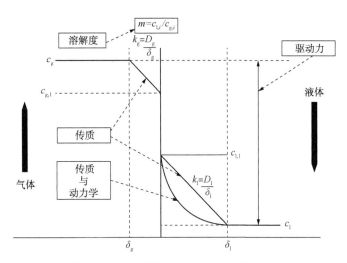

图 1.1 基于膜模型的气—液处理驱动力

k_1——液相侧传质系数，m/s；

a——有效气—液面积，m^2/m^3(反应器)；

E——化学增强因子；

$c_{A,g}$——气相中组分 A 的浓度，mol/m^3。

E 是化学增强因子，指在相同驱动力下的通量比(无论是否存在化学反应)。对于非反应性系统来说，定义化学增强因子为 1。为了计算 CO_2 通量，应确定化学增强因子，并且为了计算化学增强因子，引入了八田数(Ha 数)的定义。无量纲八田数指传质膜的最大化学转化率与通过膜的最大扩散通量之比。对于上述示例，八田数定义如下：

$$Ha = \sqrt{\frac{k_{1,1}c_B D_A}{k_1}} \tag{1.4}$$

式中　$k_{1,1}$——反应速率常数；

c_B——液相中反应物(B)的浓度；

D_A——溶剂中组分 A 的扩散系数；

k_1——液相侧传质系数。

可根据八田数确定几种反应状态。对于低压 CO_2 捕获来说，通常可确定为拟一级区域(Ha 数远大于 2)，并且在这种情况下，化学增强因子(E)等于八田数，吸收速率计算如下：

$$-r_A = m_A k_1 a E c_{A,g} = m_A k_1 a \cdot Ha \cdot c_{A,g} = m A a \sqrt{k_{1,1}c_B D_A} c_{A,g} \tag{1.5}$$

因此，当热力学(m)、动力学($k_{1,1}$)、传质信息(a)和物理性质(D)可知时，可以确定液相的 CO_2 吸收速率。在这些条件下，CO_2 传质过程与液相侧传质系数无关。

在这种情况下，CO_2 和溶剂之间的反应发生在气—液界面处，并且液相中无 CO_2，即全部转化为离子物质。

Procede 程序模拟器的传质计算采用了 Higbie 渗透模型，而不是使用膜模型。与膜模型相比，Higbie 渗透模型适用于各种条件、所有八田数、(半)间歇式反应器、多种复杂反应和平衡反应、具有不同扩散系数的组分，也可用于多气相组分系统。但正如上面的讨论一样，它们的原理是相同的。

对于吸收塔和再生塔的速率建模，接触器被分割为一系列传质单元，如图 1.2 所示。在逆流操作中，每个传质单元从上一级传质单元输入液体，同时向下一级传质单元输出液体，从下一级传质单元输入蒸气，同时也向上一级传质单元输出蒸气。由于受建模方式的影响，模型形成的传质单元数（NTU）和这些单元的实际物理形状（如筛板塔盘、散堆填料等）是完全不同的。在一定程度上，该模型属于一般模型，它涉及实际发生的所有必要现象——热力学驱动力、传质有效面积和传质速率、化学动力学和极限滞留时间。

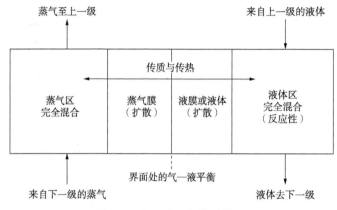

图 1.2　气—液一般传质模型

速率建模，气相和液相由界面分离，两相的温度不同，两相之间的传质速率和传热速率受到两相之间的驱动力、接触面积、传质与传热系数的控制。传质面积取决于期望的分离质量。沿塔高（h）求微分质量平衡方程式（1.6）和式（1.7）的积分来计算气相（y）和液相（x）的摩尔分数。

$$L \frac{\mathrm{d}x_i}{\mathrm{d}h} = J_i a_e V \qquad (1.6)$$

$$G \frac{\mathrm{d}y_i}{\mathrm{d}h} = J_i a_e V \qquad (1.7)$$

式中　L——液相的总摩尔流量；

　　　G——气相的总摩尔流量；

　　　i——组分指数；

　　　V——该段的总体积。

用于传质的有效界面面积（a_e）取决于接触器内部的填料类型或其他传质面积，诸如塔盘塔建模用的传质比面积或泡罩塔内的气泡界面面积。以驱动力为基础来计算质量通量（J）。如果驱动力定义为气相和液相之间的浓度差，则通量计算如下：

$$J_i = k_{ov,i} \left(\rho_g y_i - \frac{\rho_1 x_i}{m_i} \right) \qquad (1.8)$$

式中　m_i——i 物质以液体与气体浓度比值为基础的分布系数。

如果求这组方程的数值积分，则传质单元的高度取决于用于积分的数值离散化。若使用填料塔，轴向分散可忽略不计，传质单元数设定为引发段塞流时的数值。若使用筛板塔，假设各塔盘的液相和气相处于理想混合状态，可以将传质单元数设定为塔盘数。由于轴向分散，这会导致段塞流减少。应该注意的是，通过这种方式，轴向分散可以由理想的串联混合接触器来描述。

在化学吸收和驱动力受制于浓度的情况下，总传质系数 k_{ov} 是气相传质系数(k_g)、液相传质系数(k_l)和以浓度为基础的分布系数(m)的函数。E 是前面讨论的化学增强因子。

$$\frac{1}{k_{ov,i}} = \frac{1}{k_{g,i}} + \frac{1}{m_i k_{l,i} E_i} \tag{1.9}$$

与经验确定传质参数建构有关的细节是非常重要的，其原因在于它们的不同控制方程与方程参数之间的相互作用并不总是直观的。例如，在物理分离过程中，仅需要气相和液相传质的传质系数和比界面面积的乘积($k_g a_e$ 和 $k_l a_e$)，因为二者的乘积决定了吸收速率。对于化学反应性的传质限制分离过程来说，需要气相和液相的传质系数和比传质面积(k_g、k_l、a_e)。对与预测吸收塔传质参数有关的实验进行研究，利用实验数据的相关性进行回归处理，推导出了几个经验或半经验相关式，或者通过理论水力模型推导出相关式。通常情况下，总传质系数或体积传质系数可通过这些实验来确定，但是要区分传质系数(k_l 和 k_g)和有效界面面积(a_e)基本上是不可能的。

1.4 CO$_2$ 捕获案例

基于真实的工艺设施数据来模拟高压(60bar)CO$_2$ 捕获装置，模拟装置的工艺流程如图1.3所示。

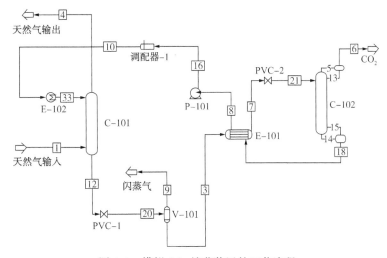

图1.3　模拟 CO$_2$ 捕获装置的工艺流程

图1.3中给出了标准的 CO$_2$ 捕获装置流程，其中包括吸收塔与解吸塔、闪蒸罐和各种换热器与溶剂循环泵。使用活化甲基二乙醇胺(MDEA)溶液脱除 CO$_2$，即通常使用含有 MDEA 和哌嗪的溶剂。吸收塔配备 20 个浮阀塔盘。浮阀的几何结构细节(如堰高和塔盘间距)已在模拟过程中考虑到。建立的相关式已用于各种传质参数(k_g、k_l、a_e)的计算。气流是碳氢化合物，主要组分是甲烷和体积分数为 3.0% 的 CO$_2$。采用缺省模拟，使用模拟器默认相关式来计算以下传质参数：$k_g = 2.6 \times 10^{-3}$ m/s，$k_l = 2.6 \times 10^{-4}$ m/s，$a_e = 38$ m^2/m^3。注意需

要计算各塔盘的传质参数，以上给出的数据是整个塔的平均值。

利用这些设定值，使用模拟器计算75%的CO_2捕获率。实际上，测量出的CO_2捕获率略高于此值(高出几个百分点)，通过参数敏感性分析，研究了传质参数的CO_2捕获率影响。如上所述，就Procede程序模拟器来说，在使用溶剂—气体混合物的理化性质时是非常严谨的，最难预测的参数是传质参数k_g、k_l和a_e。

图1.4中绘制的是有效界面面积(a_e)与CO_2出口浓度计算值的关系曲线。面积在默认相关式计算初值($38m^2/m^3$)的10%~500%之间变化。

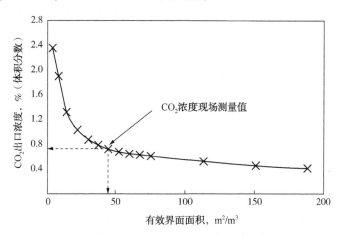

图1.4　有效界面面积对CO_2出口浓度计算值的影响

基于图1.4可以得出这样的结论：CO_2捕获率严重依赖于有效界面面积。面积的减小确实会严重影响CO_2的总捕获率，其原因在于CO_2捕获率几乎与液相中的CO_2吸收能力呈线性关系，因此减小面积会导致吸收能力下降。当使用默认相关式计算的有效界面面积增加22%，即达到$46m^2/m^3$时，模拟器预测的CO_2浓度与现场的测量值一致。

面积的增加确实导致了CO_2捕获率增加，然而，有效界面面积减小的影响却不太明显。当有效界面面积很大(大于$100m^2/m^3$)时，尤其如此。进一步增大面积，CO_2捕获率的增加幅度下降。原因是在高捕获率的情况下，传质驱动力(气相和修正液相之间的浓度差)随着CO_2捕获率的增加而下降。图1.5中绘制的是在缺省状态($a_e=38m^2/m^3$)下，气相浓度/修正液相浓度与塔盘数的关系曲线，是塔盘数的函数。修正液相浓度是与液相处于平衡状态下的气相浓度。这两条曲线之差即是传质驱动力。

从图1.5可以看出，气相浓度从吸收塔顶部约3%(摩尔分数)减少到底部约0.7%(摩尔分数)。可以得出如下结论：塔中部的驱动力低。如果详细研究塔的温度分布情况的话，就能够解释这种现象。图1.6绘制的是吸收塔液相温度与塔盘数关系曲线。从图1.6中可以看出，吸收塔中部的温度超过了80℃($a_e=38m^2/m^3$)。在这样的高温下，平衡分压CO_2远高于低温区，即用于CO_2捕获的溶剂容量下降。由于驱动力减小，气相到液相的CO_2传质减弱。

当有效界面面积从$7.6m^2/m^3$增加至$50m^2/m^3$时，CO_2捕获率急剧增加(图1.4)。当有效界面面积从$50m^2/m^3$增加到$190m^2/m^3$时，CO_2捕获率增加，但是增加幅度明显低于预期。在模拟研究气相和液相之间的驱动力时，可以很好地解释这一现象(图1.7)。

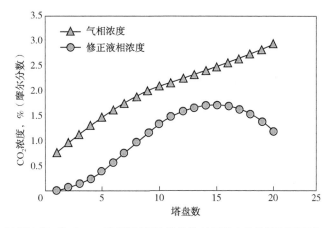

图 1.5 气相浓度/修正 CO_2 液相浓度是塔盘数的函数(有效界面面积为 $38m^2/m^3$)

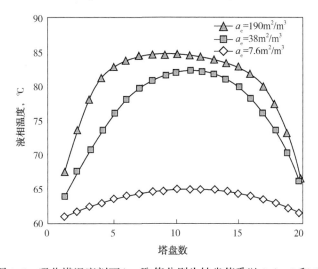

图 1.6 吸收塔温度剖面(a_e 取值分别为缺省值乘以 0.2、1 和 5)

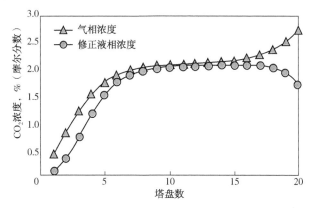

图 1.7 气相浓度和修正 CO_2 液相浓度是塔盘数的函数

(有效界面面积为 $190m^2/m^3$，等于缺省值乘以 5)

基于图 1.7 的结论是：吸收塔约有 50% 的塔盘(8~15 个塔盘)几乎没有可用的传质驱动力。由于 CO_2 捕获率大，吸收塔温度接近 85℃(图 1.6)，在这样的高温下，平衡的 CO_2 压力高，导致吸收停止。通过图1.7可以看出，添加更多的塔盘(或增大有效界面面积)不会导致CO_2捕获率增加。通过塔中部的级间冷却或增加溶剂循环量，可以增加CO_2的捕获总量。

如图1.8所示，绘制的是液相侧传质系数与CO_2出口浓度关系曲线。

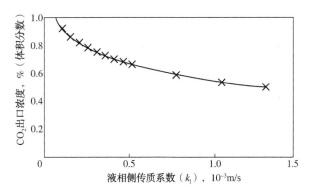

图1.8 液相侧传质系数对CO_2出口浓度计算值的影响

基于图1.8的结论是：液相侧传质系数的高、低值，对CO_2捕获率的影响远低于有效界面面积。其原因在于反应实际发生在拟一级区域。如前文所述，当反应快于传质时，吸收速率不受液相侧传质系数的影响。图1.9为计算的吸收塔化学增强因子($k_1 = 5.2×10^{-5}$m/s、$2.6×10^{-4}$m/s 和$1.3×10^{-3}$m/s，即缺省值分别乘以0.2、1 和5)。

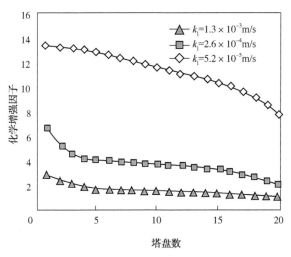

图1.9 化学增强因子(k_1取值分别为缺省值乘以0.2、1 和5)

从图1.9中可以看出，在大多数条件下，化学增强因子远大于1，此时的吸收速率与k_1无关。塔底部的k_1值小，化学增强因子接近1，此时的CO_2捕获率取决于k_1值。

图1.10绘制的是吸收塔温度剖面，k_1的取值如图所示。从图1.10中可以得出这样的结论：液相侧传质系数对吸收塔的温度影响不大。

图1.11绘制的是气相侧传质系数(k_g)与CO_2出口浓度计算值的关系曲线。

基于图1.11的结论是：气相侧传质系数并不会限制如图1.11所示范围内的CO_2总捕获率。其原因在于传质速率受制于前面讨论的液相阻力。

图 1.12 绘制的是吸收塔液相温度剖面（$k_g = 5.2 \times 10^{-4}\,\text{m/s}$、$2.6 \times 10^{-3}\,\text{m/s}$ 和 $1.3 \times 10^{-2}\,\text{m/s}$，即缺省值分别乘以 0.2、1 和 5）。

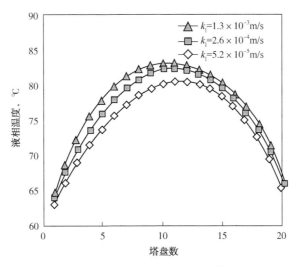

图 1.10　吸收塔温度剖面（k_l 取值分别为缺省值乘以 0.2、1 和 5）

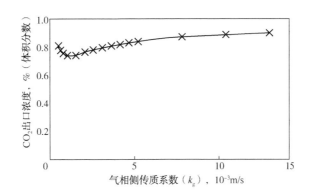

图 1.11　气相侧传质系数对 CO_2 出口浓度计算值的影响

从图 1.12 中可以看出，k_g 值会明显影响吸收塔的温度分布曲线。三种情况下的 CO_2 捕获率大致相同，分布温度差异的原因不可能是 CO_2 捕获率增加和相应的放热反应所致，而是 CO_2 的 k_g 值发生变化以及出现在溶剂中的其他组分的 k_g 值的影响，例如水。水的 k_g 值会明显影响塔的水蒸发量。k_g 值越高，水的传质越多，这会明显影响吸收塔的温度分布。

将 Procede 程序模拟器中模拟的缺省 CO_2 吸收案例与现场测试数据进行比较，计算的 CO_2 捕获率比现场测量值低 1.8%。为了使模型计算的 CO_2 捕获率与现场的测量值相匹配，将模型中的计算有效界面面积增加了 22%（案例 1）。如前文所述，在这种情况下，拟合有效界面面积比拟合其他的传质参数更有效。使用这个微调的有效界面面积相关式，又进行了另外三个现场案例（案例 2 至案例 4）计算，其模型预测值与现场测量数据之间的对比情况如图 1.13 所示。

从图 1.13 中可得出如下结论：所有模拟案例，模拟器预测的 CO_2 捕获率与现场测量数据非常吻合。

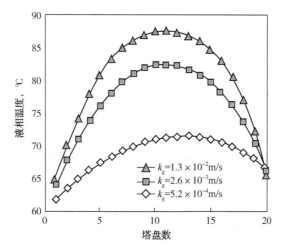

图 1.12 吸收塔温度剖面(k_g 取值分别为缺省值乘以 0.2、1 和 5)

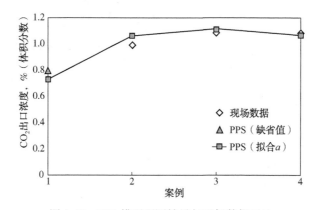

图 1.13 PPS 模型预测结果与现场数据对比

1.5 结论与建议

本文使用速率模拟器研究了各传质参数(k_g、k_l 和 a_e)的影响,并与现场测量数据进行了比较。基于模拟结果的结论是:了解各传质参数是正确描述 CO_2 捕获过程的关键环节,可以通过各个传质参数来调节 CO_2 的捕获性能。各参数对整体性能的影响是不同的,如果调错了传质参数,则外推至其他工艺条件时,会产生错误的模拟结果。本文描述了 CO_2 捕获过程,如果讨论 H_2S 捕获过程,由于 H_2S 和胺之间的反应速率非常快,结果将会完全不同。如果气相中同时存在 H_2S 和 CO_2,则复杂程度会明显增加,速率模拟是进行可靠设计的唯一方法。从本文描述的模拟过程来看,速率模拟是描述复杂气体处理工艺的极佳方法,但必须知道基本参数,即传质参数。

参 考 文 献

[1] E. P. van Elk, A. R. J. Arendsen, G. F. Versteeg, "A new flowsheeting tool for flue gas treating", Energy Procedia 1, 1481–1488, 2009.

[2] E. S. Hamborg, P. W. J. Derks, E. P. van Elk, G. F. Versteeg, "Carbon dioxide removal by alkanolamines in aqueous organic solvents. A method for enhancing the desorption process", Energy Procedia 4, 187-194, 2011.

[3] J. C. Meerman, E. S. Hamborg, T. van Keulen, A. Ramírez, W. C. Turkenburg, A. P. C. Faaij, "Techno-economic assessment of CO_2 capture at steam methane reforming units using commercially available technology", Int. J. Greenh. Gas Con. 9, 160-171, 2012.

[4] A. R. J. Arendsen, E. van Elk, P. Huttenhuis, G. Versteeg, F. Vitse, "Validation of a post combustion CO_2 capture pilot using aqueous amines with a rate base simulator", SOGAT, 6th International CO_2 Forum Proceedings, Abu Dhabi, UAE, 2012.

[5] A. R. J. Arendsen, G. F. Versteeg, J. van der Lee, R. Cota, M. A. Satyro, "Comparison of the design of CO_2-capture processes using equilibrium and rate based models", The Fourth International Acid Gas Injection Symposium, Calgary, 2013.

[6] G. F. Versteeg, J. A. M. Kuipers, F. P. H. van Beckum, W. P. M. van Swaaij, "Mass transfer with complex chemical reactions. I. Single reversible reaction", Chem. Eng. Sci. 44, 2295-2310, 1989.

2 酸性气体脱除过程建模

Alan E. Mather

(艾伯塔大学化学与材料工程系，加拿大艾伯塔省埃德蒙顿市)

摘 要 气体处理的一个方面是从气流中除去酸性气体 H_2S 和 CO_2。处理过程常常涉及溶剂的使用，而使用的溶剂又会与酸性气体发生反应。气—液平衡结合了化学反应。设计气体处理工艺需要用到实验数据。但是，由于变量太多，以至于人们感兴趣的处理条件几乎无必要的数据可用。因此，提议通过模型来获取所需的信息。本文将描述建议的模型及其重要特征。

2.1 简介

酸性气体(H_2S 和 CO_2)会出现在许多工业环境中。天然气通常含有酸性气体，气体处理涉及酸性气体、水和重烃的脱除过程。燃煤或天然气发电厂在发电的同时会产生大量的二氧化碳。来自烟道气的碳捕获和后续封存可以减少人为的二氧化碳排放量。这提高了人们对从气流中脱除 CO_2 的方法的兴趣。

H_2S 和 CO_2 被称为酸性气体，溶解于水形成弱酸(温度为 25℃ 时，CO_2 的 $pK_a = 6.36$，H_2S 的 $pK_a = 6.99$)。弱酸可以用碱来中和。然而，使用强碱(如 NaOH)会产生沉淀物，这又会涉及沉淀物的处置问题。使用弱碱中和生成的化合物，稳定性相当差，加热就会分解。针对此目的，Bottoms[1]最早提出使用链烷醇胺的建议。采用链烷醇胺水溶液脱除 CO_2 和 H_2S 的方法已经有 80 多年的历史了，最初的目的是用链烷醇胺脱除天然气中的 CO_2 和 H_2S。Kohl 和 Nielsen[2]以及 Astarita 等[3]描述了天然气处理工艺及其历史。链烷醇胺是含氨基和醇基的有机化合物，氨基提供碱性，因而可溶于水。典型的链烷醇胺如图 2.1 所示：一乙醇胺(MEA)是具有两个可置换氢的伯胺；甲基二乙醇胺(MDEA)是叔胺，没有可置换氢。这对建模是有影响的。还有许多其他的链烷醇胺，但上述两种是最常用的。Rayer 等[4]通过筛选列出了许多链烷醇胺(用于脱除 CO_2)的实验数据、实验方法和模型。

脱除工艺如图 2.2 所示。

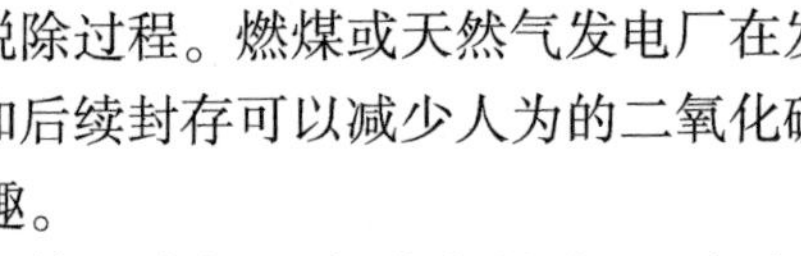

乙醇胺(MEA)   甲基二乙醇胺(MDEA)

图 2.1 链烷醇胺

气体进入吸收塔，与塔内的溶液逆流接触并发生反应，吸收 CO_2 的富溶液从吸收塔的底部流出，同时净化气从吸收塔的顶部流出。吸收过程会释放热量，富溶液的温度升高。如

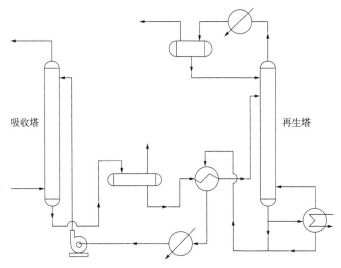

图 2.2 链烷醇胺工艺流程简图

果使用一乙醇胺，则释放的热量为 82kJ/mol(CO_2)，如果溶液进入吸收塔时的温度为 40℃，则其离开吸收塔时的温度会高于 40℃。对于循环工艺来说，反应必须是可逆的。富溶液送至再生塔，与来自再沸器的蒸汽接触。再生塔底部温度约为 120℃，从而分离出溶液中的 CO_2。为了使反应能够可逆进行，必须提供的热量为 82kJ/mol(CO_2)。此外，必须供给富溶液能量，使其温度升至沸点，提供汽提用的蒸汽。

2.2 气—液平衡

酸性气体—链烷醇胺溶液的气—液平衡的表示方式与用于非电解质溶液的表示方式不同。以分压(等于蒸气中的摩尔分数乘以总压力)为纵坐标，以液相中的摩尔比为横坐标，绘制二者的关系曲线。这样表示的原因是水溶液中约有 90%(摩尔分数)的水，因此，如果使用液相中的酸性气体摩尔分数，其数据点会被限制在 y—x 图上靠近 y 轴与 x 轴交点的狭小区域内[y—x 图通常用来表示气—液平衡]。如果使用摩尔比，标度范围为 0~1(约数)，水溶液中链烷醇胺的典型浓度范围为 3~5mol。多年来通过测量获得了大量的链烷醇胺溶液中的 CO_2 与 H_2S 溶解度数据。使用的链烷醇胺有很多种，涉及的变量是温度、链烷醇胺浓度和 CO_2 分压。如图 2.3 所示，给出了 5mol/L 一乙醇胺溶液的可用数据。这些数据的分压值超过 7 个数量级，因此通常采用对数坐标来表示。在这种情况下，横坐标也采用对数坐标。

就各种条件的甲基二乙醇胺溶液来说，二氧化碳溶解度数据如图 2.4 所示。40℃的数据是典型的吸收条件。120℃的数据是典型的再生条件。

2.3 建模

链烷醇胺溶液脱除 CO_2 时所发生的理化平衡如图 2.5 所示。液相中含有大量的弱电解质分子和离子物质。第一种用于弱电解质溶液的严格方法是 Edwards 等[7]的方法。

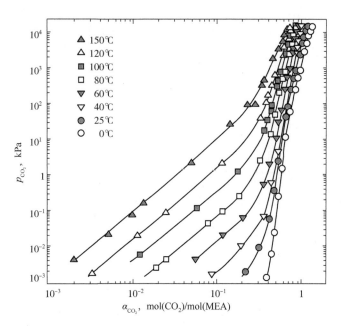

图 2.3　5mol/L 一乙醇胺溶液实验数据

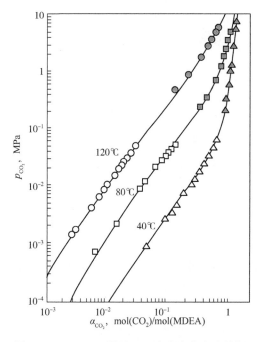

图 2.4　4.3mol/L 甲基二乙醇胺溶液实验数据

当含有 H_2S 和 CO_2 的气体与链烷醇胺水溶液接触时，在液相中发生如下 7 个独立的线性反应：

（1）胺质子化。

$$R_1R_2R_3N+H_2O \Longrightarrow R_1R_2R_3N^+ + OH^- \qquad (2.1)$$

（2）氨基甲酸盐形成。

$$R_1R_2NH+CO_2 \Longleftarrow R_1R_2NCOO^- + H^+ \qquad (2.2)$$

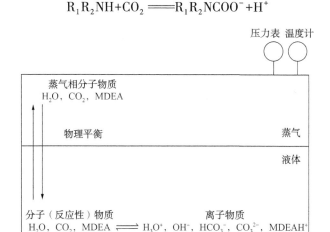

图 2.5 CO_2—MDEA—H_2O 系统平衡

（3）二氧化碳一次离解。

$$CO_2 + 2H_2O \Longleftarrow HCO_3^- + H_3O^+ \qquad (2.3)$$

（4）二氧化碳二次离解。

$$HCO_3^- + H_2O \Longleftarrow CO_3^{2-} + H_3O^+ \qquad (2.4)$$

（5）硫化氢一次离解。

$$H_2S + H_2O \Longleftarrow HS^- + H_3O^+ \qquad (2.5)$$

（6）硫化氢二次离解。

$$HS^- + H_2O \Longleftarrow S^{2-} + H_3O^+ \qquad (2.6)$$

（7）水离子化。

$$2H_2O \Longleftarrow H_3O^+ + OH^- \qquad (2.7)$$

所有模型都是以此为基础的。缺少氢原子的叔胺不会生成氨基甲酸盐。有三种类型的模型，即经验模型、活度系数模型和状态方程模型。

2.3.1 经验模型

用于弱电解质溶液的第一种气—液平衡模型，如酸性气体—链烷醇胺溶液，不涉及活度系数。van Krevelen 等[8]使用了表观平衡常数。在表示化学平衡时，他们使用的是浓度，随后，用实验数据按表观平衡常数是离子强度的函数来进行曲线拟合。Danckwerts 和 McNeil[9]也采用了类似的方法。Kent 和 Eisenberg[10]使用相同的方法来确定一乙醇胺和二乙醇胺溶液的 CO_2 和 H_2S 溶解度，但并未考虑离子强度的影响。他们假定液相为理想溶液，气相为理想气体。利用发表的数据，将胺质子化和氨基甲酸盐形成的化学平衡常数与当时的数据进行拟合处理。当然，这些简单模型无法提供溶液中的正确生成物质。就正确解释动力学实验来说，这些数据具有非常重要的作用。Posey 等[11]通过忽略氨基甲酸盐的形成来构建简单模型。这样的模型适用于甲基二乙醇胺溶液，但不能用于伯胺和仲胺溶液。Dicko 等[12]发现该模型无法用于他们新获得的实验数据。最近，Gabrielsen 等[13]提出了链烷醇胺溶液的

CO_2 溶解度简化模型，该模型描述了在从燃煤电厂烟道气中捕获 CO_2 时遇到的 CO_2 分压，该 CO_2 分压的变化范围较小，并给出一个必须求解的显式方程。

2.3.2 活度系数模型

活度系数模型需要针对液相中所有物质。亨利定律将气相中的酸性气体浓度与液相中的分子酸性气体浓度联系起来，利用物质平衡方程和电中性要求建立了可以求解的非线性方程组。第一个活度系数模型是 Atwood 等[14]提出的，他给出了一乙醇胺、二乙醇胺和 TEA 及其二硫化物的活度系数。给出的活度系数是离子强度的函数。后来，Klyamer 和 Kolesnikova[15]认为不同离子的活度系数是相等的，与温度无关。同样，设定水的活度等于水的物质的量浓度。Kisamer 等[16]将该模型扩展到 CO_2 和 H_2S 的混合物。Deshmhh 和 Mather[17]使用 Guggenheim 的扩展 Debye-Hückel 方程[18]来计算活度系数：

$$\ln\gamma_k = \frac{-Az_k^2 I^{0.5}}{1+b_k I^{0.5}} + 2\sum\beta_{kj}m_j \tag{2.8}$$

第一项是 Debye-Hückel 极限定律，代表静电力；第二项考虑了短程范德华力。A 与溶剂的介电常数有关，b_k 是常数，z 是离子电荷，I 是离子强度，m 是物质的量浓度，β_{kj} 是相互作用参数。以上数据来自实验数据的拟合结果。

Anderko 等[19]提供了许多活度系数模型，并对其中的许多活度系数模型进行了总结。

在表示活度系数时，考虑了两种不同的方法：一种方法认为水和链烷醇胺都是溶剂；另一种方法仅认为水是溶剂。

2.3.3 双(或多)溶剂模型

Austgen 等[20,21]将 Pitzer 扩展的 Debye-Hückel 方程用于远程离子相互作用，有规双液 (NRTL)模型用于短程相互作用。同样，需要 Born 项来解释参比态差异。在该模型中，认为水和链烷醇胺都是溶剂。离子物种的参比态是水中的无限稀释状态。Born 项说明了吉布斯能量的变化，吉布斯能量与离子物质从混合溶剂无限稀释状态迁移至水溶液无限稀释状态有关。

$$g^E = g^E_{PDH} + g^E_{NRTL} + g^E_{Born} \tag{2.9}$$

可以通过微分法来确定活度系数：

$$\ln\gamma_i = \left[\frac{\partial(n_t g^E/RT)}{\partial n_i}\right]_{T,p,n_j} \tag{2.10}$$

通过拟合实验数据获得有规双液方程的 15 个分子—分子对和分子—离子对参数(都依赖于温度)。在后来的工作中，将模型扩展至胺的混合物。最近这种模型已被 Zhang 和 Chen[22,23]应用于甲基二乙醇胺溶液。这是目前最容易获得的模型。

Buenrostro-González 等[24]使用类似模型以及 Smith 和 Missen 非化学计量算法来确定液体的实际组成。Liu 等[25]对 Austgen 模型进行了改进，以便能够更好地反映再生过程。Barreau 等[26]也使用类似模型，但在确定参数的过程中采用了新的实验数据。参数差异与结果差异的原因是确定参数时使用了不同的数据组。Lee[27]使用的活度系数模型，结合了用于中性物质活度系数的 UNIFAC 基团贡献法。这种方法的优点在于该模型可应用于不同的胺类，无须重新确定新参数。

Li 和 Mather[28]使用短程相互作用的 Clegg-Pitzer 方程和远程相互作用的 Debye-Hückel项。所得方程应用于链烷醇胺的混合物。

Sander 等提议使用的另一个模型，该模型使用了用于远程相互作用的 Debye-Hückel 项和用于短程相互作用的 UNIQUAC 模型[29]。

2.3.4　单溶剂模型

这些模型假定为溶剂—水系统，并且在针对活度系数的 Pitzer 扩展中包含二元项和三元项。Kuranow 等[30]和 Pérez-Salado Kamps 等[31]使用的就是这种方法。在模型中使用了 11 个参数(8 个二元项和 3 个三元项)，都与温度有关。

2.3.5　状态方程模型

范德华知道，如果有应用于两相的状态方程可用，则可以采用体积数据来计算气—液平衡。然而，其状态方程在应用于液相时的精确度并不高，因此在 20 世纪早期，状态方程逐渐受到了人们的冷落。一种方法是 Kuranov 等[32]提出的方法，使用了空穴模型。在描述电解质溶液的不同方法中，Blum[33]的平均球面近似(MSA)理论是这些方法的基础。Planche和 Renon[34]使用平均球面近似理论来描述电解质系统。Fürst 和 Renon[35]提出了一个基于摩尔 Helmholtz 能量表达式的模型。它表示为 5 个贡献项的总和：分子排斥相互作用(RF)；短程分子相互作用(SR1)；短程离子—离子和离子—分子相互作用(SR2)；远程离子—离子相互作用；Born 项。

$$\frac{a-a^0}{RT} = \left(\frac{a-a^0}{RT}\right)_{RF} + \left(\frac{a-a^0}{RT}\right)_{SR1} + \left(\frac{a-a^0}{RT}\right)_{SR2} + \left(\frac{a-a^0}{RT}\right)_{LR} + \left(\frac{a-a^0}{RT}\right)_{Born} \quad (2.11)$$

从 Helmholtz 能量的角度来看，可以获得所有的热力学性质。

前两项由分子状态方程(经改进的 SRK 方程)来描述。SR2 和 LR 由 MSA 模型来描述。同样需要一个 Born 项来解释这样一个事实，即 LR 项的标准状态不同于其他项(RF、SR1 和SR2)的标准状态。其他模型[36-40]涉及对 Fürst-Renon 方案的小改动。

Zoghi 和 Feyzi[41]使用电解质改进型 Peng-Robinson 立方附加缔合状态方程来构建链烷醇胺混合物的 CO_2 溶解度模型。

2.4　结论

(1) 经验模型对初期研究很有用。

(2) 针对详细传质计算和要求生成物质的场合，需要活度系数模型。非线性方程的解是复杂的。

(3) 状态方程模型也能够用于生成物质，更适合应用于高压环境。

(4) 目前，这些模型中的参数是通过拟合实验溶解度数据来获得的。拥有液相实际生成物质的信息是有用的。例如，利用离子选择性电极、pH 值测量、电导率测量和核磁共振光谱来对模型进行改进。Böttinger 等[42]已经使用核磁共振光谱来确定系统(CO_2—MEA—H_2O和 CO_2—DEA—H_2O)中的生成物质，Diab 等[43]将生成物质结果纳入了 Fürst 和 Renon[35]最初提出的状态方程。

参 考 文 献

［1］R. R. Bottoms. Ind. Eng. Chem. , 23：501-504, 1931.

［2］A. L. Kohl, R. B. Nielsen. Gas Purifcation, 5th ed. , Gulf Publishing Co. , Houston, 1997.

［3］G. Astarita, D. W. Savage, A. Bisio. Gas Treating with Chemical Solvents. WileyInterscience, New York, 1983.

［4］A. V. Rayer, K. Z. Sumon, T. Sema, A. Henni, R. O. Idem, P. Tontiwachwuthikul. Carbon Management. , 3, 467-484, 2012.

［5］F. -Y. Jou, A. E. Mather, F. D. Otto. Can. J. Chem. Eng. , 73, 140-147, 1995.

［6］V. Ermatchkov, Á. Pérez-Salado Kamps, G. Maurer. Ind. Eng. Chem. Res. , 45, 6081-6091, 2006.

［7］T. J. Edwards, J. Newman, J. M. Prausnitz. AIChE J. , 21, 248-259, 1975.

［8］D. W. van Krevelen, P. J. Hofijzer, F. J. Huntjens. Recueil Trav. Chim. PaysBas. , 68, 191 -216, 1949.

［9］P. V. Danckwerts, K. M. McNeil. Trans. Inst. Chem. Eng. , 45, T32-T49, 1967.

［10］R. L. Kent, B. Eisenberg. Hydrocarbon Processing. , 55(2), 87-90, 1976.

［11］M. L. Posey, K. G. Tapperson, G. T. Rochelle. Gas Sep. Purif. , 10, 181-186, 1996.

［12］M. Dicko, C. Coquelet, C. Jarne, S. Northrop, D. Richon. Fluid Phase Equil. , 289, 99-109, 2010.

［13］J. Gabrielsen, M. L. Michelsen, E. H. Stenby, G. M. Kontogeorgis. Ind. Eng. Chem. Res. , 44, 3348-3354, 2005.

［14］K. Atwood, M. R. Arnold, R. C. Kindrick. Ind. Eng. Chem. , 49, 1439-1444, 1957.

［15］S. D. Klyamer, T. L. Kolesnikova. Zhur. Fiz. Khim. , 46, 1056, 1972.

［16］S. D. Klyamer, T. L. Kolesnikova, Yu. A. Rodin. Gazov. Prom. , 18(2), 44-48, 1973.

［17］R. D. Deshmukh, A. E. Mather. Chem. Eng. Sci. , 36, 355-362, 1981.

［18］E. A. Guggenheim. Phil. Mag. , 19, 588-643, 1935.

［19］A. Anderko, P. Wang, M. Rafal. Fluid Phase Equil. , 194-197, 123-142, 2002.

［20］D. M. Austgen, G. T. Rochelle, X. Peng, C. -C. Chen. Ind. Eng. Chem. Res. , 28, 1060-1073, 1989. Modelling in Acid Gas Removal Processes 27.

［21］D. M. Austgen, G. T. Rochelle, C. -C. Chen. Ind. Eng. Chem. Res. , 30, 543-555, 1991.

［22］Y. Zhang, C. -C. Chen. Ind. Eng. Chem. Res. , 50, 163-175, 2011.

［23］Y. Zhang, C. -C. Chen. Ind. Eng. Chem. Res. , 50, 6436-6446, 2011.

［24］E. Buenrostro-González, F. García-Sánchez, O. Hernández-Garduza, E. B. Rueda. Rev. Mex. Fis. , 44, 250-267, 1998.

［25］Y. Liu, L. Zhang, S. Watanasiri. Ind. Eng. Chem. Res. , 38, 2080-2090, 1999.

［26］A. Barreau, E. B. le Bouhelec, K. N. H. Tounsi, P. Mougin, F. Lecomte. Oil & Gas Science and Technology-Rev. IFP61, 345-361, 2006.

［27］L. L. Lee, Molecular Termodynamics of Electrolyte Solutions, World Scientifc, 2008.

［28］Y. -G. Li, A. E. Mather. Ind. Eng. Chem. Res. , 33, 2006-2015, 1994.

［29］B. Sander, Aa. Fredenslund, P. Rasmussen. Chem. Eng. Sci. , 41, 1171-1183, 1986.

［30］G. Kuranov, B. Rumpf, N. A. Smirnova, G. Maurer. Ind. Eng. Chem. Res. , 35, 1959-1966, 1996.

［31］A. Pérez-Salado Kamps, A. Balaban, M. Jödecke, G. Kuranov, N. A. Smirnova, G. Maurer. Ind. Eng. Chem. Res. , 40, 696-706, 2001.

［32］G. Kuranov, B. Rumpf, G. Maurer, N. Smirnova. Fluid Phase Equil. , 136, 147- 162, 1997.

［33］L. Blum. Mol. Phys. , 30, 1529-1535, 1975.

[34] H. Planche, H. Renon. 85, 3924-3929, 1981.

[35] W. Fürst, H. Renon. AIChE J., 39, 335-343, 1993.

[36] H. Planche, W. Fürst. Entropie (202/203) 31-35, 1997.

[37] G. Vallée, P. Mougin, S. Jullian, W. Fürst. Ind. Eng. Chem. Res., 38, 3473-3480, 1999.

[38] L. Chunxi, W. Fürst. Chem. Eng. Sci., 55, 2975-2988, 2000.

[39] A. Vrachnos, E. Voutsas, K. Magoulas, A. Lygeros. Ind. Eng. Chem. Res., 43, 2798-2804, 2004.

[40] P. J. G. Huttenhuis, N. J. Agrawal, E. Solbraa, G. F. Versteeg. Fluid Phase Equil., 264, 99-112, 2008.

[41] A. T. Zoghi, F. Feyzi. J. Chem. Termo., 67, 153-162, 2013.

[42] W. Böttinger, M. Maiwald, H. Hasse. Fluid Phase Equil., 263, 131-143, 2008.

[43] F. Diab, E. Provost, N. Laloué, P. Alix, W. Fürst. Fluid Phase Equil., 353, 22-30, 2013.

3　CO_2 捕获的热力学方法、实验研究与建模相结合

Karine Ballerat-Busserolles，Alexander R. Lowe，
Yohann Coulier，J.-Y. Coxam

（法国克莱蒙特大学，布莱斯帕斯卡大学，克莱蒙特化学研究所）

　　摘　要　研究二氧化碳捕获过程的目的在于降低能量成本或提高选择性（脱除 CO_2 的纯度）。从工业废物中选择性分离 CO_2 的一种方法是循环处理方法，它是以弱碱水溶液的吸收和后续解吸步骤为基础的，通过加热气体负荷吸收剂溶液完成解吸过程。本文重点关注胺溶液。吸收机理主要是化学机理，吸收剂结构会影响吸收的选择性和能量。这些工业工艺的开发要求进行三元系统（CO_2—H_2O—胺）的热力学表征。研究的目的旨在利用热力学模型来进行诸如气体溶解度极限和溶解焓这样的性质预测。由于缺乏焓数据，来自文献中的大多数可用模型与溶解度数据有关。这些模型正确表示了气—液平衡，却无法预测焓数据[1,2]。本实验室开发了专门的量热技术来测量混合焓并确定气体吸收焓[3]。该技术也用来确定 CO_2 溶解机理所涉及的各种化学反应的焓值[4]。本文结合了 CO_2 捕获与储存的热力学表示的实验与建模研究。

3.1　简介

　　就从工业废物中捕获二氧化碳来说，最成熟的方案是以燃烧后处理为基础的。主要涉及从烟气中选择性吸收二氧化碳。在吸收剂和选择性、气体负荷、吸收动力学、腐蚀或降解等性质方面开展了一些研究工作。调查了针对吸收剂的各种研究途径，吸收剂要么是固体，要么是液体。例如，可以列举的有层状双氢氧化物[5]、金属有机骨架[6]、离子液体[7]或弱碱水溶液。最先进的方案是那些考虑使用弱碱水溶液的吸收方案。目前最常用的吸收剂是胺，已用于天然气的脱酸处理。工艺包括吸收—解吸循环，并且在消除了作为解吸能量成本的经济障碍后，很快就能投入现场应用。在改进捕获工艺的同时，努力选择新的吸收分子[8]。

　　为避免进行长期的且费用昂贵的筛选研究，关键是要解决有效吸收性质预测工具这一问题。但是，到目前为止，还没有这样的预测工具；模拟模型[9]或定量结构—性质关系方法（QSPR）[10]仍然有待完善。预测模型开发工作的第一步是进行吸收机理的实验与理论分析。使用代表 CO_2—胺—H_2O 系统的气—液平衡的热力学模型来进行机理研究。这些模型是以一组涉及 CO_2 吸收过程的所有化学反应和物理平衡的方程组为基础的。要使模型能够真实反映 CO_2 吸收过程，必须考虑气—液相的非理想特性。根据诸如 CO_2 溶解度或溶解焓的实验数据来调整活度系数半经验模型的相互作用参数。

　　这类模型使得预测溶液的相生成物质和溶解焓成为可能，溶液的相生成物质和溶解焓是胺组分、温度和压力的函数。利用这一热力学方法，总溶解焓可表示为气体吸收过程所涉及

的各种化学反应的焓项组合。生成物质和焓数据将有助于比较不同吸收剂的吸收性能。在这项研究工作中，比较了伯链烷醇胺、仲链烷醇胺和叔链烷醇胺的吸收性能。

3.2 热力学模型

代表 CO$_2$ 吸收机理的化学反应如下：

水的离解：

$$\text{H}_2\text{O} \Longleftrightarrow \text{H}^+ + \text{OH}^- \tag{3.1}$$

胺质子化：

$$\text{胺} + \text{H}^+ \Longleftrightarrow \text{胺盐} \tag{3.2}$$

CO$_2$ 一次离解：

$$\text{CO}_2(\text{aq}) + \text{H}_2\text{O} \Longleftrightarrow \text{HCO}_3^- + \text{H}^+ \tag{3.3}$$

CO$_2$ 二次离解：

$$\text{HCO}_3^- \Longleftrightarrow \text{CO}_3^{2-} + \text{H}^+ \tag{3.4}$$

氨基甲酸盐形成：

$$\text{胺} + \text{HCO}_3^- \Longleftrightarrow \text{氨基甲酸盐} + \text{H}_2\text{O} \tag{3.5}$$

氨基甲酸盐形成[方程(3.5)]仅涉及伯胺和仲胺，因为该反应需要氮原子上的氢原子。反应的平衡常数(K_i)提供 5 个第一方程[方程(3.6)]来计算相组成。

$$K_i = \prod_j (\gamma_j m_j)^{v_j} \quad (i=1,2,3,4,5) \tag{3.6}$$

γ_i、m_j 和 v_j 分别是活度系数、物质的量浓度和化学计量系数。

系统以 9 种液相化合物和 3 种气相化合物为基础，模型包括 12 个需要求解的方程式，用来求得气相和液相中所有化合物的组成。方程组包含针对 CO$_2$、H$_2$O 和胺分子的三元质量平衡(H$_2$O、CO$_2$、胺)，一元电荷平衡和三元气—液平衡。气—液平衡由逸度方程表示[方程(3.7)至方程(3.9)]；根据非对称规则来确定活度系数，水被视为溶剂。

$$\phi_\text{w} y_\text{w} p = a_\text{w} \phi_{\text{w,饱和}} p_{\text{w,饱和}} \exp\left[\frac{V_\text{w}(p - p_{\text{w,饱和}})}{RT}\right] \tag{3.7}$$

$$\phi_{\text{CO}_2} y_{\text{CO}_2} p = \gamma_{\text{CO}_2} m_{\text{CO}_2} k_{\text{H,CO}_2}(T, p_{\text{w,饱和}}) \exp\left[\frac{V_{\text{CO}_2}^\infty(p - p_{\text{w,饱和}})}{RT}\right] \tag{3.8}$$

$$\phi_\text{胺} y_\text{胺} p = \gamma_\text{胺} m_\text{胺} k_{\text{H,胺}}(T, p_{\text{w,饱和}}) \exp\left[\frac{V_\text{胺}^\infty(p - p_{\text{w,饱和}})}{RT}\right] \tag{3.9}$$

考虑到离子—离子、分子—离子和分子—分子之间的相互作用，使用改型 Pitzer[11]方程来估算活度系数(g)和水活度(a_w)。使用状态方程计算逸度系数(f)。水中的 CO$_2$ 亨利常数($k_{\text{H,CO}_2}$)、CO$_2$ 的偏摩尔体积($V_{\text{CO}_2}^\infty$)、水的摩尔体积(V_w)和饱和压力($p_{\text{w,饱和}}$)可从参考文献中查到[12-14]。调整改型 Pitzer 模型[11]的相互作用参数，进行溶解度和焓实验数据拟合处理。模型中的反应焓($\Delta_\text{r} H_i$)由吉布斯反应能表示，由方程(3.3)至方程(3.9)推导而来。总溶解焓由吸收 1mol CO$_2$ 的反应焓($\Delta_\text{r} H_i$)和反应进度(ξ_i)计算求出，反应焓($\Delta_\text{r} H_i$)和反应进度(ξ_i)本身也是由模型求出。乘积 $\xi_i \cdot \Delta_\text{r} H_i$ 是总摩尔溶解焓(ΔH_s)的焓贡献项。

3.3 链烷醇胺水溶液吸收CO₂

气体吸收机理取决于胺的类型。二氧化碳与伯胺和仲胺形成氨基甲酸盐[方程(3.5)]，与叔胺仅形成碳酸氢盐或碳酸盐[方程(3.3)和方程(3.4)]。如果形成氨基甲酸盐，工艺的一个重要差别是快速吸收动力学。氨基甲酸盐形成对溶解熵的贡献非常明显，对 CO_2 解吸步骤能量成本的贡献也很显著。氨基甲酸盐形成取决于分子的几何结构与位阻效应。对于受阻链烷醇胺来说，形成的氨基甲酸盐是不稳定的[15]，这种胺是作为叔胺来参与反应的。比较 CO_2 在伯胺(MEA)、受阻伯胺(AMP)、仲胺(DEA)和叔胺(TEA)中的溶解情况，分析其不同的吸收机理。表3.1中给出了 MEA、AMP、DEA 和 TEA 的化学式。

表 3.1 链烷醇胺化学式

缩写	名称	化学式
MEA	一乙醇胺	
AMP	2-氨基-2-甲基丙醇	
DEA	二乙醇胺	
TEA	2, 2′, 2-硝基三乙醇或三羟基三乙胺	

简介中描述的热力学模型提供了作为气体负荷 a(每摩尔胺吸收二氧化碳的摩尔分数)的函数的液相生成物质。各反应的反应进度(ξ)(按吸收 $1mol$ CO_2 来计算)用来计算相应的反应熵。各熵贡献的总和等于摩尔溶解熵。

在温度为 322K 的情况下，进行 CO_2 吸收机理比较，采用质量分数为 15% 的胺溶液(溶剂为水)。图 3.1 中给出了模型预测的生成物质。对于一乙醇胺和二乙醇胺来说，气体负荷 $a=0.5$ 的吸收机理是氨基甲酸盐形成。高于此气体负荷，由于氨基甲酸盐水解，反应[方程(3.5)]逆向进行[16]。随着碳酸氢盐的形成，吸收过程继续进行。在气体负荷 $a=1$ 后，可以观察到分子 CO_2 的物理溶解。与一乙醇胺和二乙醇胺相比，在温度为 322K 的情况下，AMP 氨基甲酸盐是不稳定的。观察到的化学机理是碳酸盐形成，直至 $a=0.5$。与叔胺相比，AMP 的高酸性常数(图3.2)可以解释大量碳酸盐形成的现象。对于 TEA 来说，二氧化碳和胺反应生成碳酸氢盐。

用气体负荷 a 表示的溶解度可以确定为压力的函数(图3.3)。模型显示，在压力达到 10MPa 时，AMP 溶液的 CO_2 吸收能力高于二乙醇胺和一乙醇胺。

模型正确拟合了实验的溶解熵，如图3.4所示。当气体负荷低于 0.5 时，观察到 AMP

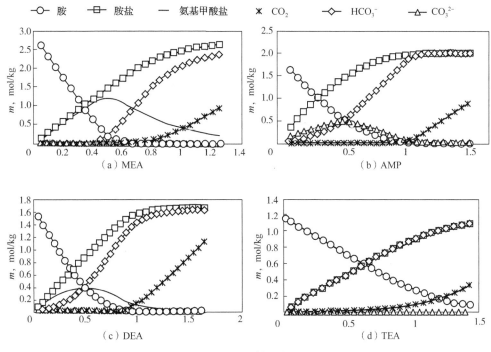

图 3.1 溶液中的生成物质是气体负荷的函数(温度为 322K)

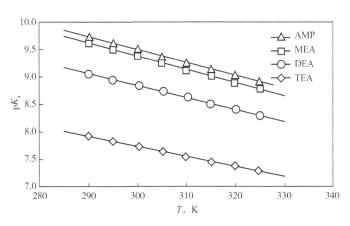

图 3.2 酸性常数(pK_a)

的偏差较大。Mehdizadeh 等[20]也发现了利用这类模型描述溶解焓所面临的困难。然而,在温度为 372K 的情况下,观察到 AMP 溶液的 CO₂ 溶解焓具有较好的代表性[17]。在温度为322K 的情况下,出现偏差的原因是在低温条件下,调整模型用实验数据的一致性。

如图 3.4 所示,在低气体负荷下,胺水溶液的 CO₂ 溶解焓基本保持不变(见图中的平坦化现象)。对于伯胺和仲胺(一乙醇胺和二乙醇胺),气体负荷 $a = 0.5$ 的吸收机理变化导致放热效应减弱。对于 TEA,平坦化现象一直持续至 $a = 0.8$。在较高的气体负荷下,物理吸收更明显,由于能量较低,总溶解焓的绝对值变小。主要的焓贡献(图 3.4)来自胺质子化和氨基甲酸盐形成。这意味着该模型在很大程度上取决于胺质子化(或 pK_a)和氨基甲酸盐形成平衡常数的准确性。

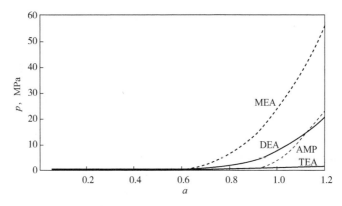

图 3.3　气体负荷是压力的函数

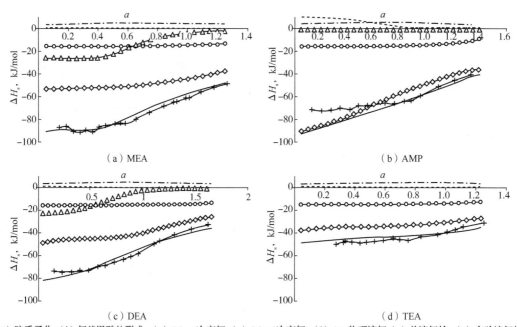

（◇）胺质子化　（△）氨基甲酸盐形成　（—）CO₂一次离解　（- -）CO₂二次离解　（〇）CO₂物理溶解　（—）总溶解焓　（+）实验溶解焓

图 3.4　焓贡献是气体负荷的函数

3.4　结论

热力学模型，即所谓的 *g—F* 模型，可以描述 CO_2—胺—H_2O 系统的气—液平衡和溶解焓。模型需要溶解度和焓数据来调整活度系数模型中使用的相互作用参数。实际上，必须考虑所有化学反应，并使用反应平衡常数来准确表征化学反应。大部分的总溶解焓来自胺质子化和氨基甲酸盐形成。模型的预测准确性将在很大程度上取决于这两个反应的平衡常数。

参 考 文 献

[1] H. Arcis, L. Rodier, K. Ballerat-Busserolles, J.-Y. Coxam, Journal of Chemical Termodynamics 41

（2009）783-789.

[2] I. Kim, K. A. Hoff, E. T. Hessen, T. Haug-Warberg, H. F. Svendsen, Chemical Engineering Science 64（2009）2027-2038.

[3] H. Arcis, K. Ballerat-Busserolles, L. Rodier, J. -Y. Coxam, Journal of Chemical & Engineering Data 57（2012）3587-3597.

[4] H. Arcis, L. Rodier, K. Ballerat-Busserolles, J. -Y. Coxam, Journal of Chemical Termodynamics 41（2009）836-841.

[5] J. L. Gunjakar, I. Y. Kim, S. -J. Hwang, European Journal of Inorganic Chemistry（2015）1198-1202.

[6] A. O. Yazaydin, A. I. Benin, S. A. Faheem, P. Jakubczak, J. J. Low, R. R. Willis, R. Q. Snurr, Chemistry of Materials 21（2009）1425-1430.

[7] D. Almantariotis, O. Fandino, J. Y. Coxam, M. F. Costa Gomes, International Journal of Greenhouse Gas Control 10（2012）329-340.

[8] L. Raynal, P. -A. Bouillon, A. Gomez, P. Broutin, Chemical Engineering Journal 171（2011）10.

[9] M. R. Simond, K. Ballerat-Busserolles, J. -Y. Coxam, A. A. H. Pádua, ChemPhysChem 13（2012）3866-3874.

[10] S. Martin, H. Lepaumier, D. Picq, J. Kittel, T. de Bruin, A. Faraj, P. -L. Carrette, Industrial & Engineering Chemistry Research 51（2012）6283-6289.

[11] T. J. Edwards, G. Maurer, J. Newman, J. M. Prausnitz, AIChE Journal 24（1978）966-976.

[12] B. Rumpf, G. Maurer, Berichte der Bunsengesellschaf für physikalische Chemie 97（1993）85-97.

[13] A. Saul, W. Wagner, Journal of Physical and Chemical Reference Data 16（1987）893-901.

[14] S. W. Brelvi, J. P. O'Connell, AIChE Journal 18（1972）1239-1243.

[15] D. Fernandes, W. Conway, R. Burns, G. Lawrance, M. Maeder, G. Puxty, Te Journal of Chemical Termodynamics 54 183-191.

[16] G. Sartori, D. W. Savage, Industrial & Engineering Chemistry Fundamentals 22（1983）239-249. Thermodynamic Approach of CO$_2$ Capture 37.

[17] H. Arcis, Y. Coulier, K. Ballerat-Busserolles, L. Rodier, J. -Y. Coxam, Industrial & Engineering Chemistry Research 53（2014）10876-10885.

[18] H. Arcis, K. Ballerat-Busserolles, L. Rodier, J. -Y. Coxam, Journal of Chemical & Engineering Data 57（2012）840-855.

[19] M. R. Simond, K. Ballerat-Busserolles, Y. Coulier, L. Rodier, J. -Y. Coxam, Journal of Solution Chemistry 41（2012）130-142.

[20] H. Mehdizadeh, M. Gupta, I. Kim, E. F. Da Silva, T. Haug-Warberg, H. F. Svendsen, International Journal of Greenhouse Gas Control 18 173-182.

4　采用模拟软件优化碳捕获工艺

Wafa Said-Ibrahim¹，Irina Rumyantseva²，Manya Garg²

（1. Aspen Technology，加拿大艾伯塔省卡尔加里市；
2. Aspen Technology，美国马萨诸塞州伯灵顿市）

摘　要　Aspen HYSYS 软件是碳氢化合物加工行业各分支使用最广泛的工艺模拟器之一。最近，改进了胺和物理溶剂酸性气体净化功能模块。化学溶剂建模的"酸性气体"性质程序包是以电解质热力学的电解质有规双液模型和气相 Peng—Robinson 状态方程为基础的，将工艺严格计算所必需的水相反应与动力学作为程序包的组成部分。"酸性气体—物理溶剂"性质程序包是以微扰统计链缔合流体理论(PC-SAFT)状态方程为基础的。

Aspen HYSYS 软件建模方案的独特之处在于这样的事实，即在先进模式中提供了塔建模用全速率方案的同时，也提供结合了速率型和平衡级建模优势且使用方便的效率模式。效率模型使用常规平衡级模型来求解塔参数，通过计算各级的 CO_2 和 H_2S "速率型"效率来建立酸性气体系统固有的非平衡特性模型。使用与先进模型相同的基本传质与界面面积相关式来进行效率计算。效率模型和先进模型的预测结果，对于大多数系统来说，是不相上下的，但是效率模型简单且求解更快，因此，对于碳捕获工艺，采用效率模型是一个既有效又可靠的解决方案。本文将讨论气体脱硫建模方案的基本技术，并通过与实验数据和设备数据进行对比来验证方案的有效性。

4.1　简介

酸性气体脱除是碳氢化合物加工行业各分支的重要处理工艺，主要用于天然气加工和精炼。酸性气体脱除也是其他工艺的重要组成部分，例如煤气化需要脱除二氧化碳、硫化氢、羰基硫化物、硫醇及其他污染物。

酸性气体被定义为含有大量污染物的气体，比如硫化氢(H_2S)、二氧化碳(CO_2)及其他酸性气体。酸性气体脱除的目的旨在使销售的气体符合相关质量法规要求。这些法规的实施旨在最大限度地减少环境污染和确保输气管道的完整性，避免人们不希望的事情发生，例如因水的出现而产生的 H_2S 和 CO_2 腐蚀问题。由于化合物的毒性(如 H_2S)和 CO_2 无热值，也需要进行 H_2S 和 CO_2 的脱除处理。通常情况下，根据管道质量或销售气体质量的要求，也需要脱除 H_2S，要求气体中的 H_2S 浓度不大于 $4mL/m^3$，热值不低于 $920 \sim 1150Btu$❶/$ft^3$❷，具体数值是多少，这取决于终端消费者的要求[1]。

有许多酸性气体脱除工艺，通常分为化学溶剂(胺)脱除、物理溶剂脱除、吸附分离脱除、膜分离脱除和低温分馏脱除[2,3]。

当气体处理转向酸性气体吸收脱除处理时，从经济的角度来考虑，有几个因素会影响化学或物理吸收处理工艺的选择。需要考虑溶剂的循环量，溶剂循环量会通过强烈影响溶剂再

---

❶1Btu = 1055. 056J。

❷1ft³ = 28. 317dm³。

生设备的规格尺寸和再生能量需求来影响资本和运行成本[3]。

4.2 酸性气体处理——流程与业务目标

气体处理装置的典型流程如图 4.1 所示。酸性气体经分离器除去夹带的液体或砂粒，除去液体或砂粒的气体从吸收塔底部进入吸收塔。吸收塔可以是塔盘或填料塔，不过，通常偏向于选择填料塔，其原因在于填料塔处理容量大，就结构材料来说，填料塔属于更好的选项。

进入吸收塔的原料气向上流动，与向下流动的贫胺或物理溶剂溶液逆流接触，贫胺或物理溶剂溶液从吸收塔顶部周围单级或多级引入。净化气体从塔顶流出。吸收了酸性气体的溶剂称为富胺（或物理溶剂），被送至闪蒸罐和二次汽提塔，通过加热实现化学溶剂的再生。除非需要深度脱除 H_2S 或 CO_2（在这种情况下会使用汽提塔），否则可通过多级降压来完成物理溶剂的再生。如图 4.1 所示，工艺涉及许多单元操作，要实现气体净化单元的最佳净化效果，需要进行控制和可靠的工程判断。工艺模拟是一个关键工具，不仅可以单独优化酸性气体净化单元，还可以用于整个气体处理设施的优化。

就脱除硫化氢和二氧化碳来说，最常用的是化学溶剂或链烷醇胺的水溶液，例如二乙醇胺（DEA）、一乙醇胺（MEA）、甲基二乙醇胺（MDEA）等。物理溶剂，如聚乙二醇二甲醚（DEPG），通常情况下，与化学溶剂相比，人们更愿意选择物理溶剂，用于高酸性气体浓度时的酸性气体批量脱除。

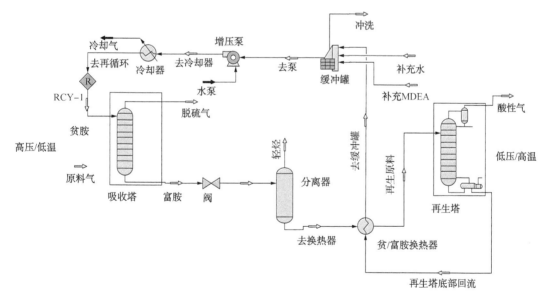

图 4.1　典型酸性气体处理装置
吸收塔净化气体，再生塔（汽提器）再生溶剂

4.3 用 Aspen HYSYS 软件进行气体处理建模

气体处理工艺的主要目的是满足对销售气体含硫量日益严格的规定。基于这一原因和优化装置运行情况的期望，提出如下四项业务目标：

更快的项目执行进度：公司越来越意识到要提高工作过程效率。给予用户这样的机会，即用户使用相同的软件(用户用来对气体处理设施其他部分进行建模处理的软件)来建立气体处理工艺模型，无须在人工数据传送上花费大量时间，同时也能对整个设施进行优化处理。

满足日益增长的需求：由于原料来源的变化，对原料的要求也会随之增加和变更，因此，在确保塔的内部构件最佳化方面，模拟工具就显得比以往任何时候都更加重要。塔的内部结构是由塔盘、散堆填料和规整填料内部构件构成的一个大的集合体，再结合严格的塔盘和填料内部结构计算，使用户能够有效探究不同的设计与改进选项。此外，主动性经济与能源分析技术的可用性(也许需要参考 HYSYS 的某一个版本)使人们能够尽早考虑能源和资本费用的影响，这样有助于进行全面的优化设计。

满足环境标准要求：气体处理的主要动机是为了满足销售气体中的含硫量规定。因此，对于模拟用户来说，非常重要的是能够建立可靠的工艺模型，确保其合规性。合适的且正确并入了性质与塔求解模型的模拟模型在满足这些业务目标方面发挥了重要的作用。

最大限度地降低性能劣化程度：设备操作人员关注的一个问题是最大限度地降低因胺溶液中热稳定性盐的形成和积聚而导致的气体处理设备性能劣化程度。尽管实现这一要求的方案有许多，但是对于设备的选择决定来说，能够模拟这类化合物的影响是大有帮助的。例如，如果与采用回收再生设备的费用相比，影响可以忽略不计的话，那么设备工程师可能不愿模拟这类化合物的影响。目前，利用市场上的一些模拟器，用户可以轻松地模拟对吸收和汽提的影响。

酸性气体净化是 Aspen HYSYS 软件的一项不可或缺的功能。"酸性气体"性质程序包提供的是以电解质有规双液模型为基础的热力学，拥有工艺严格计算所必需的水相平衡和动力学反应。"酸性气体—物理溶剂"性质程序包是以微扰链统计缔合流体理论(PC-SAFT)状态方程为基础的，允许用户进行 DEPG 建模。

用于建立化学和物理溶剂酸性气体脱除工艺模型的技术可以分为热力学程序包和模拟引擎两个方面。

4.3.1 内置热力学

用于化学溶剂建模的热力学程序包技术是以用于电解质热力学的电解质有规双液模型[4]和用于气相性质的 Peng—Robinson 状态方程为基础的。使用许多胺溶剂的可用气—液平衡和吸收热数据来进行回归处理，包括工业上使用的所有主要胺溶剂，例如MDEA、MEA、DEA、PZ、PZ+MDEA、DGA、DIPA、环丁砜-DIPA、环丁砜-MDEA和 TEA。

Aspen HYSYS 软件中的物理溶剂建模采用了 PC-SAFT 状态方程，这来自复杂流体联合体最终报告[5]的建议。PC-SAFT 模型的纯组分参数来自公开文献和采用 AspenTech 研究人员对实验蒸气压力、液体密度和液体热容数据回归处理结果。使用主要来自 NIST TDE 的源数据库和 GPA 研究报告的实验数据，进行二元参数回归处理。

4.3.2 Aspen HYSYS 软件速率型蒸馏

在工艺模拟软件中，构建塔模型的两种主要方法是使用速率型模型和平衡级模型。速率型模型利用了基于传递性质和塔盘/填料几何结构的传热和传质相关式，假设分离是由接触相间的传质引起的。为了获得精确的模拟结果，平衡级模型要求进行经验调整，因此能够在各种操作条件下获得更精确的预测结果。

在无塔盘效率或填料塔等处理论塔板高度（HETP）信息的情况下，速率型技术是一种利用反应来构建塔模型和设计塔的最可靠方法。速率型建模使用户能够更准确地模拟塔的实际性能，针对各种操作条件做出更准确的预测，同时减少数据的拟合工作量。对于吸收和酸性气体净化工艺来说，这是特别有用的，其原因在于组件效率的变化很大。使用速率型建模方法，用户在外推至当前操作范围外时会更加有信心，当可用数据有限时，这是它的优势。这反过来又使用户更有信心进行紧凑型设计，从而产生针对能耗、资本和运营费用的优化设计。

Aspen HYSYS 软件的两种模型可用于吸收塔和再生塔的模拟处理，即效率建模和先进建模。两者均是以 AspenTech 的专有速率型技术为基础的。酸性气体的效率建模方法和先进建模方法试图利用上述两种主要建模技术中的一些特点来改进酸性气体处理塔的建模过程。效率模型使用常规平衡级模型来解决塔的问题，通过计算各级的 CO_2 和 H_2S "速率型"效率来建立酸性气体系统中固有的非平衡特性模型。使用与先进模型相同的基本传质参数与界面面积相关式来进行效率计算。

对于大多数系统来说，效率模型和先进模型的预测结果不相上下，但由于效率模型简单，因而求解过程用时更少。当原料气中存在除硫化氢和二氧化碳以外的污染物（如硫醇、COS 和 CS_2）时，建议使用先进模型。

表 4.1 给出了 Aspen HYSYS 软件速率型技术与设备数据的对比情况。

表 4.1　使用 Aspen HYSYS 软件酸性气体净化模块的速率型预测结果与设备数据对比情况

气流	参数	案例 1	案例 2	案例 3
原料气	温度，℉	100	130	84
	压力，kPa	6300	6400	5500
	流量，lb/h	14000	14000	58000
	H_2S，mL/m^3	998.1	29950	49.99
	CO_2，%（摩尔分数）	12.98	9.972	3.52
贫胺	流量，lb/h	23000	51000，109000（12 级）	36000
胺	胺（MDEA），%（质量分数）	45	46，44（12 级）	33
脱硫气	H_2S，mL/m^3	1.11	5.8	0.6
	CO_2，%（摩尔分数）	8.01	1.3	1.85
脱硫气（HYSYS，效率模式）	H_2S，mL/m^3	1.6	3	1.11
	CO_2，%（摩尔分数）	6.7	0.14	1.71
	H_2S，mL/m^3	1.3	4.4	0.63
	CO_2，%（摩尔分数）	6.8	0.42	1.82

4.4　结论

　　无论是设计还是操作，都可以通过模拟过程的不断创新来实现碳捕获和气体脱硫系统的优化，这些创新包括技术技能、可用性和分析技术。诸如 Aspen HYSYS 这样的模拟软件将本文中讨论的技术严谨性和工具结合起来，可轻松直观地进行详细的工艺定义，并通过优化来实现资金和能源的节约。

参　考　文　献

[1] Gillespie, P. C.; Wilson, G. M. Gas Processors Association RR-48, 1982, No. 48, 1812 First Place, Tulsa, Okla. 74103.

[2] Briones, J. A.; Mullins, J. C.; Ties, M. C.; Kim, B. U. Fluid Phase Equilib., 1987, 36, 235.

[3] D'Souza, R.; Patrick, J. R.; Teja, A. S. Can. J. Chem. Eng., 1988, 66, 319 Highpressure phase equilibria in the carbon dioxide−n−hexadecane and carbon dioxide−water systems.

[4] Yu, Q.; Liu, D.; Liu, R.; Zhou, H.; Chen, M.; Chen, G.; Chen, Y.; Hu, Y.; Xu, X.; Shen, L.; Han, S. -J. Chemical Engineering (China), 1980, No. 4, 1; 7 VLE OFH 2S−H_2O System.

[5] Traub, P.; Stephan, K. Chem. Eng. Sci., 1990, 45, 751−758 High−pressure phase equilibria of the system carbon dioxide water−acetone measured with a new apparatus.

5 模拟结果准确性分析

R. Scott Alvis[1], Nathan A. Hatcher[2], Ralph H. Weiland[3]

(1. Optimized Gas Treating, Inc., 美国得克萨斯州休斯敦市;
2. Optimized Gas Treating, Inc., 美国得克萨斯州比尤达市;
3. Optimized Gas Treating, Inc., 美国俄克拉何马州科尔盖特市)

摘 要 每个EPC公司和大多数处理厂的工程设计部门都可以访问至少一个软件包(有时是几个软件包),用于各种工艺和单元的模拟处理。本文在于回答如下两个问题:(1)使用的模拟器是否符合需求与期望?(2)模拟结果的可靠性如何?

针对特定用途,工程师使用的工具功能强大,费用昂贵,或者更常见的情况是,所用工具的功能严重不足。他们几乎总是无法确定其所使用的工具是否能够给出正确的答案。利用各种方法与途径(许多是不正确的)来确定和验证给定工具的可靠性。

模拟是以发生在设备内部的理化过程模型为基础的。某些类型的模型本身与物理现实的联系多于其他模型,这一事实会影响人们的信心。熟悉的平行系统是分布与集中参数控制系统。尽管如此,模型并不等于现实,这一事实又会限制人们的期望。人们究竟应该对模型拥有多大的信心才是合理的?

信心的关键在于验证,重要的是要了解什么能够或不能用作验证标准。本文首先讨论用什么来确定标准是否有效,以及为什么必须首先确定数据本身是否合格。

5.1 简介

工艺计算和设计过去常用的是铅笔、方格纸和计算尺,现在,这些工作都由计算机来完成。来自计算机的结果也许带着不应有的可靠性光环。如果方法保持不变,而只是采用计算机来进行计算的话,则计算机只是代替了人工来执行这一枯燥乏味的计算工作。那么人们对模拟器的真实期望是什么?模拟器又具有哪些优势呢?

计算机模拟的主要优势有四点:计算速度快;可以查看过程单元之间的交互情况;可以进行详细的敏感性分析;计算能力强,模型更接近实际情况。模拟能够提供更快的计算速度,这一点是不容置疑的,除非计算是微不足道的,或是超级计算,否则第一个优势总是存在的。使用笔记本电脑,人们可以进行更多的模拟计算,使用笔记本电脑在1小时内的计算工作量,若使用计算尺和计算器的话,需耗时10年零24小时。但如果这就是模拟计算的全部内容,那么它的实际潜力还远远没有发挥出来。本文从所用模型的现实性和结果的可靠性两个角度来审视模拟期望。

如果要想模拟器能够发挥其应有的作用,则必须从上述两个方面来加以考虑。

5.2 现实性

任何单元操作模型仅仅是由一组方程构成的方程组,代表了一个或多个原理,这些原理是理解单元操作中发生的各种过程的基础。例如，离心泵被认为是增压单元，就其增压过程来说，没有必要为了了解升压过程及其伴随的温升现象而使用计算流体力学来建立泵模型，而热力学在这方面所做的工作是相当充分的。但是作为一名泵设计师，也许希望建立一个更加真实的泵模型，甚至希望能够进行泵内流体流动和潜在气蚀现象的计算流体力学分析。

5.2.1　结论 1

模型的必要复杂程度或现实性取决于模拟的需求、目标和期望。

如果模拟涉及换热器的技术规范和详细设计，那么使用诸如 HTRI Exchanger Suite 等高级软件，将更有价值。但是，如果非常清楚工艺流程图中的换热器只是用来进行流体的升温或降温处理，则只需计算给定温度变化的负荷（或给定负荷的温度变化），以及可能的压降技术要求。因此，模型是非常简单的，仅涉及流体焓的计算。不管怎样，如果对换热器的设计感兴趣，那么模拟就应基于换热器的几何结构、流体性质和传热基础来进行换热器的性能预测。使用以传热速率和阻力相加性为基础的模型，进行换热器的详细设计已经有 65 年以上的历史[1]。模型使用的是单层膜传热系数，这些系数可从广义图表中查得，广义图表以采用无量纲组参数的形式建立。就目前使用的软件来说，这些图表已经过数字化处理，提供了相应的计算相关式。准确规定了两相流、沸腾传热、存在惰性气体时的冷凝，以及其他诸多改进措施（如扩大传热表面和使用湍流促进剂）。传热速率模型使用了基础信息数据库，因而实际性能预测结果的可靠性更高。理想级换热器是一个闻所未闻的概念，以这种方式建立的换热器效率模型也是如此。然而，对于费用极高的传质分离装置来说，理想级、级效率和等效理论塔板高度仍被许多人认为是最先进的。

在许多模拟应用中，利用组分分流器来代表复杂的塔或一组塔来进行模拟计算，其模拟结果令人感到非常满意，组分分流器根据进料流的组成、组分流、或如何分配某些组分的技术规范，将进料流分成若干数量的出口流。但是，如果针对具体分离过程来进行塔设计，那么就应负责预测在处理厂的实际环境中，塔的实际表现会怎样，同时确保塔的表现符合预测结果。要做到这一点，设备模型必须包含对过去性能数据的大量拟合过程——它必须真正具有预测性，正如换热器模型的预测性一样。毫无疑问，这要求有传质速率基础，即相当于日常使用的常规换热器设计方法。

5.2.2　结论 2

如果必须做出工艺或改进保证并尽可能降低设计的冗余程度，则必须进行真正的传质速率模拟处理。

在某种程度上，也许"你对模拟的期望是什么"这个问题应该修改为"你想从模拟处理中得到什么"，要使你想要的东西与得到的东西相匹配，这就要求模拟器与你的要求（期望）相匹配。为了帮助回答这个问题，值得指出的是存在两类模型，即进行自动热量与物质平衡的模型和性能预测模型。分离领域（研究兴趣所在）必须将理想级的塔模型视作一般的自动热量与物质平衡器，它结合了针对相间组分分布的（也许是复杂的）热力学模型（也有例外情况，对于三相的蒸馏来说，单是确定第三相存在的计算都是非常复杂的。实际上，对于许多化学系统而言，相平衡模型是非常复杂的，为了获得准确的结果预测，有必要选择高质量的计算机热力学模型）。真正的预测模型必须是以传质速率和传热速率原理为基础的，正如换热器一样。

5.2.3 结论 3

模拟器与用途相匹配，则不会出现"杀鸡用牛刀，鸡蛋碰石头"的现象。

如果模型不是速率模型，那么在一定程度上，它属于拟合模型，其原因在于需要根据用户的经验或模拟器开发人员的经验进行调整。可以采用效率因子、动力学因子、传热效率、理论级高度等形式进行调节，强迫模拟性能与已知或预期的性能相匹配。对于用户希望探究稳定操作范围内相当温和的操作变化的潜在影响的场合，在根据现有设施进行调节时，最好使用拟合模拟器。但是偏离拟合条件越远，结果就越不可靠。这类模拟器的好处是用户可以通过调整来强迫模拟器与装置数据之间完美匹配。但是，在基础设计过程中，可能只会将人们引入歧途，如果偏离的拟合条件落在了稳定的工作范围外，则可能是危险的，而且它们肯定不具备可预测性。

预测模拟器必定是以传质速率为基础的，其计算结果无须用户进行专门的调整。这些模拟器最适合用于新设施的设计、不稳定操作条件的识别，或确定现有装置或设计在新服务或新操作条件下会有怎样的表现。例如，改造项目或针对给定服务的模块化装置选择。真实传质速率模拟器的优势在于它所提供的结果是以可靠的工程原理和热力学性质为基础的，并非用户(或软件开发人员)的经验。

人们经常会听到这样的说法，传质速率模型中使用的传质系数只是效率和等效理论塔板高度的替代拟合参数。只是从这个意义上来说，这些系数是通过数据拟合得来的，事实确实如此。无论如何，正如换热器计算中使用的传热系数一样，相关式不针对具体的操作条件和流体性质。相反，这些相关式是广义的，可应用于各种条件。效率来自实际复杂过程的极简化模型，并且它们确实无任何意义上的相关性。另外，传质(和传热)系数与机械物理模型有关，完全适用于广义相关性。从哲学的角度来看，所有模型最终都必须依赖于数据相关式，但模型的可靠性和适用性取决于与环境机械现实的接近程度。在传质分离的背景下，理想级是喷雾塔模型——速率模型使用塔的所有细节。由于速率模型是建立在物理现实上的，因此自然期望其能够预测物理局限性。

5.2.4 结论 4

预测模拟器，无论是传热还是物质分离，都必须以真实的传递速率为基础，而不是模拟数据。如果涉及级效率或级计算，就属于不必要的过度简化。

拟合模拟器与预测模拟器也可以作为集中控制系统与分布控制系统来看待。集中系统的一个例子是时变进料搅拌罐反应器——其特性可以被描述为时间的函数，因为其不存在空间依赖性。如果反应器混合充分，则集中系统的描述是准确的。分布参数系统的一个例子是管式反应，其进料受时间的控制，转化取决于空间和时间。如果反应器含有催化剂并且催化剂颗粒内存在扩散阻力，则催化细节归入简化动力学，就此意义上来说，系统处于部分集中、部分分布状态。但实际上，可能会导致极其重要的细节因集中而丢失。如果催化剂是均相的，并且按三台连续搅拌釜式反应器串联来建立管式反应器模型，则分布式系统就变成了集中系统，同时在简化过程中又会丢失部分内容。对于分级分离来说，也是如此。当使用理想级来代替四个真实塔盘时，在转换过程中又会丢失很多东西。当然，总是可以使用各理想级各组分的有效效率，但是这些数据又能从何处获取？

模拟器分离模型是否适合理想化或机理化，取决于模拟器的用途。如果只需要使用装置数据来进行模型拟合，然后在某些参数的有限范围内进行假设研究，那么拟合模型就非常不错。如果模型必须提供过程设计保证或保证改造结果，那么采用预测模拟器是绝对必要的，除非有足够的余地来使设计存在一定的冗余设计。

5.3 模拟数据的可靠性：究竟什么是数据?

使用模拟工具的工程师总是关心他们的模拟结果是否正确，或者模拟结果的准确性是否可靠。这样的关注是很自然的，肯定也是合理的。总而言之，可能会要求你就设计的 1000 万美元的塔或 2000 万美元的装置，或某些塔内构件的性能，或溶剂配方做出保证。如果你正在进行故障排除，你肯定不希望有效的故障排除方法最终演变为一个错误的解决方案，甚至根本就没有解决方案，其原因在于无法就实际性能进行模拟处理。那么人们在尝试确立模拟器的可靠性方面又采取了什么样的措施？又会使用什么样的标准来衡量它是否有效？

人们经常会听说模拟器比较，或使用来自溶剂供应商的数据来进行比较。遗憾的是，采用实测装置性能数据来进行的模拟器比较就要少得多。如果塔或单元的构建与操作是正确的，使用模拟器的目的是展示塔或单元的性能会怎样，而这正是 ProTreat 模拟器要解决的问题。

人们进行模拟器比较的最常见原因也许是他们缺乏可靠的数据——也许他们希望两个模拟器的结果相差不大，假设从大众化的角度来看，这说明两个模拟器都是正确的，但也有可能两者都是错误的。从 EPC 承包商的角度来看，他们多年来一直使用专门的模拟器，其原因可能是"我们一直以来都是这样做的，而且也是有效的，所以我们为什么要改变呢"这样的想法，导致建造的装置的实际尺寸是所需尺寸的两倍，直到承包商看到一些真实的装置性能数据(或者中标次数开始下降)时为止，那就是他们一直以来的装置建造方式。

两个模拟器很少会给出相同的结果。总的来说，模拟软件主要由各单元操作模型和解方程组的方法或程序所组成，这些方程组又与这样的模型和整个流程有关。这些方程组不仅仅只包括热量平衡与物质平衡。即使简单的换热器，物理性质也是模型方程组的必要组成部分，并且模型计算的物理性质取决于最初拟合性质模型所用的数据库。因此，模拟器之间肯定有两个因素存在差异：性质数据库(软件用户应该总是会采用真实数据来进行核实)和用来对性质进行数值表示的模型(回归)方程，这只是针对简单的单相换热器！

两个不同的模拟器可以用来计算涉及完全不同的气—液平衡(VLE)的单元操作，其原因恰恰是采用了不同的相平衡模型。不仅气—液平衡数据自身存在差异，而且模型的复杂性和准确性的跨度也很大，从理想气体和理想液体方案模型到使用状态方程和各种活度系数模型的气—液平衡软件包。但是，不同模拟器的塔模型之间也许还存在另外的差异，也许是更重要的差异。

有理想级模型和传质速率模型两种完全不同的塔模型，二者给出的模拟结果几乎总是不同的。ProTreat 只使用传质速率模型。其他商业模拟器使用理想级模型，要么使用了用户提供的效率，要么进行了其他方面的改进(例如，理想级停留时间和热效率，其目的是试图建立实际塔盘或填料与理想级间的联系)。

ProTreat 的案例中，一直使用久负盛名的塔内构件(塔盘和填料)传质性能数据库，因此自然就存在与实际塔盘和填料之间的直接联系。使用其他模拟器，用户必须对缺省参数做出最佳猜测，直到与直觉预期性能(或很少使用的现场测量数据)相匹配为止。无论如何，所有可用的商业模拟器总会就同一问题给出不同的答案。因此，进行模拟器之间的比较只是一次毫无益处的练习而已。不管怎么说，所有人都可以肯定地说"它们是不同的"。就其本身而言，模拟器之间的比较并不会告诉你更多的东西。那么，模拟器是数据吗？绝对不是！一个模拟器不能用来衡量另一个模拟器。它们都是模型，它们绝对不是数据。

5.3.1 结论5

模拟不是数据，而是模型。一个模型不能用来衡量另一个模型。通过使用一个模拟器来衡量另一个模拟器，人们实际上是暗示该模拟器是正确的。如果该模拟器确实是正确的，为什么有人会对其进行评价——毕竟，人们已经拥有了"正确"的模拟器？

通常会在模拟器数据和溶剂供应商给出的数据之间进行比较，但这些数据究竟是什么样的数据？溶剂供应商也使用模拟器来评价其溶剂在实际装置中的可能性能。事实上，大多数溶剂供应商使用的是传质速率模拟器。在许多情况下，溶剂供应商必须为其溶剂提供性能保证。溶剂供应商的溶剂性能保证并非出自其模拟器的预测结果，而是在溶剂性能模拟结果的基础上，加上了一定的保守安全系数。例如，溶剂供应商预测溶剂的 CO_2 贫负荷为 0.01mol/mol，实际上，模拟器给出的结果却是 0.003mol/mol？数值 0.01mol/mol 是数据吗？绝对不是！它们都不是数据。数值 0.01mol/mol 是保证值，它不是数据。实际上，溶剂供应商向客户提供真实数据的情况是非常罕见的。

在模拟器预测结果和所谓的溶剂供应商数据之间所进行的比较，在某种程度上，是没有意义的，尽管可能不像模拟器本身之间的比较那样完全没有意义。如果你的模拟结果好于溶剂供应商提供的数据，那么两种性能结果都可能是正确的；但是，如果模拟结果与供应商的保证值相比，相差太多的话，则肯定出了问题，需要做进一步调查。但主要的一点是，就供应商的保证值来说，可以非常肯定地说它不是数据。那么数据究竟是什么？

5.3.2 结论6

针对供应商数据所进行的比较与针对另一个模拟器所进行的比较一样，几乎都是没有意义的。从商业的角度来看，供应商的数据是保守的。他们必须提供保证值，他们不希望用另一种溶剂来替换新溶剂，所以它们往往是保守的。供应商的报告，无论怎么看，都不是数据。

数据只能是装置运行过程中的现场实测值。这未必意味着这些数据的质量就高，但根据数据的定义，它就是数据。不管怎样，如果不是来自现场(或实验室)的实测值，则不能将其称为数据！至少，用来衡量模拟器的数据必须是来自可靠的流量、温度和压力测量仪表的实测值，测量仪表最好是经过校准的(可以调零和调量程的仪表无须校准)。管线连接必须正确、必须校准在线分析仪、验证实验程序、塔盘安装位置(阀门缺失不太多)、填料正确安装(液体分布均匀可靠)。实测压降值最好与内部构件供应商的计算结果进行比较，以此来尽量减少(但不能消除)发泡和结垢的可能性。要求合理的材料和能量平衡闭合。这些都是用来表征高质量数据的。

5.3.3 结论 7

数据是来自运行装置的现场实测值。热量平衡和物质平衡必须在合理的容差范围内，这样作为衡量基准的数据才是有效的。模拟工具的用户都希望其所使用的工具是可靠的和准确的。对于模拟器来说，唯一真正有效的衡量基准是现场实测值。

5.3.4 结论 8

模拟器结果应该与实测性能数据进行非常合理的比较，这样的预测结果是未经调整的或在未采取任何措施来强迫其与实测性能数据相匹配的情况下给出的；换句话说，模拟器必须确实具有可预测性。

如果你正在做的只是与另一个模拟器进行比较，或者与所谓的溶剂供应商数据进行比较，那么你就没有有效的衡量基准。这使得用于验证目的的比较毫无价值。模拟结果和溶剂供应商的保证值都不是数据。只有实测值才是数据。下面的四个案例研究都涉及来自运行装置的实际过程与性能数据实测值，同时与未经拟合的模拟结果进行了比较。

5.4 案例学习

这里选择的学习案例具有不同的处理应用特征：(1)炼油厂代表性气体处理；(2)热稳定盐和塔内构件对甲基二乙醇胺(MDEA)的燃料气硫化氢脱除效果的影响；(3)中东液化天然气装置，使用哌嗪促进型甲基二乙醇胺脱除二氧化碳；(4)尾气处理装置，使用规整填料选择性脱除硫化氢。

5.4.1 希腊炼油厂改造

炼油厂位于希腊最北部的爱琴海的塞萨洛尼基。炼油厂属于大型改造项目。Siirtec Nigi 参与了改造项目的胺处理系统与下游硫黄回收装置(SRU)影响研究。在 2014 年维也纳举办的硫黄研讨会上，报告了此项研究成果[2]。

升级改造后，胺吸收塔的原料发生了变化：原油的总硫化氢含量增加，酸气流量也增加了。Siirtec Nigi 建议用甲基二乙醇胺代替胺系统原来使用的一乙醇胺(MEA)，硫黄回收装置使用富氧 Claus 工艺。2012 年，炼油厂完成了胺处理系统改造第一阶段的工作。针对装置实际表现与预期性能的全面比较结果，装置的预期性能来自 Brimstone 论文中给出的过程模拟结果。

改造后的炼油厂原油处理能 0 力从 70kbbl❶/d 提高到 100kbbl/d。因此，必须相应地增加胺处理系统和下游硫黄回收装置的处理能力。此外，作为改造项目的一部分，改变了原油类型和掺混物，修改了精炼操作。结果是胺吸收塔处理的气体和液体组成均发生了变化(主要是 H_2S 浓度)，导致胺处理系统结构改动明显。

表 5.1 中列出了改造后胺洗涤塔性能参数，包括溶剂流量和塔内构件类型。塔 T-170 和塔 T-1902 是高压塔，其他的是低压塔。也有塔盘和填料吸收塔混合模式，作为改造的一

---

❶1bbl = 158.9873dm³。

部分，塔 T-407 采用鲍尔环重新装填。本文给出了塔的一些操作细节，重要的是有可用的现场数据，可用来衡量模拟器性能。

除塔 T-170 无可用的性能数据外，模拟器预测结果与现场数据的匹配程度很好，并未进行现场数据的模拟器预测结果匹配调整——这是一个不折不扣的预测结果。

传质速率模拟预测的性能数据非常棒。因为这些是实测数据，所以对它的验证结果是很有信心的。

表 5.1 胺处理装置性能参数

洗涤塔		T-407	T-170	T-410	T-1902
内部构件		鲍尔环	塔盘	填料	塔盘
气体条件	温度，℃	46	43	43	49
	压力，kgf/cm²（表）	18.6	42	4.1	53
	质量流量，kg/h	1036	6700	3119	8458
组分，%（摩尔分数）	氢气	71.8	68.7	51.2	88.2
	甲烷	14.4	22.5	16.5	6.3
	乙烷	7.6	4.8	8.3	1.4
	丙烷	2.5	1.7	5.8	0.6
	正丁烷	0.4	0	3.5	0.3
	异丁烷	0.1	0.5	1.0	0
	正戊烷	0.2	0	2.1	0
	异戊烷	0.1	0.2	1.2	0
	C_{6+}	0.6	0.2	2.5	0.3
	硫化氢	1.9	1.2	6.1	2.6
	水	0.5	0.2	1.8	0.3
溶剂流量，m³/h		6	8	8	10
处理气	实测硫化氢含量 mL/m³	25	N/A	70	10
	ProTreat 硫化氢含量，mL/m³	26	8	60	8

5.4.2 炼油厂燃料气体处理

案例涉及美国西海岸炼油厂两台燃料气体处理装置，其中一台处理装置的硫化氢脱除结果不符合要求。为了利用甲基二乙醇胺的低再生能量优势，炼油厂采用通用的38%(质量分数)甲基二乙醇胺替代二乙醇胺。同时，两台处理装置采用#2.5 CASCADE MINI-RING™ (CMR™)填料替换原来的塔盘。这里感兴趣的是直径2.5ft❶的处理装置，采用25ft的CMR替换了原来的17个浮阀塔盘。供给处理装置的待处理气含摩尔分数为0.2%的CO_2和0.5%的H_2S，压力为200psi❷(表)，其余2/3是含17%的甲烷和少量C_1—C_5碳氢化合物的氢气。

改造后的性能令人失望。尽管属于低酸性气体贫液负荷(H_2S为0.0009，CO_2为0.008)，实测吸收塔的H_2S泄漏量为26mL/m³；预计的H_2S泄漏量接近3mL/m³或4mL/m³。模拟结果表明，处理气中的H_2S含量小于1mL/m³，与实测值不一致。炼油厂派出一名顾问前往调查造成H_2S泄漏量大于预期的原因，他给出的调查结果是：由于在填料上的停留时间太短，以至于无法获得好的处理效果，建议改回原来的塔盘。但是，重新安装17个塔盘后，H_2S的泄漏量仍然维持在25~26mL/m³。费用高昂的停产和重装塔盘并未产生什么效果。

作为一项新的独立调查的一部分，针对数据运行ProTreat模拟软件，模拟结果是：处理燃料气体中的H_2S含量也小于1mL/m³。随后，进行溶剂分析(表5.2)。当在模拟过程中使用实际的溶剂组成时，预测的H_2S泄漏量为：填料塔，升至22mL/m³；塔盘塔，升至26mL/m³。值得注意的是，预测的H_2S泄漏量与来自塔盘塔的实测数据几乎相同(热稳定盐的出现导致塔盘塔与填料塔的CO_2滑脱量增加了几个百分点)。

当然，未进行正确的溶剂分析导致了错误的结果。与不含热稳定盐的溶剂相比，热稳定盐使吸收塔内产生了更高的酸性气体蒸气压力，因此对处理效果感到非常乐观。当然，它们也会在再生塔内产生更高的背压，这有利于溶剂再生，因此，即使是甲基二乙醇胺，其贫液负荷也相当低。这也说明需要比较有/无热稳定盐时的硫化氢分压分布。进行填料塔的比较就足够了，原因在于对塔盘塔和填料塔的影响，在本质上是相同的。图5.1(a)和图5.1(b)分别给出了有/无热稳定盐时的实际H_2S分压和平衡分压。

表5.2 烟道气处理装置：溶剂分析

MDEA,%(质量分数)	38
CO_2(负荷)	0.00014
H_2S(负荷)	0.0009
乙酸盐，μg/g	2580
甲酸盐，μg/g	14305
硫酸盐，μg/g	230
硫氰酸盐，μg/g	3225
氯化物，μg/g	1675

图5.1(a)表明，热稳定盐导致整个吸收塔内出现很高的硫化氢平衡背压，导致吸收塔出现较高的H_2S泄漏量，吸收所需的浓差驱动力减小。无热稳定盐时，浓差驱动力很高，以至于当气体上升至塔的中部时，吸收就已经基本完成——吸收塔属于严重的贫液端夹点，

---

❶1ft=0.3048m。

❷1psi=6894.757Pa。

因为实际 H_2S 浓度几乎等于上半床的平衡值[且靠近床的最顶部,见图 5.1(a)]。如图 5.1(b)所示,上半床压力剖面的非垂直度是由 CO_2 的持续吸收引起的,CO_2 会影响 H_2S 的平衡。在这两种情况下,处理效果几乎完全受贫液负荷(气—液平衡)的支配,尽管压力剖面的走向(和温度鼓胀形状)是由传质速率决定的。

基于理想级的各种模拟都无法揭示夹点的存在,因为它将塔视为一个暗箱,一个喷雾塔。塔内结构对处理性能的影响是很大的。4in 拉西环的表现完全不同于小型或中型褶皱规整填料,两者的表现也不同于塔盘,塔盘类型及其物理特性也会影响其性能。期望能够使用理想级模拟(有效/无效)来诊断内部构件问题是不现实的,其原因在于这样的模拟并未考虑塔内的实际情况。

由此得出以下结论:(1)无法解释溶剂的热稳定盐污染是导致完全错误的模拟结果,以及为解决由溶剂引起而不是塔内构件引起的问题而进行的费用高昂且无效的改造活动的原因;(2)不能通过改变或改进塔内构件来改变贫液端夹点塔的性能,仅能通过传质速率模拟来揭示夹点条件。就本案例来说,模拟能够明确地指出性能差的正确解决方案——采用清洁溶剂。

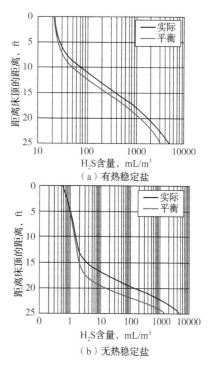

图 5.1 模拟的实际与平衡 H_2S 剖面(有/无热稳定盐)

5.4.3 液化天然气装置脱除 CO_2

通过仔细检查液化天然气设施使用哌嗪促进型甲基二乙醇胺吸收塔的 CO_2 吸收性能,揭示了凸起夹点的存在和令人惊讶的操作不稳定性,并观察到不能满足处理目标要求的真正原因。液化天然气生产是深度脱除 CO_2 的典型应用案例,其他应用案例包括氨和甲醇生产,以及其他各种合成气体的净化处理。就液化天然气来说,通常对处理后的液化天然气的要求是 CO_2 含量低于 $50mL/m^3$。大多数溶剂是以含少量哌嗪的 N-甲基二乙醇胺为基础的,尽管也会使用 2-(2-氨基乙氧基)乙醇,商业上称为 Huntsman 公司的 DIGLYCOLAMINE ®(DGA ®)试剂和 BASF 公司的 ADEG。

如图 5.2 所示,分流处理方案是一种实现再生塔能耗最小化的方法,当入口气流中存在高浓度的 CO_2 时,尤其如此。无须使用大量气提溶剂来批量脱除 CO_2,仅需部分高流量再生溶剂就可以做到这一点,即从再生塔的中部(或从再生塔前的加热闪蒸级)抽出大部分溶剂,再将这部分溶剂送至吸收塔的中部。剩余溶剂进行充分的气提处理,从吸收塔的顶部注入,进行进一步的气体精细脱除处理,需进一步精细脱除处理的气体已在吸收塔下部脱除了大量的 CO_2。通过缩小此处的塔径,如果使用的塔盘或填料的体积更小,则可以从精细脱除段的低液体负荷中获得进一步的收益,节省壳体成本。

可以在半贫胺的进料位置(图中的流体进入点 3)改变吸收塔直径,或使用与批量脱除塔串联的完全独立的精细脱除塔,正如本装置中所做的那样。图 5.3 显示了脱除单元吸收塔侧

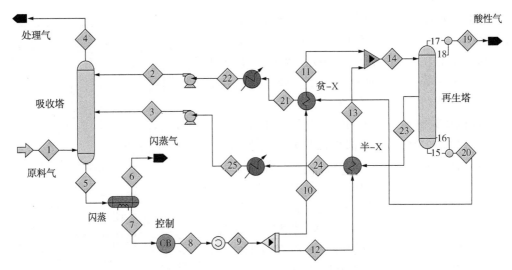

图 5.2 分流 CO$_2$ 脱除流程图

的实际流程。半贫胺来自半贫胺冷却塔,在进入批量脱除塔的顶部之前,注入来自精细脱除塔底部的溶剂流。

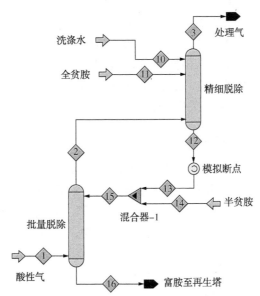

图 5.3 分流结构中连接的双 CO$_2$ 吸收塔

直径为 4m 的精细脱除塔包含两个 5.5m 深的 25-5 Rauschert HIFLOW ® 环的床,以及位于塔顶部的两个泡罩塔盘。供给顶部塔盘补充水,塔盘的目的是除去蒸发溶剂和夹带溶剂。填料段接收溶剂的能力为 769000kg/h。图 5.4 给出了几种尺寸的 HIFLOW 环照片。

批量脱除吸收塔的直径为 6m,它包含两个 5.5m 深的 50-5 HIFLOW 环的床,每个 5.5m 深环床的溶剂处理能力为 4480000kg/h,约为全贫胺流量的 5.8 倍。两个吸收塔的操作压力大致相同(45bar❶,表压)。溶剂为 37%(质量分数)MDEA + 3%(质量分数)哌嗪混合物,全

---

❶1bar = 10^{5}Pa。

贫胺和半贫胺的负荷分别为 0.021mol（CO$_2$）/mol（总胺）和 0.388mol（CO$_2$）/mol（总胺）。富溶剂的负荷为 0.54mol/mol，这要求单元的某些部分采用不锈钢冶金材料。批量脱除塔和精细脱除塔的溢流量分别为 64% 和 52% 时，此时的尺寸恰到好处。

装置设计原料气处理能力为 330000kg/h，原料气中的 CO$_2$ 含量为 17.5%，其余为甲烷和少量的 C$_2$—C$_6$ 碳氢化合物。但按铭牌上给出的处理能力进行处理时，远小于 50mL/m^3 的技术要求。最好的处理效果应达到数千毫升/米^3。毋庸置疑，这使所有方都非常不满，随后就是来自所有方的指责。通常情况下，内部构件供应商是第一个受到指责的，但裁决结果不是内部构件供应商的责任。采用传质速率模拟才能确定问题产生的原因。

工艺许可方最初的建议是至少将半贫胺温度降低至 70℃；然而，半贫胺冷却器因规格过小，可达到的最低温度为 80℃。这台装置位于中东地区，通常面临的挑战是与高温环境之间的热交换。使用 ProTreat$^®$ 传质速率模拟器进行模拟研究，如图 5.5 所示，临界温度约为 76.8℃，若高于此临界温度，预测的结果是处理能力会急剧下降。许可方的建议是有根据的。

图 5.4 金属 HIFLOW 环

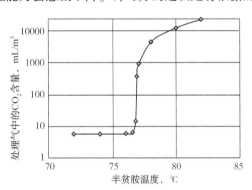

图 5.5 分流 CO$_2$ 吸收塔系统中
半贫胺温度的处理效果影响

令人不安的是，问题似乎是在几乎无任何征兆的情况下发生的。温度低于 76.5℃，处理效果非常好；实际上，它远高于人们的要求，但是温度仅高了 0.5℃，处理气中的 CO$_2$ 含量就达到了 0.1%。半贫胺对温度的极端敏感性肯定是出乎意料的，起初有点令人难以置信，但解释起来又相当简单。

当温度低于临界温度 76.5℃ 时，批量脱除塔吸收了所有的 CO$_2$。当温度仅仅上升了一点，溶剂容量也相应下降。未能被批量脱除塔吸收的 CO$_2$ 必然会进入精细脱除塔。无论如何，由于精细脱除塔的溶剂流量低，因而它的 CO$_2$ 吸收容量也是非常有限的。最终也会达到它的极限吸收容量，出现 CO$_2$ 突破现象。图 5.6 解释了突破为何突然发生的原因。CO$_2$ 与胺（含哌嗪）之间的反应速率非常快，导致吸收区被限制在填料床内相当狭窄的一段区域内，导致塔内的 CO$_2$ 分布曲线在此区域内快速变化。虽然，随着半贫胺温度的升高，吸收区被迫向上进入精细脱除塔，但是直到温度升至突破温度前，仍有百万分率级的 CO$_2$ 未被吸收。这就是处理气体中 CO$_2$ 含量突然变化的原因。当溶剂的温度足够高时，塔由低温贫液端夹点变为凸起夹点。当温度远高于 76.5℃ 时，精细吸收塔成为凸起夹点。只能通过真实传质速率模拟来揭示这一既有趣又危险的夹点现象。

贫胺与半贫胺的温度已经低至装置可能达到的最低温度，溶剂循环泵已处于满负荷运行

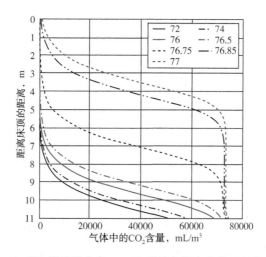

图5.6 精细脱除塔中的 CO_2 浓度分布是半贫胺温度的函数

状态，因此，如果没有更大的半贫胺换热器，则只能通过降低气体流量（生产）来恢复正常的处理能力。本案例说明了传质速率模拟在诊断装置运行问题方面的能力。最初归因于塔内构件故障的原因，最终被证明是错误的，真实的原因是工艺对（无法达到的）操作温度的固有敏感性所致。传质速率模拟能够预测诸如此类的意外现象，但效率模拟或等效理论塔板高度模拟则无法揭示工艺的这一关键问题。为了获得可信的成功设计和有效诊断现有工艺的故障，有必要知道工艺各部分的参数控制特性。

由此得出以下结论：（1）凸起夹点也许与不稳定的操作区域有关。解决方法是认识并远离不稳定区域。（2）如果变量出现小的变化就会导致模拟性能参数出现大的变化，也许这并不是模拟器的问题（可能存在某些重要的事情）。仅有传质速率模拟能够揭示凸起夹点，这种情况值得密切关注。

5.4.4 尾气处理

最后一例是来自得克萨斯海湾沿岸炼油厂内的一台直径为6ft的尾气处理装置，采用的是20ft的 FLEXIPAC® 2Y 规整填料，气体处理能力为 $3 \times 10^6 ft^3/d$，压力为1psi（表），CO_2 与 H_2S 的摩尔分数分别为3.4%和1.7%。直到采用清洁溶剂前，炼油厂声称供给热氧化炉的气体中的 H_2S 含量只有 $3mL/m^3$。目前的处理效果令人感到不快，炼油厂的硫排放量面临达到允许排放极限值的问题。

原始溶剂是质量分数为34%的 MDEA，溶剂分析见表5.3。溶剂中的热稳定盐含量超过了 $8000\mu g/g$。净化处理后，几乎不再含有热稳定盐。

表5.3 溶剂分析——热稳定盐

MDEA,%（质量分数）	33.374
DEA,%（质量分数）	0.338
硫代硫酸盐，$\mu g/g$	5930
草酸盐，$\mu g/g$	220
乙酸盐，$\mu g/g$	1150
甲酸盐，$\mu g/g$	815

基于报告的溶剂分析结果，ProTreat 模拟器的预测结果如下：处理气中 H_2S 含量为 3.8mL/m³，非常接近炼油厂声称的 3mL/m³（预测的 H_2S 贫液负荷为 0.00008）。同样，这是一个不折不扣的预测结果，绝对无任何调整或拟合痕迹。这是装置的性能数据，因此可以作为衡量模拟器的有效参考数据。

除了说明溶剂净化后的处理效果糟糕外，还需说明的是，炼油厂并没有提供尾气处理装置 H_2S 泄漏的真实数据。不管怎样，在其他所有条件相同和脱除了热稳定盐的情况下，给出的预测结果为：处理气中 H_2S 含量为 80mL/m³（预测的 H_2S 贫液负荷为 0.009），与含热稳定盐的溶剂相比，这样的处理效果肯定是糟糕的，并且至少提供了传闻中的热稳定盐影响的证据。本案例中，热稳定盐的出现极大限度地降低了贫液负荷，而贫液负荷的降低有利于获得更好的处理效果。考虑到具体的系统和操作条件，情况也许并非总是如此。

由此得出以下结论：（1）非常成功地模拟了尾气处理装置应用中的规整填料性能，预计观察到的 H_2S 泄漏量低于 1mL/m³。（2）就尾气处理装置的性能来说，甲基二乙醇胺溶剂中少量的热稳定盐所带来的好处似乎是非常大的。

5.5 结束语

相关结论分散在整篇论文中，在此不再重复，这里仅强调如下事实：

（1）不能通过与其他模拟器之间的比较来进行模拟器的验证。如果这样做，就是假设其中的一个模拟器是正确的，而事实上，有可能两者都是错的。进行三个模拟器的比较，并假设预测结果最接近的两个模拟器就是最好的，这无异于通过民主投票方式来确定模拟器的正确性，这样的做法无疑是愚蠢的。我们是工程师，不是政治家。

（2）不能利用供应商数据来进行模拟器的验证。供应商提供了工艺和溶剂性能保证，这些不是数据，只能代表供应商愿意承受的风险程度。

（3）模拟器只能根据现场在用装置的实测数据来进行验证。未根据实测数据来调整或拟合模拟结果，则可以声称预测是准确的。若经过了调整，最好的模拟器也只能说是获得了准确的拟合结果，但是要说这就是预测结果，则是不诚实的行为。

（4）借助于模拟预测可实现的期望是：应该能够预测可进行现场测量的现有设备性能，且无模拟器调整过程。对于模拟来说，经验和经验法则是有价值的辅助手段，但并不具备可靠的预测性，在新环境中尤其如此。如果为了提供模拟器所需的输入信息必须这样做，那么模拟器的可靠性几乎不会如人们想象的那样高。

参 考 文 献

[1] Kern, Donald Q., Process Heat Transfer, McGraw-Hill Book Co., New York (1950).

[2] Rossetti, T., Perego, G.C., Skandilas, A., Leras, E., Refnery Upgrading Project—Amine and Claus Units Revamping, Paper presented at Brimstone 2nd Vienna Sulfur Symposium, May 19-23, 2014, Vienna, Austria.

6 用于CO₂捕获过程的分层胺水溶液量热法

Karine Ballerat-Busserolles, Alexander R. Lowe,

Yohann Coulier, J.-Y. Coxam

（法国克莱蒙特大学，布莱斯帕斯卡大学，克莱蒙特费朗化学研究所）

摘　要　碳捕获与储存(CCS)是减少大气 CO₂ 含量的可靠选项。一种可能性是捕获工业废物中的 CO₂，随后将其储存在安全场所。捕获过程是以胺水溶液的气体选择性吸收/解吸循环为基础的[1]。捕获过程的优化促使人们了解水介质中 CO₂ 溶解的热力学性质。通过这类水溶液吸收 CO₂ 的实验热力学研究[2-4]，开发 CO₂ 吸收能力与能量成本的相关性模型[5,6]。

这项工作提供的实验热力学数据来自笔者所在的实验室。使用定制的混合池来获得混合焓，使用的量热计来自 Setaram 公司的 BT2.15 和 C80 差分量热计。这些设备可以测定二元系统(胺—H₂O)的超额焓和三元系统(CO₂—胺—H₂O)水溶液的 CO₂ 溶解焓。就分层胺来说，表现出与水的部分混溶性，微量热法也可用来确定液—液相分离情况。

通过分层胺水溶液研究方面的一些实例，举例说明使用这种测量方法获得的测量结果。

6.1　简介

应用于固定 CO₂ 排放源的碳捕获与储存(CCS)方法是目前减少温室气体排放的最先进的方案之一。碳捕获与储存是以选择性分离工业废物中的 CO₂ 为基础的，采用的是化学吸收剂溶液吸收法。该项技术已经非常成熟，可以直接用于工业现场，无须改造现有设施[7]。捕获过程是以水溶液的气体吸收/解吸循环为基础的。最常用的吸收剂是现已用于天然气脱酸处理[8]的链烷醇胺[1]。

吸收了 CO₂ 的胺水溶液通过汽提器解吸再生，再生后的"清洁"溶剂再次返回吸收塔。随后进行 CO₂ 压缩处理，再运输至蒸发场所或储存至安全场所。该项技术的主要问题是解吸步骤的能量成本(极高的 CO₂ 处理费用)。

非常有必要开发新的无成本技术。分层胺分离工艺是其中的一个选项[11]。胺具有液—液相分离特征，但这取决于温度、溶液组成和 CO₂ 气体负荷(图 6.1)。最近，IFP Energies Nouvelles(欧洲专利 EP2168659)[9]提议使用胺分离工艺，并将此方法称为 DMX™法。

如图 6.1 所示，第 1 步，通过均相胺水溶液选择性吸收 CO₂。第 2 步，升高溶液温度，直至发生液—液相分离时为止。密相主要由 H₂O 和 CO₂ 构成，以离子(碳酸氢盐、碳酸盐、氨基甲酸盐)形式存在。贫相主要由未发生反应的胺构成。再生步骤(第 3 步)，富 CO₂ 水相送至气体解吸装置，同时将有机相送回吸收塔。对于这种方法来说，人们的主要兴趣在第 3 步，即仅需加热部分吸收剂溶液，这样做的结果是降低了捕获处理费用。这项处理工艺虽然很有希望，但需要开展大量的吸收剂溶液优化研究工作。迄今为止，只研究了少量的溶剂，文献中的可用数据也很少，主要涉及二丙胺[10]和 N，N-二甲基环己胺[10,11]。

从物理化学的角度来看，其捕获过程如图 6.2 所示。图 6.2 左侧代表水溶液的气体吸收过程。吸收过程的主要热力学性质是水相中的 CO$_2$ 溶解焓和溶液的最大气体负荷。图 6.2 右侧表示溶解气体的解吸过程。两个步骤之间的主要差异是操作温度。通常情况下，低温（约 40℃）吸收，高温（约 120℃）解吸。在考虑采用分离胺技术时，这两个步骤与使用经典化学吸收剂（如链烷醇胺）的步骤不相上下[3]。

图 6.2 中间的部分涉及液—液相分离部分。此步骤获得的主要数据是温度为 T℃时代表液—液平衡的相图，是 CO$_2$ 负荷的函数。需要考虑的最后一步是滗析器分离出的富胺溶液与来自汽提塔的水之间的混合问题，超额焓是该步骤热力学表示的关键数据。

诸如体积和热容量这样的附加性质是对设计和选择捕获单元所需数据需求的补充。

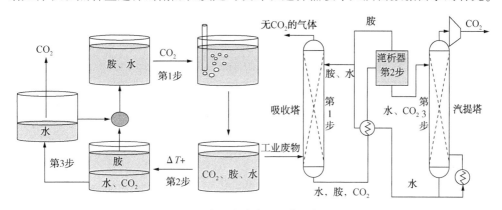

图 6.1 分层胺分离工艺简图与原理

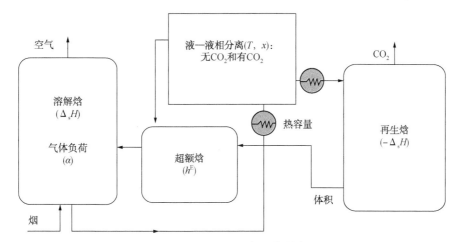

图 6.2 吸收过程的物理化学表述

针对这种新胺类物质，克莱蒙特费朗化学研究所的热力学和分子相互作用小组进行了实验研究，该研究始于名为 ACACIA 的项目，获得来自里昂和罗纳—阿尔卑斯的化学与环境法国竞争集群的支持。目前，由法国的 ANR 和加拿大的 NSERC 支持的联合项目 DACOOTA 是该项目的延续，主要目的是建立将热物理和热力学性质与水溶液中的 CO$_2$ 吸收性质联系起

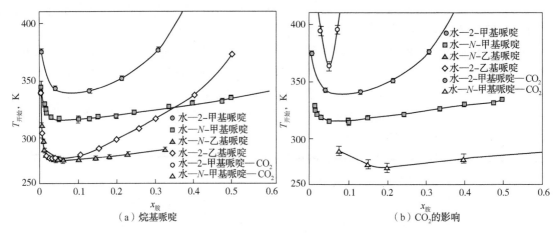

图 6.3　液—液相图与胺摩尔分数的关系

来的简单规则。针对以哌啶骨架为基础的胺族，进行方法开发，此方法被视为液—液相分离
与吸收性质模型，取代基主要是烷基(甲基或乙基)。为了定义结构—性质关系，选择的影
响因素是烷基的位置及其长度。该项目利用了法国和加拿大实验室的互补实验知识，以便最
终开发出功能强大的预测模型。

6.2　化学品

以哌啶骨架为基础的胺见表 6.1，同时给出它们的 CAS 号、供应商和纯度，无须进一步
提纯即可使用。

表 6.1　本次研究使用的胺

名称	CSA 号	供应商	纯度
N-甲基哌啶	626-67-5	Sigma-Aldrich	99%
2-甲基哌啶	109-05-7	Sigma-Aldrich	98%
N-乙基哌啶	766-09-6	TCI Europe	98%
2-乙基哌啶	1484-80-6	TCI Europe	96%

实验前，对用来制备溶液的水进行真空蒸馏脱气处理。使用精密天平按质量制备溶液，
这样的话，就组分的不确定度来说，采用质量分数来表示。制备的所有溶液采用氮气保存。

6.3　液—液平衡

使用 Coulier 等描述的两种互补方法来测定二元(H_2O—胺)和三元(H_2O—胺—CO_2)系统
的液—液相分离温度[12]。

Setaram(Lyon)的 Calvet 型微量热计、microDSC 和 mSC 用来确定相分离温度。温度扫描
期间，测量样品的差热通量；基准池是喷雾池。测量池的容积约为 1mL，为了避免出现气
相，样品充满测量池。量热计的温度测量范围为 233~473K；温度在 278~363K 之间时，使

用胺水溶液进行测量。确定相分离温度的不确定度约为0.2K，而复现性小于1K。

使用Thar技术公司的SPM20平衡池，其目的旨在通过视觉观察来确定感兴趣的溶液浊点并验证量热法的测量结果。测量温度范围为环境温度至398.15K。为了避免温度升高时平衡池内出现液—气平衡现象，借助于与平衡池相连的氮气瓶，维持平衡池内的压力高于蒸气压力。相机安装在蓝宝石池的窗口前面，可以观察溶液组分随温度的变化情况。浊点是溶液由透明变为不透明时的温度。这种方法的实验不确定度约为0.3K，而复现性约为2K。

烷基哌啶二元混合物的相分离温度是胺摩尔分数($x_{\text{胺}}$)的函数，如图6.3(a)所示。下临界溶解温度(LCST)被定义为发生分离的最低温度，与特定的浓度有关。

通过比较N-甲基哌啶和2-甲基哌啶可知，N-甲基哌啶的下临界溶解温度在$x_{\text{胺}} = 0.05$时为318K；2-甲基哌啶的下临界溶解温度在$x_{\text{胺}} = 0.07$时为339K。就甲基的位置来说，当—CH₃位于哌啶骨架的碳原子上时，下临界溶解温度会更高。胺的亲水性更好，混溶区域更大。

通过比较N-乙基哌啶和N-甲基哌啶可知，二者的曲线形状相似，并且乙基的下临界溶解温度更低。当甲基被乙基取代时，分子的疏水性更好。通过比较2-乙基哌啶和2-甲基哌啶，可以得出类似的结论：增加烷基长度，曲线的形状没有变化，但下临界溶解温度更低了。

通过比较N-乙基哌啶和2-乙基哌啶可知，二者的下临界溶解温度不相上下。乙基的位置影响曲线形状，影响方式与甲基相同。不管怎样，因为哌啶骨架上的氮原子仍然受到乙基的阻碍，下临界溶解温度低于人们的预期。

就N-甲基哌啶和2-甲基哌啶来说，CO₂对液—液相图的影响如图6.3(b)所示。在大气压力下，溶液被CO₂饱和，测量使用的仪表是Thar技术公司的仪表。使用N-甲基哌啶，就研究的整个浓度范围来说，CO₂的出现会导致相分离温度急剧下降；反之，使用2-甲基哌啶，溶液中的化学平衡不同，相分离温度升高，在观察到分离现象的位置，浓度范围收窄。

在这样的系统中，必须考虑不同的化学反应[5,6]。在使用诸如N-甲基哌啶这样的叔胺的情况下，CO₂与水和胺反应生成碳酸盐和碳酸氢盐[6]。在使用诸如2-甲基哌啶这样的仲胺的情况下，除了前面的产物外，还必须考虑平衡条件下的氨基甲酸盐形成[5]。

在控制气体气量的情况下，开展了更详细的液—液平衡研究工作。

6.4 H₂O—胺和H₂O—胺—CO₂混合焓

采用实验室广泛使用的量热技术来确定水溶液的混合焓，以此来研究链烷醇胺水溶液的CO₂吸收过程[2-6]。利用实验室内设计的混合池进行测量，使用的量热计C80和BT2.15来自Setaram公司。实验装置如图6.4所示。

使用两台高压注射泵将两种流体(液体或气体)注入T形混合点[图6.4(c)]。两种流体在量热块内混合，使用热电堆检测热功率效应ΔS。测量过程是在恒温/恒压的流动模式下进行的。

如果两种流体是纯液体，则在给定的浓度下，二元混合物的超额焓h^E可以通过热功率效应ΔS来计算：

$$h^{E} = \frac{\Delta S}{k(n_{w} + n_{a})} \tag{6.1}$$

式中　k——量热计的校准常数；

　　n_{w} 和 n_{a}——水和胺的摩尔流量。

当胺水溶液与 CO_2 混合时，混合焓对应于溶液中溶解气体的溶解焓，混合焓的单位分别是 $kJ/mol(CO_2)$ [方程(6.2)]和 kJ/mol(胺)[方程(6.3)]。

$$\Delta_{s}H = \frac{\Delta S}{k(n_{CO_2})} \tag{6.2}$$

$$\Delta_{s}H = \frac{\Delta S}{k(n_{a})} \tag{6.3}$$

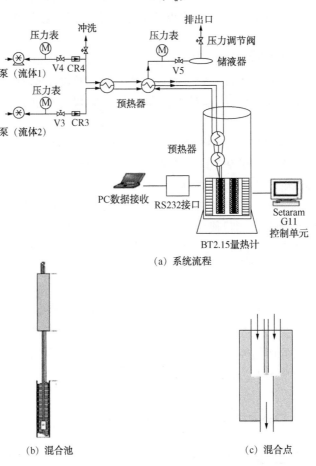

图 6.4　混合焓测定实验设备示意图

6.4.1　超额焓

对于二元(胺—H_2O)系统来说，利用该项技术可以确定整个浓度范围内的系统超额焓。图 6.5 给出了不同温度下，二元混合物 H_2O—N-甲基哌啶和 H_2O—2-甲基哌啶系统的超额焓[13]。

两种胺的超额焓都是负值。无论研究的是哪一种胺，当温度升高时，焓的绝对值是下

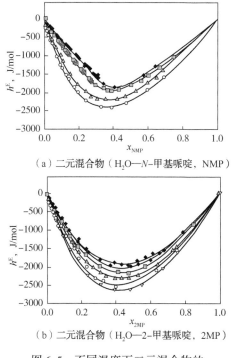

（a）二元混合物（H_2O—N-甲基哌啶，NMP）

（b）二元混合物（H_2O—2-甲基哌啶，2MP）

图 6.5 不同温度下二元混合物的
超额焓与胺摩尔分数之间的关系曲线

降的。

就 N-甲基哌啶（NMP）来说，温度低于 318K 时，整个浓度范围内的曲线形状都是规则的。在更高的温度下，观察到 h^E 曲线是不连续的。当温度为 328K、x_{NMP} 在 0.01 ~ 0.3 之间时，超额焓表现出线性特征；当温度为 333.15K、x_{NMP} 在 0.01 ~ 0.4 之间时，h^E 曲线也几乎是线性的。这一浓度范围对应于图 6.3 中液—液平衡曲线的相分离区。

使用 2-甲基哌啶（2MP）获得的结果表明：就所研究的温度范围来说，其曲线都是规则的，原因在于 2-甲基哌啶在此温度范围内是完全溶于水的。

6.4.2 溶解焓

当气体与胺水溶液混合时，量热技术可以确定溶液中气体的溶解焓（$\Delta_s H$）。分层胺水溶液中 CO_2 的溶解焓被限制在不发生液—液相分离的温度范围内。笔者提供了 2-甲基哌啶溶液的实验结果，实验温度低于液—液相分离温度。实验结果表示为气体负荷 α [$mol(CO_2)/mol(胺)$] 的函数。图 6.6 给出了质量分数为 22% 的 2-甲基哌啶溶液的实验结果，实验温度和压力分别为 308.15K 和 0.5MPa。溶解焓存在两个主要区域，分别对应于 CO_2 的完全吸收（不饱和溶液）和气体的部分吸收（饱和溶液）。

当气体负荷 α 小于 0.5 时，CO_2 完全溶解于 2-甲基哌啶的水溶液中。在这种情况下，按单位摩尔 CO_2（空心圆）计算的溶解焓是恒定的，按单位摩尔胺（实心圆）计算的溶解焓从零开始线性增加。低负荷条件下，单位摩尔 CO_2 的焓对应于捕获工艺中再生所需的能量。

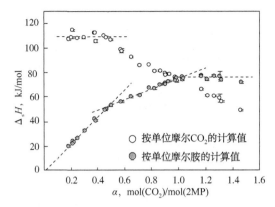

图 6.6　在质量分数为 22% 的 2-甲基哌啶水溶液中 CO_2 溶解焓是气体负荷 α 的函数(实验温度和压力分别为 308.15K 和 0.5MPa)

当气体负荷 α 大于 1 时，CO_2 未被胺水溶液完全吸收，处于两相平衡状态：被 CO_2 饱和的液相和主要由过量 CO_2 构成的气相。按单位摩尔胺计算的焓是恒定的，且表现出平坦化特征。在此温度和压力下，研究了水溶液中的 CO_2 溶解度极限，其值对应于平坦区的起始点。该方法可利用图形来确定溶液中的气体溶解度，不确定度为 5%~9%，这取决于清楚识别出平坦区起始点的可能性。

当气体负荷 α 为 0.5~1 时，单位摩尔胺的溶解焓线性增加，但其斜率与低气体负荷条件下的斜率不同。在此范围内，由于介质酸度的变化，CO_2 化学吸收所涉及的化学平衡是不同的。这些不同的反应涉及导致溶解焓斜率变小的焓贡献。

参　考　文　献

[1] L. Raynal, P-A. Bouillon, A. Gomez, P. Broutin, Chemical Engineering Journal 171, 742, 2011.

[2] H. Arcis, L. Rodier, K. Ballerat-Busserolles, J. -Y. Coxam, J. Chem. Termodyn. 41, 783, 2009.

[3] H. Arcis, K. Ballerat-Busserolles, L. Rodier, J. -Y. Coxam, J. Chem. Eng. Data 56, 3351, 2011.

[4] D. Koschel, J-Y. Coxam, L. Rodier, V. Majer, Fluid Phase Equilibria 247, 107, 2006. 80 Acid Gas Extraction for Disposal and Related Topics.

[5] H. Arcis, K. Ballerat-Busserolles, L. Rodier, J-Y. Coxam, J. Chem. Eng. Data 57, 840, 2012.

[6] H. Arcis, L. Rodier, K. Ballerat-Busserolles, J-Y. Coxam, J. Chem. Termodyn. 41, 783, 2009.

[7] A. B. Rao, E. S. Bin, Environmental Science & Technology, 36, 4467-4475, 2002.

[8] R. N. Maddox, G. J. Mains, M. A. Rahman, Industrial & Engineering Chemistry Research, 26, 27, 1987.

[9] P. -A. Bouillon, M. Jacquin, L. Raynal, IN NOUVELLES, I. E. (Ed.). FRANCE. 2012.

[10] J. Zhang, J. C. R. Misch, D. W. Agar, Chemical Engineering Transactions, 21, 2010.

[11] J. Zhang, J. C. R. Misch, Y. Tan, D. W. Agar, Chemical Engineering & Technology, 34, 1481, 2011.

[12] Y. Coulier, K. Ballerat - Busserolles, K., L. Rodier, J - Y. Coxam, Fluid Phase Equilibria, 296, 206, 2010.

[13] Y. Coulier, K. Ballerat-Busserolles, J. Mesones, A. Lowe, J-Y. Coxam, J. Chem. Eng. Data, accepted, 2015.

7 用拉曼光谱法测定碳捕获用胺水的液— 液相分离溶液生成物质

O. Fandiño，M. Yacyshyn，J. S. Cox，P. R. Tremaine

（圭尔夫大学化学系，加拿大安大略省圭尔夫市）

摘　要　已建议将甲基哌啶作为燃烧后碳捕获技术用胺水溶液的替代物。此项技术是以一类新的胺水溶液为基础的，通过加热实现液—液相分离。本文提出了一种使用拉曼光谱的创新性非侵入式方法，用来测量 H_2O—胺—CO_2 系统的原位生成物质，作为温度和 CO_2 负荷的函数。测量了 N-甲基哌啶（NMP）、2-甲基哌啶（2MP）和 4-甲基哌啶（4MP）水溶液的单相和相分离溶液的拉曼光谱，用来测定溶解 CO_2 物质 $[CO_2(aq)$、$HCO_3^-(aq)$ 和 $CO_3^{2-}(aq)]$，以及氨基甲酸盐 $[RNCOO^-(aq)]$ 的平衡浓度。

7.1 简介

由于胺水溶液与 CO_2 的高反应性，长期以来，胺水溶液一直用于电厂烟道气和天然气生产过程中的碳捕获。目前，此项技术的主要不足是胺的高降解率、较高的低温挥发性，以及释放 CO_2 和吸收剂胺溶液再生所需的能量大。能效是开发温室气体减排碳捕获技术面临的具体挑战，因此，重要的研究目标是确定一种新的低能耗胺溶剂。IFP Energies Nouvelles 公司[1,2]通过近期的工作，开发了一项新的燃烧后碳捕获工艺（DMX™），降低了能量需求。

此项技术是以一类新的胺水溶液为基础的，通过加热实现液—液相分离[3-6]。在溶剂再生过程中，相分离形成富胺的上层水相，可通过滗析器进行分离处理，而大部分 CO_2 则进入下层水相。通过加热从下层水相的残胺中分离出 CO_2，但所需的能量输入要低得多。DMX™碳捕获过程如图 7.1 所示。

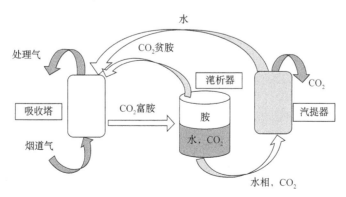

图 7.1　DMX™碳捕获过程简图

对于开发此项技术的模型系统来说，人们对甲基哌啶很感兴趣：一是因为存在低温液—液平衡；二是因为相分离的起始温度可以通过改变哌啶环上的甲基位置来加以控制[3-7]。这

一点也是人们特别感兴趣的地方，其原因在于溶解 CO_2 的出现降低了 NMP 的下临界溶解温度，而对于 2MP 和 4MP 来说，情况刚好相反，正如 Coulier 等人报道的那样[3,4]。N-甲基哌啶、2-甲基哌啶和 4-甲基哌啶的化学结构如图 7.2 所示。

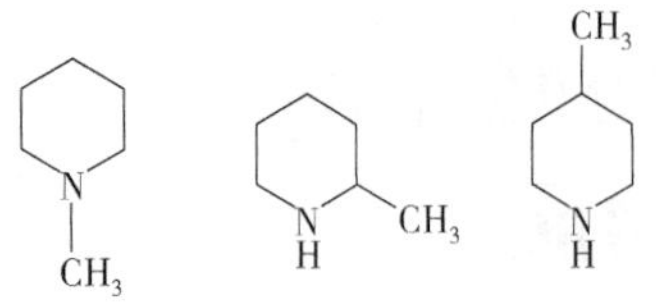

图 7.2　甲基哌啶化学结构

胺水溶液吸收捕获 CO_2 的机理涉及物理溶解和化学反应。可以同时发生几种反应，但这取决于胺的类型。使用诸如 N-甲基哌啶这样的叔胺，只能形成含水碳酸盐和含水碳酸氢盐物质。

$$RR'R''N+H_2O+CO_2 \rightleftharpoons RR'R''NH^+ + HCO_3^- \tag{7.1}$$

$$RR'R''N+HCO_3^- \rightleftharpoons RR'R''NH^+ + CO_3^{2-} \tag{7.2}$$

对于伯胺和一部分仲胺来说，氨基甲酸盐是碳酸盐和胺之间的可逆反应产物。

$$RR'NH+HCO_3^- \rightleftharpoons RR'NCOO^- + H_2O \tag{7.3}$$

如果胺受到空间阻碍，则形成的氨基甲酸盐是不稳定的，这样的话，仲胺也许会表现出叔胺的特性，但这取决于它的结构。氨基甲酸盐的热力学稳定性随温度的升高而下降[8,9]。

就基于相分离胺(如甲基哌啶)的行业新工艺的开发和优化来说，要求精确的双水相生成物质的化学平衡模型以及液—液平衡和气—液平衡的相边界。针对胺—CO_2—H_2O 系统开发的热力学模型，其中的大多数来自受压力影响的 CO_2 溶解度数据，只有少数方法可用于测量各种溶解 CO_2 物质[$CO_2(aq)$、$HCO_3^-(aq)$ 和 $CO_3^{2-}(aq)$]和氨基甲酸盐[$RNCOO^-(aq)$]的平衡浓度。

这项工作给出了一种新方法，此方法借助于拉曼光谱来研究原位单相和两相溶液中的生成物质。研究的区域为两相区，甲基哌啶—H_2O 系统的温度为 5 ~ 110℃，含 CO_2 的胺系统温度达到了 25℃。

7.2　实验

7.2.1　材料

使用收到的 N-甲基哌啶(Acros Organics，99%)、2-甲基哌啶(Acros Organics，99.8%)和 4-甲基哌啶(Alfa Aesar，98%以上)，观察到 NMP 和 2MP 随时间出现颜色变化和降解现象，而 4MP 则是稳定的。样品储存在暗环境中，储存温度在 6℃ 以下，以此来延缓它的热降解和光降解。

使用邻苯二甲酸氢钾(KHP，Sigma-Aldrich，99.95%)和三(羟甲基)氨基甲烷(TRIS，Sigma-Aldrich，99.9%)作为一级标准物。进行盐酸(HCl，Fluka，5.999mol/L 溶液)的标定处理，用来制备甲基哌啶鎓氯化物溶液。使用的碳酸氢铵[$(NH_4)HCO_3$，Sigma-Aldrich，99.0%]、碳酸铵[$(NH_4)_2CO_3$，Sigma-Aldrich，99.999%]和二氧化碳(CO_2，Linde Canada，99.995%)，无须进一步提纯处理即可使用。高氯酸钠(NaClO$_4$，Acros，99%以上)用作拉曼光谱测量的内标物。

7.2.2　样品制备

由于胺溶液的保存期短，各种溶液都会在测量前单独制备。按质量制备 5mol/kg 的胺（NMP、2MP 和 4MP）水溶液，然后采用约 0.1mol/kg 的邻苯二甲酸氢钾溶液进行滴定处理，使用瑞士万通滴定仪（型号 764），精度优于 0.5%。通过加入略微过量的盐酸制备 N-甲基哌啶鎓氯化物、2-甲基哌啶鎓氯化物和 4-甲基哌啶鎓氯化物备用溶液，采用质量计量方式。使用无水固体与脱气水制（NH_4）$_2CO_3$ 和 NH_4HCO_3 溶液，也采用质量计量方式。在温度为 25℃ 的条件下，利用来自 Millipore Direct-Q5 的 18.2MΩ·cm 的水进行充分的稀释处理，随后储存在密封的玻璃瓶中。

针对定量测量，高氯酸根阴离子（ClO_4^-）通常用作内参比物，因为它是强拉曼散射分子和非络合阴离子。按质量计量方式加入高氯酸钠，使 ClO_4^- 的最终浓度约为 0.2mol/kg。

在大气压力下，将 CO_2 气泡通入已知质量的 NMP、2MP 或 4MP 溶液，进行 CO_2 实验。CO_2 的溶解量按质量计量。

7.2.3　拉曼光谱测量

实验使用定制的 Horiba Jobin Yvon HR800 LabRam 系统。此项工作所用设备如图 7.3 所示。仪器配备：250mW/532nm 的 Torus-200 二极管泵浦固态（DPSS）激光器；30mW/633nm 的 He/Ne Melles Griot 激光器；300mW/785nm 的 XTRA NIR 二极管激光器 Toptica Photonics；斯托克斯边缘小于 120cm^{-1} 的边缘滤光片；1024×256 像素的 CCD 检测器；偏振镜和扰偏器。

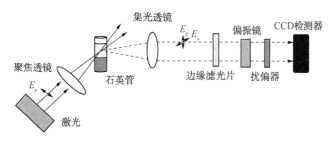

图 7.3　拉曼光谱仪测量装置（E_y 和 E_x 是光偏振）

样品密封在石英管内。使用 FLASH 300（Quantum Northwest）温控比色杯架固定样品管，温度调节范围在 -40~150℃ 之间，稳定度小于 0.05℃。比色杯架的垂直调节环使样品在激光束中上下移动，以便收集液相光谱。

收集溶液的斯托克斯拉曼光谱采用 90° 散射几何结构，狭缝宽度为 1000μm，相对于激发线处于平行（∥）和垂直（⊥）偏振状态。针对各偏振取向，在 25s 的采集时间内采集 5 个光谱并取平均值。记录光谱的范围为 200~1600cm^{-1} 和 2500~3000cm^{-1}。按照先前工作[10] 中的程序，使用偏振拉曼光谱获得对比各向同性光谱[11] $R_{iso}(\omega)$：

$$R_{iso}(\omega) = R_{\parallel}(\omega) - \frac{4}{3}R_{\perp}(\omega) \tag{7.4}$$

为了获得定量结果，利用对比各向同性光谱[10] 求得摩尔散射系数 S_{ij}，其中 i 表示振动带，j 表示物质。摩尔散射系数将物质 j 的振动带 i 下面的面积（A_{ij}）与物质的体积摩尔浓度 c_j 联系起来：

$$A_{ij} = S_{ij}c_j \tag{7.5}$$

向溶液中加入作为内标物(IS)的非络合离子[10]。式(7.5)可以改写为该物质的函数：

$$\frac{A_{ij}}{A_{IS}} = \frac{S_{ij}c_j}{S_{IS}c_{IS}} = \frac{S_{ij}m_j}{S_{IS}m_{IS}} \tag{7.6}$$

在式(7.6)中，m_j是浓度，单位为mol/L。对于含水物质来说，比率S_{ij}/S_{IS}与温度和浓度单位无关[10,12]。在这项研究工作中，高氯酸钠作为内标物，因为高氯酸钠在水中会完全电离，在整个温度范围内具有热稳定性[12,13]，并且只有一个强振动带，$\nu_1(ClO_4^-)$，位于936cm^{-1}。

使用曲线拟合程序OriginPro 9.1，通过将各振动带拟合成具有明显统计意义的一组Voight函数，从基线校正对比各向同性光谱中获得物质的振动带及其面积。

7.2.4 方法验证

为了开发笔者团队自己的方法并确定化学反应式(7.1)至式(7.3)中存在的一些含碳物质，针对碳酸铵和碳酸氢铵水溶液系统[$(NH_4)_2CO_3(aq)$和$NH_4HCO_3(aq)$]进行了拉曼光谱实验研究，研究温度范围为25~80℃。选择此系统的原因是它比甲基哌啶—H_2O—CO_2系统简单，理解起来也更容易，并且Wen和Brooker已经对此进行了拉曼光谱研究[8]，使用的就是上面描述的方法。

7.2.5 激光器选择优化

为了减少荧光现象和实现基线斜率最小化，测试了具有不同波长的三种激光器。在室温下使用532nm(绿光)、633nm(红光)和785nm(白光或近红外光)激光器测试5mol/kg的NMP和2MP水溶液样品。图7.4显示了针对同一种N-甲基哌啶溶液，采用这些激光器获得的拉曼光谱。从图7.4中可以看出，使用绿色和红色激光器获得的拉曼光谱并不是平坦基线，而使用白色激光器获得的拉曼光谱确实是有用的平坦基线。因此，在下面的测量中只使用近红外光(白光)激光器。

7.3 结果与讨论

7.3.1 氨基甲酸铵系统

针对1mol/kg NH_4HCO_3 + 0.5mol/kg $NaClO_4$溶液的拉曼光谱如图7.5所示，实验温度为50℃。从图7.5中可以看出，HCO_3^-的振动带位于1017cm^{-1}，$(NH_4)_2COO^-$的振动带位于1034cm^{-1}，CO_3^{2-}的振动带位于1065cm^{-1}。有可能区分出所有物质，并获得与Wen和Brooker[8]的研究一致的主要物质散射系数(温度达到60℃)，并在这些浓度下验证基线减法与反卷积方法。

Zhao等[14]也使用拉曼光谱研究了CO_2—NH_3—H_2O系统的生成物质，同样呈现出类似的生成物质。Holmes等[15]和Mani等[16]使用核磁共振研究此系统，其目的是确定各种含碳阴离子浓度比之间的关系。笔者团队的结果在组合实验不确定度范围内与他们的结果是一

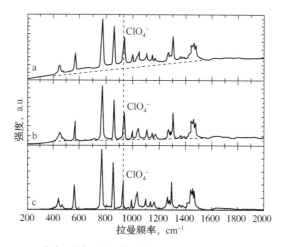

图 7.4 含 0.5mol/kg 高氯酸钠（内标物）的 7mol/kg *N*-甲基哌啶 25℃时的拉曼光谱
a—绿光激光器（532nm）；b—红光激光器（633nm）；c—近红外光激光器（785nm）

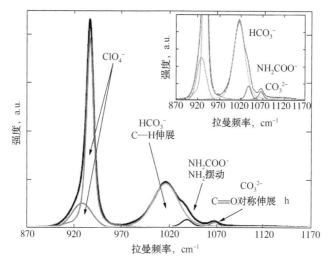

图 7.5 50℃时的碳酸氢铵与高氯酸钠拉曼光谱

致的。

7.3.2 甲基哌啶带识别

2MP 的典型对比各向同性光谱如图 7.6 所示。这些分子（$C_6H_{13}N$）的光谱存在多峰现象。本研究过程中已经观察到：将质子加入氮原子会导致若干振动带出现低频偏移或消失。例如，中性 2MP 在 1054cm^{-1}、1156cm^{-1} 和 1178cm^{-1} 处呈现"强"振动模式，然而，对于质子化物质来说，这些模式出现在 1031cm^{-1}、1146cm^{-1} 和 1184cm^{-1} 处。1953 年，Voetter 和 Tschamler[17] 提出通过与六元环分子的红外光谱和 X 射线光谱进行比较来分析 *N*-甲基哌啶的分子光谱。1998 年，Lydzba 等[18] 测量了纯 *N*-甲基哌啶的透射光谱，并确定了一些振动带。最近，Erdogdu 和 Güllüoglu[19,20] 使用密度函数理论或 ab initio 计算确定了 2-甲基哌啶、3-甲基哌啶和 4-甲基哌啶的振动带。然而，在文献中并没有发现这些胺的质子化物质振动光谱。

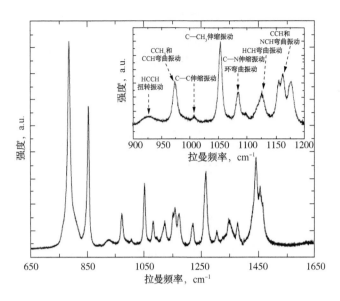

图 7.6 25℃时 2-甲基哌啶水溶液拉曼光谱的振动模式

7.3.3 N-甲基哌啶—H₂O—CO₂ 系统

在本研究中测试了甲基哌啶—H_2O—CO_2 系统的对比各向同性光谱，并进行了范围界定研究，以此来获得单相和两相溶液的定量生成物质数据，测试温度范围为 5℃到下临界溶解温度（110℃）以上。图 7.7 显示了 5mol/kg NMP 和 0.3mol/kg CO_2 水溶液的拉曼光谱。

如图 7.7（a）所示的光谱来自温度为 5℃的单相区，光谱说明存在 CO_3^{2-}，而不是 HCO_3^-。这表明有可能获得定量生成物质数据，精确度在 5% 的范围内。通过加热，系统温度重回室温，系统变成双液相。图 7.7（b）和图 7.7（c）分别显示了各相的拉曼光谱。从图中可以看出，存在一个富 N-甲基哌啶和贫碳酸盐物质的相[图 7.7（b）]以及另一个贫 NMP 和富碳酸盐物质的相[图 7.7（c）]。已经开发了确定各相中高氯酸盐参比离子浓度的方法，从而可以确定各相的平衡浓度和生成物质，将在未来的交流中给出这些结果及其计算过程。

7.3.4 2-甲基哌啶—H₂O—CO₂ 系统

如图 7.8 所示，给出了不同 CO_2 负荷下，单相区 2MP 水溶液的拉曼光谱，CO_2 负荷单位为 $mol(CO_2)/mol(2MP)$，温度为 25℃。

光谱证实了化学平衡模型的预测结果，即增加 CO_2 负荷会使 CO_3^{2-} 成为主要物质，直到胺完全质子化时为止，此时系统开始形成 HCO_3^-。

图 7.8（a）、图 7.8（b）或图 7.8（d）表明，利用质子化胺有可能从光谱中获得定量信息。然而，如图 7.8（c）所示，与 CO_2 负荷不足以使所有胺质子化相比，峰重叠将使光谱反卷积复杂化，从而导致不确定度增大。

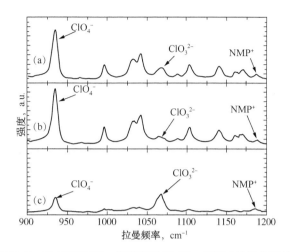

图 7.7 N-甲基哌啶、高氯酸钠和 CO_2 水溶液的拉曼光谱

(a)温度 5℃(仅有液相);(b)温度 25℃(富胺相);

(c)温度 25℃(富水相)

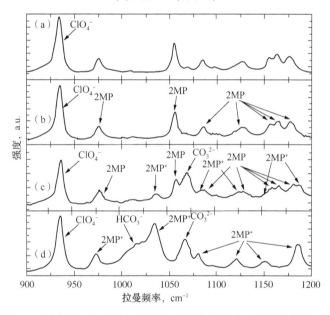

图 7.8 不同 CO_2 负荷下 2-甲基哌啶和高氯酸钠水溶液的拉曼光谱

CO_2 负荷以 $mol(CO_2)/mol(胺)$ 为单位

(a)0;(b)0.06;(c)0.18;(d)0.72

7.3.5 4-甲基哌啶—H₂O—CO₂ 系统

采用 2mol/kg 4MP、1.4mol/kg CO_2 和 0.3mol/kg $NaClO_4$ 的水溶液,实验温度为 25℃,其拉曼光谱如图 7.9 所示。

为了显示碳和胺生成物质,进行了光谱反卷积处理。这里,CO_2 与胺和水反应,实现 4MP 的完全质子化,生成 CO_3^{2-} 和 HCO_3^-。在溶液中也能够观察到 4MP 的氨基甲酸盐物质。

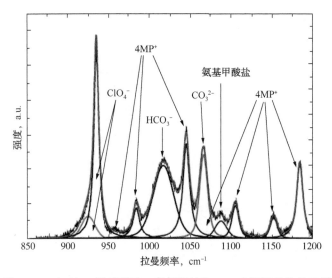

图 7.9 25℃时 4-甲基哌啶、高氯酸钠和 CO_2 水溶液的拉曼光谱

7.4 结论

这里给出的结果表明，拉曼光谱可用于各种温度下的单相、双液相系统生成物质的定量研究。为了进行方法验证，测量了碳酸铵和碳酸氢铵溶液的拉曼光谱，测量温度达到了80℃，与文献给出的数据非常吻合。目前正在研究其质量平衡关系，以便测定两液相之间的内参比离子分布情况，这样的话，就能够通过一次实验来测量两相的甲基哌啶和 CO_2 定量分布系数，以及平衡生成物质。

甲基哌啶—H_2O—CO_2 系统的拉曼光谱表明，高 CO_2 负荷产生作为主要平衡碳酸盐物质的 CO_3^{2-}，直到胺浓度超过等物质的量比时为止。随后，HCO_3^- 变得更加重要。在 N-甲基哌啶和 2-甲基哌啶溶液中均未观察到氨基甲酸盐，它们分别是叔胺和受阻仲胺。在 4-甲基哌啶溶液中观察到了氨基甲酸盐。

参 考 文 献

[1] Raynal, L., et al., Te DMX™ process: An original solution for lowering the cost of post-combustion carbon capture. Energy Procedia, 2011. 4: 779-786.

[2] Raynal, L., et al., From MEA to demixing solvents and future steps, a roadmap for lowering the cost of post-combustion carbon capture. Chem. Eng. J., 2011. 171: 742-752.

[3] Ballerat-Busserolles, K., et al., Liquid-liquid equilibria in demixing amines: a thermodynamic approach. MATEC Web of Conferences, 2013. 3.

[4] Coulier, Y., Etude thermodynamique de solutions aqueuses d'amines demixantes pour le captage du dioxyde de carbone, in Ecole Doctorale Des Sciences Fondamentales. 2011, Universite Blaise Pascal: Clermont-Ferrand.

[5] Marczak, W., et al., Water-induced aggregation and hydrophobic hydration in aqueous solutions of N-methylpiperidine. Rsc Adv, 2013. 3: 22053-22064.

[6] Stephenson, R. M., Mutual solubility of water and pyridine-derivatives. J. Chem. Eng. Data, 1993. 38: 428-431.

［7］ Flaschner, O. and B. MacEwen, Te mutual solubility of 2－methylpiperidine and water. J. Chem. Soc., 1908. 93: 1000-1003.

［8］ Wen, N. P. and M. H. Brooker, Ammonium carbonate, ammonium bicarbonate, and ammonium carbamate equilibria: A Raman-study. J. Phys. Chem., 1995. 99: 359-368.

［9］ Aroua, M. K., A. Benamor, and M. Z. Haji-Sulaiman, Equilibrium constant for carbamate formation from monoethanolamine and its relationship with temperature. J. Chem. Eng. Data, 1999. 44: 887-891.

［10］ Applegarth, L. M. S. G. A., et al., Raman and ab initio investigation of aqueous Cu(ⅰ) chloride complexes from 25 to 80℃. J. Phys. Chem. B, 2014. 118: 204-214.

［11］ Rudolph, W. W., D. Fischer, and G. Irmer, Vibrational spectroscopic studies and density functional theory calculations of speciation in the CO_2-water system. Appl. Spectrosc., 2006. 60: 130-144.

［12］ Applegarth, L. M. S. G. A., et al., Non-complexing anions for quantitative speciation studies by Raman spectroscopy in fused-silica high pressure optical cells under hydrothermal conditions. Appl. Spectrosc., 2015［Accepted］.

［13］ Ratcliffe, C. I. and D. E. Irish, Vibrational spectral studies of solutions at elevated temperatures and pressures. Ⅵ. Raman studies of perchloric acid. Can. J. Chem., 1984. 62: 1134-1144.

［14］ Zhao, Q., et al., Composition analysis of CO_2-NH_3-H_2O system based on Raman spectra. Ind. Eng. Chem. Res., 2011. 50: 5316-5325. 94 Acid Gas Extraction for Disposal and Related Topics.

［15］ Holmes, P. E., M. Naaz, and B. E. Poling, Ion concentrations in the CO_2-NH_3-H_2O system from ^{13}C NMR spectroscopy. Ind. Eng. Chem. Res., 1998. 37: 3281-3287.

［16］ Mani, F., M. Peruzzini, and P. Stoppioni, CO_2 absorption by aqueous NH_3 solutions: speciation of ammonium carbamate, bicarbonate and carbonate by a ^{13}C NMR study. Green Chem., 2006. 8: 995-1000.

［17］ Voetter, H. and H. Tschamler, Die Molekülspektren gesättigter Sechserringe. Monatsh. Chem., 1953. 84: 134-155.

［18］ ŁydŻba, B. I., W. Wrzeszcz, and J. P. Hawranek, Vibrational intensities of liquid N-methylpiperidine. J. Mol. Struct., 1998. 450: 171-177.

［19］ Erdogdu, Y. and M. T. Gulluoglu, Analysis of vibrational spectra of 2 and 3-methylpiperidine based on density functional theory calculations. Spectrochimica acta. Part A, Molecular and biomolecular spectroscopy, 2009. 74: 162-167.

［20］ Gulluoglu, M. T., Y. Erdogdu, and S. Yurdakul, Molecular structure and vibrational spectra of piperidine and 4-methylpiperidine by density functional theory and ab initio Hartree-Fock calculations. J. Mol. Struct., 2007. 834: 540-547.

8 一种计算电解质混合物黏度的简化模型

Marco A. Satyro[1]，**Harvey W. Yarranton**[2]

(1. 克拉克森大学，美国纽约州波茨坦市；

2. 卡尔加里大学，加拿大艾伯塔省卡尔加里市)

摘　要　就几个石油相关工艺(包括气体处理)的传质设计与泵送设备设计来说，矿物盐水溶液黏度的计算在其中发挥了重要作用。人们期望用于过程模拟的离子溶液黏度计算模型是一种简单的相容模型。在此项研究工作中，针对不同的浓度、温度和压力，研究了膨胀流体(EF)黏度模型在确定液体无机盐混合物黏度与水黏度的相关性和液体无机盐混合物黏度估算方面的适用性。基于强电解质溶液的初步结果表明，膨胀流体模型可以轻松地用来计算电解质溶液黏度。计算条件为：氯化钠溶液浓度为 0~6mol/L，温度为 25~100℃，计算结果的平均绝对相对偏差低于 1%。

8.1　简介

就几个石油相关工艺的传质设计与泵送设备设计来说，矿物盐水溶液黏度的计算在其中发挥了重要作用。例如，气体处理或净化涉及的水溶液(如捕获二氧化碳和硫化氢用链烷醇胺溶液)本身就属于离子溶液。人们感兴趣的其他的气体处理混合物包括液相中离解的强无机碱，以及用酸性水汽提器脱除炼油厂物流中的酸性气体时，形成的比较弱的碱性盐混合物。

这些水溶液本质上是复杂的，因为它们含有可部分或完全离解的溶剂和因溶液中酸性气体化学吸附产生的若干离子。目前，计算这些溶液黏度的可用黏度模型比较复杂，并且在某些情况下，由于复杂的混合律或需要确定表观物质(盐)浓度，导致其应用难度很大。然而，对于过程模拟应用来说，人们期望用于过程模拟的离子溶液黏度计算模型是一种简单的相容模型。

考虑液相中的化学反应(无论是否处于平衡状态)会导致电解质溶液的黏度计算复杂化，例如使用链烷醇胺处理酸性气体时通常会遇到的化学反应。除此之外，由于受溶液中电解质数量的影响，也许会超过溶度积。固态盐相的沉淀析出是一个潜在的问题，也许会遇到类似于浆料的复杂特性。最后的结果就是模拟气体处理过程的现代模拟模型不仅要处理水溶液及其溶解气，而且还需要同时处理附加相，比如，与电解质水溶液处于平衡状态的油相，这样的话，往往涉及的溶剂就不止一种。因此，希望使用的黏度模型不仅可以计算电解质的黏度，而且也可以用来计算过程中涉及的其他相的黏度。

Horvath[1]全面回顾了自 1985 年以来的电解质水溶液黏度相关式。从过程模拟的实用性来看，这些相关式中，最有用的是以单盐、单溶剂溶液与水的相对偏差为基础的相关式：

$$\frac{\mu}{\mu_w}=\mu_r=1+A\sqrt{c}+Bc \tag{8.1}$$

式中　μ——电解质水溶液的黏度；

　　　μ_w——溶液压力和温度下的纯水黏度；

　　　c——电解质浓度；

　　　A 和 B——拟合参数。

常数 A 的值为负（针对所有强电解质），常数 B 的值为正（针对所有电解质），不过仅对稀溶液（浓度不大于 3mol/L）观察到符号的理论一致性。受电解质浓度的影响，黏度可能会增加或减少（Grüneisen 效应）。本质上，如果流体局部结构强度随电解质浓度的增加而强化，黏度就会增大[2]。在某些情况下，电解质浓度的增加会导致流体局部结构弱化，黏度的最大值或最小值表现为电解质浓度的函数。诸如硫酸水溶液和硝酸水溶液，其黏度最大值表现为电解质浓度的函数。

为了处理具有各种强度和生成物质的电解质溶液，Lencka 和其他学者[3-5]在改进式(8.1)的基础上，开发出了一种非常灵活的模型：

$$\mu_r = 1 + \mu_r^{LR} + \mu_r^{s} + \mu_r^{s-s} \tag{8.2}$$

式中　μ_r^{LR}——差分项捕获长程效应；

　　　μ_r^{s}——个体物质贡献项；

　　　μ_r^{s-s}——物质—物质贡献项。

μ_r^{LR}是温度、溶剂混合物介电常数、离子极限电导率和离子强度的函数[3,4]。构建 μ_r^{s} 的基础是式(8.1)中 B 项的相加性：

$$\mu_r^{s} = \sum_{i=1}^{nc} c_i B_i \tag{8.3}$$

式中　i——组分；

　　　nc——混合物中的物质数量。

B_i 通常是温度的函数。利用浓度复函数建立的物质—物质相互作用模型如下：

$$\mu_r^{s-s} = \sum_{i=1}^{nc} \sum_{j=1}^{nc} f_i f_j D_{ij} I^2 \tag{8.4}$$

式中　D_{ij}——组分 i 和组分 j 之间的相互作用参数；

　　　I——离子强度；

　　　f_i和f_j——组分 i 和组分 j 的分数。

D_{ij}是经验参数，对于离子强度大于 5mol/L 的系统来说，它也是 I 的函数。

f_i 定义如下：

$$f_i = \frac{\dfrac{c_i}{\max(1, |z_i|)}}{\sum_{i=1}^{nc} \dfrac{c_i}{\max(1, |z_i|)}} \tag{8.5}$$

式中　z_i——i 的电荷。

Lencka 等的模型很可能是计算电解质混合物黏度最灵活的通用模型，其原因在于它的半经验属性，它将电解质溶液中存在的一些结构效应并入了 B 参数。同时，该模型包含大量的参数且使用不方便。对于过程模拟来说，还是希望使用单一黏度模型，能够表示气体、烃类液体、非电解质水溶液以及电解质水溶液的黏度。

这项工作的目的是研究改进现代黏度估算方法(膨胀流体黏度模型[6])的可行性,用于电解质水溶液的回归和计算。稍后将介绍该模型的详细信息。它满足过程模拟的所有要求,但尚未进行电解质测试。在这项工作中,假设电解质属于强电解质,能够完全离解成结构离子,因此不需要计算化学平衡;还假设溶液的饱和度总是低于其极限饱和度,因此不存在固态盐。

8.2　膨胀流体黏度模型

膨胀流体模型由 Yarranton 和 Satyro[6] 提出,提出的目的是开发用于碳氢化合物的简单黏度模型,能够提供临界点连续性、计算速度和精确度。此模型与状态方程集成容易,并已成功植入商用过程模拟器。膨胀流体模型由下面的方程给出:

$$\mu = \mu_g + 0.165\exp(c_2\beta) \tag{8.6}$$

式中　μ_g——气体的低压黏度;

　　　c_2——经验常数;

　　　β——黏度,是密度的函数,由式(8.7)给出。

$$\beta = \cfrac{1}{\exp\left[\left(\cfrac{\rho_s^*}{\rho}\right)^{0.65}-1\right]-1} \tag{8.7}$$

ρ_s^*项大致对应于流体的冰点密度,因此表示为零流度或无限黏度状态。ρ_s^*项的压力经验校正相关式如下:

$$\rho_s^* = \frac{\rho_0}{\exp(-c_3 p)} \tag{8.8}$$

式中　c_3——常数;

　　　p——压力,kPa;

　　　ρ_0——密度,在拟合现有黏度的基础上计算出来的。

c_2项对于碳氢化合物来说是常数,但对于像水这样的流体来说,涉及温度的影响,水具有明显的氢键合力:

$$c_2 = c_2^\infty + c_2^k\exp(c_2^\gamma T) \tag{8.9}$$

式中　c_2^∞、c_2^k和c_2——根据黏度数据确定的经验常数。

使用以下经验相关式来计算气体的低压黏度[7]:

$$\mu_g = A + BT + CT^2 \tag{8.10}$$

式中　T——温度,K;

　　　A、B 和 C——经验常数。

此模型应用于混合物时,采用混合律来计算ρ_0、c_2和c_3参数:

$$\rho_0 = \left[\sum_{i=1}^{nc}\sum_{j=1}^{nc}\frac{w_i w_j}{2}\left(\frac{1}{\rho_{0,i}}+\frac{1}{\rho_{0,j}}\right)(1-a_{ij})\right]^{-1} \tag{8.11}$$

$$\frac{c_2}{\rho_0} = \sum_{i=1}^{nc}\sum_{j=1}^{nc}\frac{w_i w_j}{2}\left(\frac{c_{2,i}}{\rho_{0,i}}+\frac{c_{2,j}}{\rho_{0,j}}\right)(1-a_{ij}) \tag{8.12}$$

$$c_3 = \left(\sum_{i=1}^{nc} \frac{w_i}{c_{3,i}} \right)^{-1} \tag{8.13}$$

式中 a_{ij}——组分 i 和组分 j 之间的二元相互作用参数。

模型参数(r_s^o、c_2^∞、c_2^k、c_2^γ、A、B 和 C)适用于各种碳氢化合物[6]以及大然气加工过程中遇到的许多非碳氢化合物[8]。模型的输入参数是温度、压力和实际流体密度。许多碳氢化合物之间的二元相互作用参数近似为零[9],但好像也适用于涉及轻烃或非碳氢化合物的混合物。

8.3 结果与讨论

对于电解质溶液来说,组分是水和盐离子。水的模型参数[8]见表 8.1。在此项研究工作中,计算纯水密度使用的是 Steam 97 性质软件包[10],饱和水的计算结果见图 8.1。从盐浓度或离子浓度的角度来解释盐对黏度的影响。下面对各种计算方法进行详细讨论。

表 8.1 水的膨胀流体模型参数

参数	单位	数值
c_2^∞		0.1463
c_2^k		99.519
c_2^γ		-23.1×10^{-3}
ρ_0	kg/m^3	1197
c_3	kPa^{-1}	0.3×10^{-6}
A	Pa·s	-0.00000368255
B	Pa·s/K	0.000000042916
C	Pa·s/K^2	-0.000000000001624

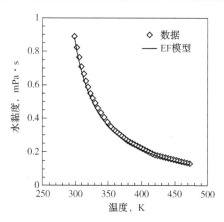

图 8.1 饱和条件下的液态水黏度

温度范围 25~200℃,平均误差 3.7%

8.3.1 忽略盐离解的膨胀流体模型

首先对电解质系统进行近似处理,c_2 和 c_3 项的值与计算水黏度时使用的值相同。请注意，除非需要进行高压计算，否则可以通过将c_3值设置为零来进一步简化模型。本研究从温度为25℃和100℃时的氯化钠溶液黏度数据开始[1]。对于氯化钠来说，密度ρ_0设定为25℃时的无水氯化钠密度，即2170kg/m³。图8.2表明，使用式(8.1)定义的简单混合律和二元相互作用参数0.055(25℃)和-0.030(100℃)，可以利用盐浓度范围为0~6mol/L(接近盐的溶解度极限)之间的数据来建立相应的数据模型。显然，需要提供依赖温度的相互作用参数，H_2O/NaCl系统的相互作用参数可计算如下：

$$a_{ij} = A_{ij} + \frac{B_{ij}}{T} \tag{8.14}$$

$A_{ij} = -0.368 \text{Pa} \cdot \text{s}$，$B_{ij} = 126.1 \text{Pa} \cdot \text{s/K}$。这种方法的平均绝对相对偏差相当小(25℃时为2.9%，100℃时为1.0%)，但模型没有获得盐浓度的黏度曲率，这表明在更高的盐浓度下，误差会增大。

膨胀流体模型的一个优点是能够模拟高压盐/水溶液黏度。例如，温度为25℃，压力为35MPa，3mol/L NaCl水溶液的黏度为1.219mPa · s[10]，而膨胀流体模型的估算值为1.216mPa · s。估计黏度随压力变化而变化的能力是开发膨胀流体模型的自然结果。

上述方法中，使用了盐浓度，但并未考虑盐的离解，因此模型使用起来非常简单。上述公式可用来计算盐/水混合物黏度，但并不足以用于电解质软件包。通常在处理电解质软件包时，以离子形式出现的不同物质不是分子等效物(如NaCl)，而是作为离子(如Na^+和Cl^-)出现在溶液中。

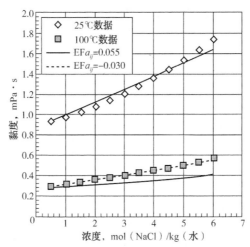

图8.2　不同盐浓度下的液态水/NaCl黏度

浓度为0~6mol/L时，膨胀流体模型的平均相对偏差为

2.9%($a_{ij}=0.055$，25℃)和1.0%($a_{ij}=-0.030$，100℃)

8.3.2　离子物质的膨胀流体模型

为了使膨胀流体模型用于溶液中的离子混合物，必须给出离子ρ_0的估值。一个选项是将这些值视为模型的可调参数，通过大量实验数据的回归处理来确定其值。本研究提出了一种替代方法，使用离子摩尔体积来计算ρ_0。来自Horvath[1]的钠离子和氯离子的结晶离子半径见表8.2。表8.2中也列入了基于离子半径的摩尔体积和质量密度。离子ρ_0取值等于表8.2

中的离子密度，无须进一步调整。

表 8.2　基于结晶离子半径的离子体积性质

离子	离子半径 nm	摩尔体积 m³/kmol	分子量 g/mol	密度 kg/m³
Na^+	0.95	0.002165	22.99	10619
Cl^-	1.81	0.014970	35.45	2368

要确定的其余参数是计算混合物 ρ_0 所需的离子—溶剂和离子—离子相互作用参数。利用 25℃ 和 100℃ 时的可用实验数据，通过回归处理来确定这些参数。至于非离解离子模型，也观察到了类似的温度依赖性。25℃ 时的 a_{ij} 值见表 8.3，表 8.4 给出了依赖温度的 a_{ij} 值 [见式(8.14)]。为了尽可能降低可调参数的数量，假设水和离子之间的相互作用参数相同且对称。图 8.3 表明，与非离解盐方法相比，这种方法能够更好地捕获到黏度趋势与盐浓度曲线的曲率。在 0~6mol/L 范围内，25℃ 与 100℃ 的平均绝对相对偏差分别为 0.2% 和 0.9%。

表 8.3　使用温度为 25℃、浓度为 0~6mol/L 的数据确定的 Na^+、Cl^- 和 H_2O 的相互作用参数

组分	H_2O	Na^+	Cl^-
H_2O	0	−0.05	−0.05
Na^+	−0.05	0	−2.47
Cl^-	−0.05	−2.47	0

表 8.4　25~100℃ 时离子和 H_2O 的有效相互作用参数

离子	a_{ij}	b_j
Na^+/H_2O	−0.747	207.7
Cl^-/H_2O	−0.747	207.7
Na^+/Cl^-	8.43	3249

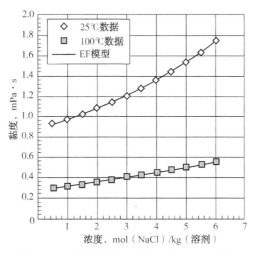

图 8.3　不同盐浓度下的液态水/NaCl 黏度

浓度为 0~6mol/L，膨胀流体模型的平均相对偏差为 0.2%(25℃)和

0.9%(100℃)，相互作用参数来自表 8.4

8.4 结论

结果表明：利用膨胀流体模型的简单扩展来准确表示电解质溶液的黏度是有可能的。模型需要离子—溶剂和离子—离子对之间的二元相互作用参数，以便在 $0 \sim 6 \text{mol/L}$ 范围内给出准确的黏度估值。由于膨胀流体模型中的控制参数是 ρ_0，是以来自晶体结构的离子密度为基础计算出来的，由于忽略了水合对溶液有效离子密度影响所带来的不准确性，因而在进行模型校正时引入了相互作用参数。与许多其他的电解质溶液黏度模型不同，膨胀流体模型不要求提供依赖于组分的相互作用参数（通常它们被表示为溶液离子强度的函数）。

对建议模型的一个潜在问题是相互作用参数的温度依赖性。然而，目前用来估算电解质溶液黏度的模型也涉及依赖温度的相互作用参数。众所周知，溶液中离子的偏摩尔体积是温度的函数[12]，因此，模型中使用的相互作用参数也是温度的函数也就不足为奇了。用于黏度计算的离子有效体积的温度依赖性可能与作为温度函数的离子水合数有关[13]，这反过来又导致离子 ρ_0 与作为温度函数的水合数或无限稀释偏摩尔体积联系起来的可能性，最终减小或完全消除相互作用参数的温度依赖性。目前正在研究这种可能性，并致力于使模型能够用于更复杂的电解质/水混合物。

参 考 文 献

[1] Horvath, A. L. Handbook of Aqueous Electrolyte Solutions – Physical Properties, Estimation and Correlation Methods, Ellis Horwood Ltd. 1985.

[2] Jones, G.; Dole, M. Te Viscosity of Aqueous Solutions of Strong Electrolytes with Special Reference to Barium Chloride; J. Am. Chem. Soc; 1929, 51, 2950-2964.

[3] Lencka, M. M.; Anderko, A.; Sanders, S. J.; Young, R. D. Modeling Viscosity of Multicomponent Electrolyte Solutions; Intl. J. Termophysics; 1998, 19(2), 367-378. A Simple Model for the Calculation 105.

[4] Anderko A.; Lencka, M. M.; Computation of Electrical Conductivity of Multicomponent Aqueous Systems in Wide Concentration and Temperature Ranges; Ind. Eng. Chem. Res., 1997, 36, 1932-1943.

[5] Wang, P.; Anderko, A. Modeling Viscosity of Aqueous and Mixed-Solvent Electrolyte Solutions, 14th International Conference on the Properties of Water and Steam in Kyoto; 29 August-3 September 2004, Kyoto, Japan.

[6] Yarranton, H. W.; Satyro, M. A. Expanded Fluid-Based Viscosity Correlation for Hydrocarbons, Ind. Eng. Chem. Res., 2009, 48, 3640-3548.

[7] Yaws, C. L. Yaws' Handbook of Termodynamic and Physical Properties of Chemical Compounds. Knovel. Electronic ISBN: 978-1-59124-444-. e-version available at: http: //www. knovel. com, 2003.

[8] Motahhari, H.; Satyro, M. A.; Yarranton, H. W. Viscosity Prediction for Natural Gas Processing Applications, Fluid Phase Equil., 2012, 322-323, 56-65.

[9] Motahhari, H.; Satyro, M. A.; Yarranton, H. W. Predicting the Viscosity of Asymmetric Hydrocarbon Mixtures with the Expanded Fluid Viscosity Correlation. Ind. Eng. Chem. Res., 2011, 50, 12831-12843.

[10] VMGSim Version 9. 0; Virtual Materials Group, Inc.; Calgary, AB, Canada, 2015.

[11] Kestin, J.; Khalifa, E.; Correia, R, Tables of the Dynamic and Kinematic Viscosity of Aqueous NaCl Solutions in the Temperature Range 20-150 C and the Pressure Range 0. 1-35 MPa, J. Phys. Chem. Ref. Data. 1981, 10(1), 71-87.

[12] Millero, F. J. Te Molal Volumes of Electrolytes, Chem. Reviews, April 1971, 71(2), 147-175.

[13] Goldsack, D. E.; Franchetto, R. C. Te Viscosity of concentrated Solutions. II. Temperature Dependency, Can. J. Chem., 1978, 56, 1442-1449.

9 酸性气体水合物相平衡研究：实验与建模

Zachary T. Ward[1]，**Robert A. Marriott**[2]，**Carolyn A. Koh**[1]

(1. 科罗拉多矿业学院化学与生物工程系水合物研究中心，
美国科罗拉多州戈尔登市；
2. 卡尔加里大学化学系，加拿大艾伯塔省卡尔加里市)

摘 要 气体水合物是在高压、低温环境中，水与气体发生接触时形成的结晶固体。海底油气管道内出现气体水合物会造成管道堵塞。尤其值得关注的是，石油管道中的酸性气体水合物问题，其原因在于酸性气体水合物的形成条件是比较温和的。众所周知，当前针对极性化合物的状态方程预测方法，由于预测结果的误差大，因此在预测酸性气体水合物形成条件方面面临极大的困难。本文研究了含 CO_2 和 H_2S 组分的酸性天然气水合物的相平衡特性。研究的压力、温度范围分别为 200~1000psi(绝)和 3.8~18.2℃，使用等体积压力搜索法测量新的 CO_2 二元和三元混合水合物相平衡数据，同时进行气相的气相色谱仪分析。

9.1 简介

气体水合物是在高压、低温环境中，水分子(主体)晶格围绕特定气体分子(客体)形成的固体包合物。在有利的 $p—T$ 条件下，出现在海底油气管道内的气体水合物会造成管道堵塞[1]。H_2S 是非常稳定的客体分子，在一定程度上，CO_2 也是非常稳定的客体分子，它们要么是某些油井和气田特有的产物，要么是在某些油井和气田中形成的。对于含 H_2S 和(或) CO_2 的混合物来说，缺乏相应的气体水合物相平衡数据。在进行研究的过程中，仅发现两篇论文[2,3]报道了含 H_2S/CO_2 和 C_3H_8(作为 sⅡ 水合物客体)的 sⅡ 水合物数据。针对含 H_2S/CO_2、CH_4 和 C_3H_8 的气体混合物，比较了气体水合物的相平衡数据与预测结果。

水合物相平衡计算程序主要是以 van der Waals 和 Platteeuw[4]最初开发的并经过改进的统计热力学模型(如 CSMGem、DBRHydrate、Multiflash、HydraFLASH 和 PVTSim)为基础的[1,4]。水合物科学家和工程师经常使用这些计算机程序来估算流体混合物形成水合物的热力学性质。程序计算结果的精确度，对于天然气生产和加工设施的安全与运行来说，是非常重要的[1]。

9.2 实验方法

针对含 H_2S 系统的实验，使用的是卡尔加里大学 NSERC-ASRL 实验室的 25mL 釜顶搅拌高压釜。用于酸性气体测试的高压釜，采用的材质是 Hastelloy-C276，在测试温度为 480°F、测试压力达到 3500psi 的条件下，可进行 100% 的 H_2S 酸气测试。装置配备 Paroscientific 压力传感器，测量精度为 $\Delta p = \pm 0.05$psi，Pico Technologies 公司的 Pt RTD，精度为 $\Delta T = \pm 0.001$℃。RTD 和压力传感器获得了供应商的认可，并在冰熔点和 0.026psi(绝)的真空条件下，进行了 RTD 和压力传感器检查。将容器置于 PolyScience 制冷循环浴内，温度稳定度为±0.005℃且可控。通过内置电压调节控制器控制磁耦合"MagnaDrive"搅拌组件，使用霍尔效应旋转传感器测量搅拌速度。装置如图9.1所示。

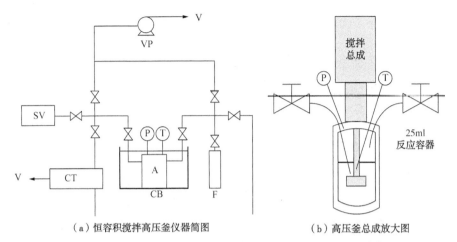

（a）恒容积搅拌高压釜仪器简图　　　　（b）高压釜总成放大图

图9.1　NSERC-ASRL 实验室的恒容积搅拌高压釜仪器及高压釜总成放大图

P—压力传感器；T—电阻温度装置；A—高压釜容器；CB—PolyScience 急冷浴；CT—碱捕捉器（0.25%质量分数的氢氧化钠溶液）；SV—3.5mL 样品容器（用于收集气相色谱仪分析用气体）；F—500mL 不锈钢原料气瓶；VP—0.026psi（绝）真空泵；V—通风系统（来自参考文献[4]）

　　使用等体积压力搜索法（IPS），实验研究天然气水合物的相平衡特性[5-7]。在水合物稳定区，每次升温后，压力都会出现比较大的增加幅度，其原因在于水合物晶体熔化并释放出包裹的气体。正如图9.2慢速加热线所示，通过比较熔化期间压力的大幅增加与水相溶解引起的压力小幅增加值来表征水合物的离解。斜率发生变化的点是气体水合物的相变点，并且作为水合物的形成温度和压力。

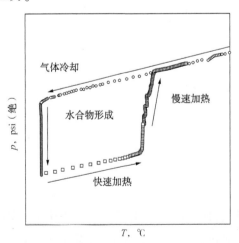

图9.2　水合物相平衡测量用 IPS 方法示例（水合物平衡点是慢速加热线与气体冷却线的交会点）

　　改进后的等体积压力搜索法称为相边界离解法（PBD），其目的是使测量纯 H_2S 水合物平衡数据的时间低于等体积压力搜索法规定的时间[4]。由于系统中仅存在两种组分（H_2O 和

H_2S)，只要是三相共存，离解就会沿着 LW—H—V 相边界发生。使用 0.5℃ 的温度步长，时间调整间隔设定为 4h，以便使系统达到三相平衡状态，通过一次实验获取 40 个以上的数据点(要求参比物)。

对于含 CO_2 的系统来说，使用高压差分扫描量热计测量 CO_2 水合物的相平衡特性，使用的是步进扫描技术[8]。在 10~30mg 水样的升温过程中，该技术采用的升温步长为 0.1℃，并等待吸热热流信号出现弛豫现象，这标志着每次升温后水合物的熔化情况。最后一步的具有非零积分热流信号的温度作为水合物平衡温度。

9.3 结果与讨论

对于三元 H_2S—CH_4—C_3H_8 系统来说，在 13.4~34℃ 的温度范围内进行了 10 次三元气体水合物相平衡测量(供给气体的 H_2S 摩尔分数为 0.102% 和 0.404%)。对于 H_2S 或 CO_2 摩尔分数为 0.1% 的系统来说，HP-DSC 测量结果表明：在三元混合气体系统中，压力为 1000 psi(绝)时，用 H_2S 代替 CO_2，离解温度降低 5.78℃；温度为 20℃ 左右时，用 H_2S 代替 CO_2，离解压力升高 650psi(绝)(图 9.3)，说明在三元混合气体系统中，H_2S 作为水合物客体的稳定性高于 CO_2。

针对三元气体系统，利用不同的模型进行温度预测，预测温度与实验温度之间的平均绝对偏差，

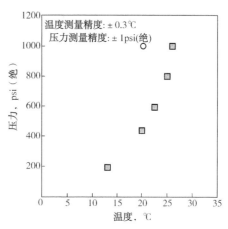

三元系统:CH_4+C_3H_8+ 0.102%（摩尔分数）H_2S气体水合物
初始系统:CH_4+C_3H_8+ 0.1%（摩尔分数）CO_2气体水合物

图 9.3 H_2S 相平衡数据

如图 9.4 所示。就这些系统来说，将纯 CH_4 水合物的计算精度作为判断优化系统的基准，模型与实验数据的平均偏差为 0.04~0.23℃。对于含 H_2S 的三元气体系统来说，H_2S 摩尔分数为 0.102% 的系统，偏差为 0.66~1.55℃，H_2S 摩尔分数为 0.404% 的系统，偏差为 0.92~2.94℃。对于含 CO_2 的三元气体系统来说，可用模型的偏差为 1.8~2.9℃，采集实验数据的压力为 1000psi。

对三元系统的进一步研究表明，明显的亚稳性会影响实验测量结果。通过检查每一步的测量数据，分析压力随时间变化的响应情况，以此来确定每一步是否达到了热力学平衡状态。如果 $dp/dT>0$，则说明水合物正在继续熔化，系统未达到平衡状态。如果 dp/dT 接近零，则说明水合物的熔化过程已经结束，在此温度和压力条件下，系统已处于平衡状态。如果每一步都满足此标准，则在系统恢复正常的气体膨胀之前，最后一步的水合物熔化温度视为水合物平衡温度。

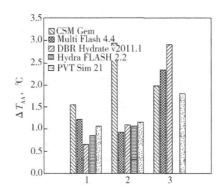

图 9.4　实验三元系统水合物数据(来自 H_2S 和 CO_2 三元系统的报道数据)
与可用模型预测温度的平均绝对偏差ΔT_{AA}比较

1—含 0.102%(摩尔分数)的 H_2S；2—含 0.404%(摩尔分数)的 H_2S；3—含 0.10%(摩尔分数)的 CO_2

9.4　结论

测量并比较了含 H_2S 或 CO_2的三元气体混合物的实验相平衡数据。可用模型表明：三元 sⅡ CH_4—C_3H_8—H_2S 三元水合物数据与可用模型之间的偏差为 0.66~2.94℃。初步收集到的三元 sⅡ CH_4—C_3H_8—CO_2水合物数据与可用模型之间的偏差为 1.8~2.9℃。对作为时间函数的压力斜率的进一步研究表明，对于含 C_3H_8的多组分系统来说，亚稳性是非常重要的，这些系统的平衡时间也许会更长。

参 考 文 献

[1] Sloan, E. D.; Koh, C. A. Clathrate Hydrates of Natural Gases, 3rd Ed., CRC Press, 2007, Boca Raton, FL.

[2] Platteeuw, J. C.; Van der Waals, J. H. Termodynamic Properties of Gas Hydrates Ⅱ: Phase Equilibria in the System H_2S-C_3H_8-H_2O and −3 °C. RECUEIL, 1959, 78, 126−133.

[3] Schroeter, J. P.; Kobayashi, R. Hydrate Decomposition Conditions in the System H_2S-Methane-Propane. Ind. Eng. Chem. Fundam., 1983, 22, 361−364.

[4] Ward, Z. T.; Deering, C. E.; Marriott, R. A.; Sloan, E. D.; Sum, A. K.; Koh, C. A. J. Chem. Eng. Data, 2014, DOI: 10.1021/je500657f.

[5] Carroll, J. J.; Mather, A. E. Phase equilibrium in the system water-hydrogen sulphide: Hydrate forming conditions. Can. J. Chem. Eng., 1991, 69, 1206−1212.

[6] Schroeter, J. P.; Kobayashi, R. Hydrate Decomposition Conditions in the System H_2S-Methane-Propane. Ind. Eng. Chem. Fundam., 1983, 22, 361−364.

[7] Tohidi, B.; Burgass, R. W.; Danesh A.; Ostergaard, K. K.; Todd, A. C. Improving the accuracy of gas hydrate dissociation point measurements. Ann. N. Y. Acad. Sci., 2000, 912, 924−931. Phase Equilibria Investigations of Acid Gas Hydrates 113.

[8] Lafond, P. G.; Olcott, K. A; Sloan, E. D.; Koh, C. A.; Sum, A. K. Measurements of methane hydrate equilibrium in systems inhibited with NaCl and methanol. J. Chem. Termo., 2012, 48, 1−6.

[9] Ward, Z. T.; Marriott, R. A.; Sloan, E. D.; Sum, A. K.; Koh, C. A. J. Chem. Eng. Data, DOI: 10.1021/je5007423.

10 富酸性气体系统的热物理性质、水合物与相态特性建模

Antonin Chapoy[1,2], Rod Burgass[1], Bahman Tohidi[1],
Martha Hajiw[1,2], Christophe Coquelet[2]

(1. 赫瑞—瓦特大学石油工程学院水合物、流动保证和相平衡研究组，
英国苏格兰爱丁堡；
2. 巴黎高等矿业学校，巴黎文理研究大学 CTP，
能源和过程部过程动力学中心，法国枫丹白露)

摘　要　本次技术交流给出了实验技术、设备和热力学建模，用来研究高酸性气体浓度系统，并讨论了富酸性气体系统的相态特性与热物理性质实验结果。在各种温度和压力下，从实验和理论两个方面研究了高浓度的 CO_2 对密度和黏度的影响。开发了预测流体黏度的对应状态模型，使用体积修正状态方程方法计算流体密度。还通过实验确定了部分富酸性气体流体的相包络线和水合物稳定性(进行水饱和和欠饱和条件下的脱水需求评估)，以此来进行广义模型测试，广义模型用来预测富酸性气流体的相态特性、水合物离解压力及其脱水需求。

10.1　简介

鉴于全球天然气需求量稳步增长的预测结果，因此需要通过非常规气体的供应来满足市场的天然气需求。由于全球酸性天然气田占天然气储量的 40% 左右，因此，人们开始极其认真地考虑酸性天然气田的开发和生产问题[23]。就高酸性天然气田来说，开发公司面临的主要挑战是油藏工程、相态特性预测、碳氢化合物物流的处理与酸性气体脱除、运输和储存。

鉴于酸性气体储量大和更严格的环境法规要求(酸性气体不能燃烧处理)，因此，最可行的处理选项之一是将酸性气体回注至储层储存起来，以及用于提高石油采收率(EOR)。酸性气体处置替代选项包括：将压缩酸性气体注入地层；酸性气体随地层水一起处置或将酸性气体溶于轻烃溶剂，溶解了酸性气体的轻烃溶剂用于混相驱提高石油采收率[19]。因现场的 H_2S 含量高，使用乙二醇脱水处理可能会产生其他的一些问题，例如腐蚀和再生时的 H_2S 释放问题。在这种情况下，非常有必要了解多组分气体的含水量与最佳注入压力。此外，重新注入新储层(如哈萨克斯坦的 Kashagan 气田)需要极高的注入压力。针对这种情况，在设计压缩机时，需要准确的多组分混合物的热物理性质。

但是可用来验证现有热力学模型的富 CO_2 或酸性气体系统的相态特性与水合物特性数据是有限的。现有模型的适用性及其不确定性可能导致设计过度或不足。本次技术交流给出了实验技术、设备和热力学建模，用来研究 CO_2 或 H_2S 含量很高的混合气体系统，包括 CO_2 浓度很高的气藏和(或)来自捕获过程的富 CO_2 系统。尤其是，给出了准确的与液态水处于平衡状态的 CH_4—H_2S 二元系统和富 CO_2 天然气(摩尔分数为 70% 的 CO_2 和 30% 的轻烃 C_1—

C_4)的初始水合物—液态水—蒸汽三相相图，测量压力高达 35MPa。实验数据包括压力为 150bar 左右和温度为 233~283K 时，与水合物处于平衡状态时的含水量。混合物密度和黏度的测量温度为 253~423K，测量压力高达 124MPa。还描述了在富 CO_2 天然气中形成干冰的例子。

CPA-EoS 或 SRK 状态方程结合了经 Parrish 和 Prausnitz[29]改进的 van der Waals 和 Platteeuw[37]的固溶体理论，正如先前 Chapoy 等[6]描述的那样，用来建立流体和水合物的相平衡模型。比较了参数(饱和压力、露点、冰点、水合物)的热力学模型预测结果与实验测量结果。开发了预测富 CO_2 流体黏度的对应状态模型[7]，用来评价新的黏度数据。

10.2　实验装置与程序

Chapoy 等[3,6,7]和 Hajiw 等[16]详细介绍了本文中使用的大多数装置和程序。下面简要说明各种实验装置。

10.2.1　饱和压力与露点压力测量及其程序

平衡装置由带混合球的活塞式可变容积(最大有效容积 300mL)钛金属圆柱形压力容器组成，安装在水平枢轴上，配有用于气动控制摇摆机理的支架。平衡池以恒定速率摇摆，摇

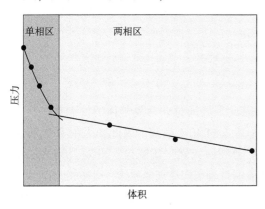

图 10.1　利用平衡池内压力与
容积变化曲线确定泡点的例子

摆角度 180°，随后混合球在平衡池内运动，确保平衡池内流体充分混合。通过从移动活塞后面注入/抽出的液体来调节平衡池容积，进而调节平衡池压力。实验装置的工作温度为 210~370K，最大工作压力为69MPa。依靠环绕平衡池的夹套循环来自低温恒温器的冷却剂，实现对系统温度的控制。平衡池和管线系统全部采取了保温措施，以此来维持恒温状态。利用位于平衡池冷却夹套内的铂电阻温度计(PRT)进行温度的测量与监测(精确度为±0.05K)。压力监测用 Quartzdyne 压力传感器的精确度为±0.05MPa。如图 10.1 所示，通过改变平衡池

容积，找出压力—容积曲线上的转折点来确定泡点。

确定露点的常规测试如下：为了利用等容法来确定露点，向平衡池内注入测试样品，设定温度高于估计露点5℃。冷却平衡池，直至系统明显变为两相时为止。然后通过逐步加热升高平衡池的温度，同时留有足够的时间来达到平衡状态，直到系统再次明显变为单相时为止。在整个过程中，借助气动枢轴系统来摇摆平衡池，确保平衡池内各组分充分混合并达到平衡状态。使用记录程序每隔 1min 记录一次压力与温度数据。然后，对记录数据进行处理，确定每次升温后的系统压力。在压力与温度(p—T)曲线上，会出现两条不同斜率的直线，一条直线位于单相区，一条直线位于两相区。这两条直线的交点即为露点(图 10.2)。

10.2.2 水合物离解测量及其程序

使用等容逐步加热法测量离解点。相平衡用圆柱形平衡池，其材质为 Hastelloy 合金，圆柱形平衡池配备了压力磁力混合器。测试仪器及其测试程序的详细描述可查阅其他资料[7,16]。测量前，记录注入流体(H_2O 和多组分流体)的质量，以便计算进料组成情况。

确定离解点的常规测试如下：首先是平衡池的清洗干燥处理。在系统进入真空状态前，预先向平衡池内注水，注入水量约为平衡池容积的

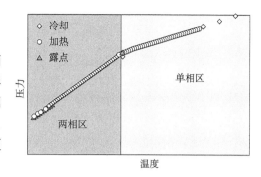

图 10.2 利用等容法的平衡分步
加热数据确定露点的例子

1/2。然后，向平衡池内注入流体，直至池内压力达到预期的初始压力时为止，随后再逐步升高温度，升温速率缓慢到足以使每次升温后都能达到平衡状态。在温度低于完全离解点温度时，水合物分解会释放出气体，每次升温后池内压力都会明显增大(图 10.3)。然而，一旦平衡池内的温度高于最终的水合物离解点温度，系统内的水合物就会完全消失，再进一步升高温度，由于热膨胀，压力仅有少量增加。在压力与温度(p—T)曲线上，会出现两条斜率不同的直线，一条直线位于离解点前，一条直线位于离解点后。这两条直线的交点(p—T图上的斜率突变点)即为离解点(图 10.3)。

对于水合物离解测量的精确度和不确定度的详细讨论，请读者参阅 Stringari 等[33] 或 Hajiw[15] 的著作。

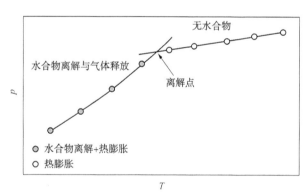

图 10.3 利用平衡逐步加热数据确定的离解点
平衡离解点确定为水合物离解(由于温度升高和水合物离解，
以及热膨胀，导致的压力升高)和线性热膨胀(无水合物)曲线的交叉点

10.2.3 含水量测量及其程序

Chapoy 等[6] 和 Burgass 等[1] 最先介绍了含水量测量设备的核心部件。装置由平衡池和测量仪器组成，测量仪器用来测量流过平衡池的平衡流体含水量。平衡池类似于饱和压力测量中使用的平衡池。湿度/含水量测量装置包括加热线、来自 Yokogawa 的可调式二极管激光吸附光谱仪(TDLAS)和流量计。估计含水量的实验精确度为±5 μmol/mol。

10.2.4 黏度与密度测量及其程序

使用设计与建造的室内装置来测量黏度与密度,如图 10.4 所示。设计最大工作压力为 200MPa(密度测量时限制在 140MPa),最高工作温度为 473.15K。测量黏度与密度时,测量装置置于烘箱烘室内,测量装置的制造商是 BINDER GmbH,工作温度为 200~443.15K。装置由两个小圆柱形容器组成,容积为 15cm³,通过毛细管相互连接在一起,毛细管测量长度为 14.781m,计算内径为 0.29478mm。振荡式 U 形管密度计 Anton Paar DMA-HPM 与测量装置相连。

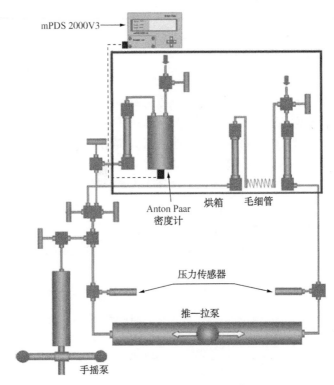

图 10.4 黏度—密度测量装置简图

10.2.5 冰点测量及其程序

Longman 等[24]最先描述了固态 CO_2 冰点的测量设备及其程序。将不锈钢平衡池(容积约为 11cm³)浸没在乙醇浴中。乙醇温度由恒温器(LAUDA Proline RP 1290)控制,恒温器工作温度为 183~320K,精确度为±0.01K。连续搅拌乙醇以保持乙醇浴的温度分布均匀。通过平衡池内的铂电阻温度计测量平衡池温度。测量温度的精确度为±0.05K。采用 Prema 3040 精密温度计校准温度探头,通过测量纯 CO_2 的三相点进行验证。平衡池压力测量用压力传感器为 Quartzdyne 压力传感器。

10.2.6 材料

CH_4 和 H_2S 购自 Air Liquide 公司,CH_4 检定纯度为 99.995%(体积分数),H_2S 为 99.5%(体积分数)。实验用水均为去离子水。CO_2 购自 BOC 公司,检定纯度大于 99.995%(体积分数)。合成混合物的组分见表 10.1。

表 10.1　多组分混合物组成　　　　　单位:%(摩尔分数)

组分	合成混合物 1	合成混合物 2	合成混合物 3
CO_2	—	平衡(89.93)	平衡(69.99)
H_2S	20.0	—	—
甲烷	80.0	—	20.02(±0.11)
乙烷	—	—	6.612(±0.034)
丙烷	—	—	2.58(±0.013)
异丁烷	—	—	0.3998(±0.004)
正丁烷	—	—	0.3997(±0.004)
氮气	—	3.07(±0.04)	—
氧气	—	5.05(±0.01)	—
氩气	—	2.05(±0.06)	—
合计	100	100	100

10.3　热力学与黏度建模

在这项研究工作中,所用原始热力学框架的详细描述可查阅其他资料[14,16]。总之,热力学模型是以各相的组分逸度一致性为基础的。CPA-EoS 或 SRK-EoS(如果不含水的话)用来确定流体相中的组分逸度。使用经 Parrish 和 Prausnitz[29] 改进后的 van der Waals 和 Platteeuw[37] 的固溶体理论来建立水合物相模型。使用 Jaubert 及其同事开发的基团贡献法来确定组分之间的 CPA-EoS 二元相互作用参数。Longman 等[24] 描述了冰点计算模型。如图 10.5 和图 10.6 所示,在低于和高于纯 CO_2 临界点的情况下,开发的模型可以精确预测富 CO_2 或 H_2S 相中的水分布情况以及水相中 CO_2 或 H_2S 的溶解度。

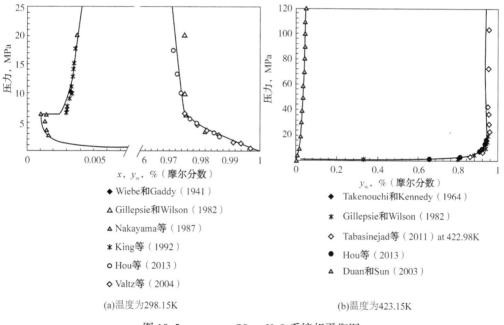

◆ Wiebe和Gaddy（1941）

△ Gillepsie和Wilson（1982）

▲ Nakayama等（1987）

✳ King等（1992）

○ Hou等（2013）

◇ Valtz等（2004）

(a)温度为298.15K

◆ Takenouchi和Kennedy（1964）

✳ Gillepsie和Wilson（1982）

◇ Tabasinejad等（2011）at 422.98K

● Hou等（2013）

△ Duan和Sun（2003）

(b)温度为423.15K

图 10.5　p—x, y CO_2—H_2O 系统相平衡图

黑线为模型预测值;除 Duan-Sun 的是计算数据外,其余为实验数据

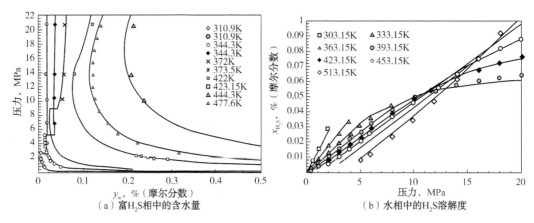

（a）富H_2S相中的含水量　　　　（b）水相中的H_2S溶解度

图 10.6　$p-x$，y H_2S-H_2O 系统相平衡图

黑线为模型预测值；▲来自 Duan 等的计算数据

在这项研究工作中，采用 SRK-EoS 计算 CO_2 或富 CO_2 混合物的摩尔体积，并采用给定温度和压力下准确的纯 CO_2 体积进行校正处理。

$$V^{new} = V^{EoS} - V^C \tag{10.1}$$

式中　V^{EoS}——由状态方程求出的摩尔体积。

式（10.1）中的摩尔体积校正参数 V^C，定义为：

$$V^C = \sum_{k=1}^{N} x_i V_i^C \tag{10.2}$$

式中　x_i——相内组分 i 的组成。

对于 CO_2 来说，V_i^C 定义为：

$$V_{CO_2}^C = V_{纯CO_2}^{EoS} - V^{MBWR} \tag{10.3}$$

对于其他的组分，将 V_i^C 值设定为零。CO_2 密度计算采用 Ely 等[11]建议的形式，使用 MBWR 方程来计算：

$$p = \sum_{n=1}^{9} a_n(T)\rho^n + \sum_{n=10}^{15} a_n(T)\rho^{2n-17}e^{-\gamma\rho^2} \tag{10.4}$$

为了进行黏度模拟，建议的模型是 Pedersen 和 Christensen[30]描述的对应状态黏度模型的改进型。根据应用于黏度的对应状态原则，就相同对比压力 $p_r = p/p_c$ 和对比温度 $T_r = T/T_c$ 的两组分来说，对比黏度 $\eta_r = \eta(T, p)/\eta_c$ 也是相同的。

$$\eta_r = f(T_r, p_r) \tag{10.5}$$

基于稀释气体考虑和动力学理论，临界点黏度可近似表示为：

$$\eta_c \approx \frac{p_3^{2/3}{}_c M^{1/2}}{T_c^{1/6}} \tag{10.6}$$

式中　M——分子量。

因此，对比黏度可表示为：

$$\eta_r = \frac{\eta(T, p)}{\eta_c} = \frac{\eta(T, p) T_c^{1/6}}{p_c^{2/3} M^{1/2}} \tag{10.7}$$

如果式（10.5）中的函数 f 已知，有可能利用作为参比组分的组分来计算出其他组分在任何压力和温度下的黏度，比如组分 i：

$$\eta_i = \frac{\left(\frac{p_{c,i}}{p_{c,0}}\right)^{2/3}\left(\frac{M_i}{M_0}\right)^{1/2}}{\left(\frac{T_{c,i}}{T_{c,0}}\right)} \cdot \eta_0\left(\frac{TT_{c,0}}{T_{c,i}}, \frac{pp_{c,0}}{p_{c,i}}\right) \tag{10.8}$$

式中　下标 0——参比组分。

Hanley 等[17]发表的带黏度数据的甲烷可选为原始 Pedersen 模型的参比流体。在这项研究工作中，将 Fenghour 等[12]发表的带黏度数据的 CO_2 选作参比流体，其原因在于 CO_2 是流体的主要组分。在给定温度和压力的情况下，作为密度函数的 CO_2 黏度可以计算如下：

$$\eta(\rho, T) = \eta_0(T) + \Delta\eta(\rho, T) \tag{10.9}$$

式中　$\eta_0(T)$——零密度黏度，采用式（10.10）计算。

$$\eta_0(T) = \frac{1.00697T^{1/2}}{\Psi_\eta^*(T^*)} \tag{10.10}$$

在式（10.10）中，零密度黏度的单位为 $\mu Pa \cdot s$，温度单位为 K。对比有效截面 $\Psi_\eta^*(T^*)$ 由经验方程表示：

$$\ln\Psi_\eta^*(T^*) = \sum_{i=0}^{4} a_i(\ln T^*)^i \tag{10.11}$$

对比温度 T^* 计算如下：

$$T^* = kT/\varepsilon \tag{10.12}$$

能量标度参数 $\varepsilon/k = 251.196K$。系数 a_i 列于表 10.2。

表 10.2　式（10.11）中用于 CO_2 的系数 a_i

i	a_i
0	0.235156
1	−0.491266
2	5.211155×10^{-2}
3	5.347906×10^{-2}
4	-1.537102×10^{-2}

式（10.9）中的第二贡献项是超黏度，$\Delta\eta(\rho, T)$ 反映了黏度与临界区域外密度的关系。超黏度项的相关式如下：

$$\Delta\eta(\rho, T) = d_{11}\rho + d_{12}\rho^2 + \frac{d_{64}\rho^6}{T^{*3}} + d_{81}\rho^8 + \frac{d_{82}\rho^8}{T^*} \tag{10.13}$$

其中温度单位为 K，密度单位为 kg/m^3，超黏度单位为 $\mu Pa \cdot s$。系数 d_{ij} 见表 10.3。

表 10.3　式(10.11)中的系数 d_{ij} 值

d_{ij}	取值
d_{11}	0.4071119×10^{-2}
d_{21}	0.7198037×10^{-4}
d_{64}	$0.2411697 \times 10^{-16}$
d_{81}	$0.2971072 \times 10^{-22}$
d_{82}	$-0.1627888 \times 10^{-22}$

式(10.8)中表示的纯组分黏度计算用对应状态原则，也适用于混合物黏度的计算。Pedersen 等[30]使用如下方程来计算任何压力和温度下的混合物黏度。

$$\eta_{\text{mix}} = \frac{\left(\dfrac{p_{\text{c,mix}}}{p_{\text{c,0}}}\right)^{2/3} \left(\dfrac{M_{\text{mix}}}{M_0}\right)^{1/2}}{\left(\dfrac{T_{\text{c,mix}}}{T_{\text{c,0}}}\right)^{1/6}} \frac{a_{\text{mix}}}{a_0} \eta_0(T_0, p_0) \tag{10.14}$$

$$p_0 = \frac{p p_{\text{c,0}} \alpha_0}{p_{\text{c,mix}} \alpha_{\text{mix}}}, \quad T_0 = \frac{T T_{\text{c,0}} \alpha_0}{T_{\text{c,mix}} \alpha_{\text{mix}}} \tag{10.15}$$

根据 Murad 和 Gubbins[26]推荐的混合律，混合物的临界温度和压力计算如下：

$$T_{\text{c,mix}} = \frac{\displaystyle\sum_i^N \sum_j^N z_i z_j \left[\left(\dfrac{T_{\text{c},i}}{p_{\text{c},i}}\right)^{1/3} + \left(\dfrac{T_{\text{c},j}}{p_{\text{c},j}}\right)^{1/3}\right]^3 \sqrt{T_{\text{c},i} T_{\text{c},j}}}{\displaystyle\sum_i^N \sum_j^N z_i z_j \left[\left(\dfrac{T_{\text{c},i}}{p_{\text{c},i}}\right)^{1/3} + \left(\dfrac{T_{\text{c},j}}{p_{\text{c},j}}\right)^{1/3}\right]^3} \tag{10.16}$$

$$p_{\text{c,mix}} = \frac{8 \displaystyle\sum_i^N \sum_j^N z_i z_j \left[\left(\dfrac{T_{\text{c},i}}{p_{\text{c},i}}\right)^{1/3} + \left(\dfrac{T_{\text{c},j}}{p_{\text{c},j}}\right)^{1/3}\right]^3 \sqrt{T_{\text{c},i} T_{\text{c},j}}}{\left\{\displaystyle\sum_i^N \sum_j^N z_i z_j \left[\left(\dfrac{T_{\text{c},i}}{p_{\text{c},i}}\right)^{1/3} + \left(\dfrac{T_{\text{c},j}}{p_{\text{c},j}}\right)^{1/3}\right]^3\right\}^2} \tag{10.17}$$

混合物分子量计算如下：

$$M_{\text{mix}} = 1.304 \times 10^{-4} (\overline{M}_{\text{w}}^{2.303} - \overline{M}_{\text{n}}^{2.303}) + \overline{M}_{\text{n}} \tag{10.18}$$

$\overline{M}_{\text{w}}$ 和 $\overline{M}_{\text{n}}$ 分别是重均分子量和数均分子量。

$$\overline{M}_{\text{w}} = \frac{\displaystyle\sum_i^N z_i M_i^2}{\displaystyle\sum_i^N z_i M_i} \tag{10.19}$$

$$\overline{M}_{\text{n}} = \sum_i^N z_i M_i \tag{10.20}$$

式(10.14)中的混合物参数 α 计算如下：

$$\alpha_{\text{mix}} = 1.000 + 7.378 \times 10^{-3} \rho_{\text{r}}^{1.847} M_{\text{mix}}^{0.5173} \tag{10.21}$$

此外，参比流体参数 α 也可利用式(10.21)求出，只需用参比流体 CO_2 的分子量代替混合物分子量即可。对比密度 ρ_{r} 定义如下：

$$\rho_r = \frac{\rho_0\left(\dfrac{TT_{c,0}}{T_{c,mix}}, \dfrac{pp_{c,0}}{p_{c,mix}}\right)}{\rho_{c,0}} \qquad (10.22)$$

CO_2 的临界密度 ρ_0 等于 467.69kg/m³。改型 MBWR 状态方程已被用来计算 $\left(\dfrac{pp_{c,0}}{p_{c,max}}, \dfrac{TT_{c,0}}{T_{c,mix}}\right)$ 的期望压力和温度下的参比流体密度 ρ_0。

采用建议的对应状态原则模型计算含杂质的 CO_2 系统的黏度时，应遵循以下程序：

（1）分别利用式（10.16）、式（10.17）和式（10.18）计算 $T_{c,mix}$、$p_{c,mix}$ 和 M_{mix}。

（2）利用 MBWR EoS 计算 $\left(\dfrac{pp_{c,0}}{p_{c,max}}, \dfrac{TT_{c,0}}{T_{c,mix}}\right)$ 处的 CO_2 密度，利用式（10.22）计算对比密度。

（3）利用式（10.21）计算混合物参数 α_{mix} 和 α_0。

（4）利用式（10.15）计算参比压力 p_0 和参比温度 T_0。

（5）利用来自式（10.9）的式（10.14）计算 CO_2 参比流体黏度 $\eta_0(p_0, T_0)$。

（6）利用式（10.14）计算混合物黏度。

10.4 结果与讨论

在可能的情况下，将所有结果与纯甲烷、纯 CO_2、合成富 CO_2 流体（Chapoy 等的合成富 CO_2 流体组分的摩尔分数：CO_2 89.83%；O_2 5.05%；Ar 2.05%；N_2 3.07%）和常规北海天然气的实验数据进行比较。

模型能够准确预测水合物相态特性或传递性质的关键是必须正确预测相态特性，即相区、泡点线和露点线。例如，水合物计算，位于泡点线上方的水合物稳定性具有极强的温度敏感性，饱和压力的估算误差将导致水合物相态特性出现很大的偏差。黏度模型也取决于良好的密度预测数据，如果预测的是气—液特性而不是饱和液体特性，也会导致黏度计算值出现很大的偏差。如图 10.7 所示，对于结合了基团贡献 k_{ij} 的 SRK-EoS 模型，预测的多组分系统相包络线具有很高的精确度。对于含少量 CO_2 的系统来说，其精确度会更高。

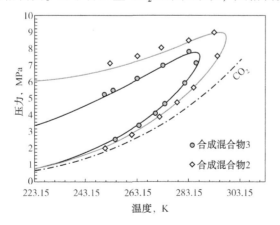

图 10.7 富 CO_2 混合物的实验相包络线与预测相包络线

黑线为使用 SRK-EoS 预测的泡点线；灰线为使用 SRK-EoS 预测的露点线；
点划线为使用 SRK-EoS 预测的纯 CO_2 蒸气压力

  CH_4、CO_2 和 H_2S 是众所周知的 I 型水合物客体。人们已经广泛研究了这些系统的水合物相平衡，相平衡的预测精确度也非常高，如图 10.8 所示。含有 H_2S 的多组分系统非常罕见。Hajiw 等[16]测量了 CH_4 和 H_2S 混合物的水合物离解条件。流体的组成见表 10.1。由于 CH_4 和 H_2S 的溶解度相差几个数量级，因此，混合物的水合物稳定区域严重依赖于流体与水的比值，如图 10.9 所示。使用 Sun 等[34]报道的 CH_4—H_2S—CO_2 水合物数据对模型进行评价。像 CH_4、CO_2 和 H_2S，以及它们的各种混合物，预测结果是会形成 I 型水合物。对于这些系统来说，热力学模型与这些实验数据非常吻合(在 0.5K 内)。如果 H_2S 和 CO_2 的摩尔分数超过 10%，则水的摩尔分数和混合物摩尔分数之比的影响会更大。

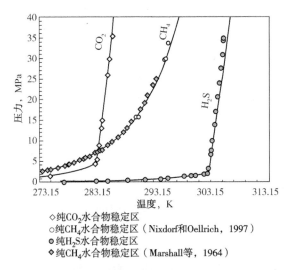

图 10.8 CO_2 与液态水处于平衡状态时的 CO_2、H_2S、CH_4 水合物稳定性实验结果与预测结果

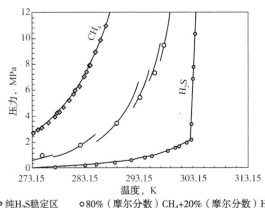

图 10.9 与水处于平衡状态的 80%(摩尔分数)CH_4+

20%(摩尔分数)H_2S 系统的水合物稳定性实验数据与预测结果

  与水处于平衡状态的合成混合物 2 和合成混合物 3 的实验水合物离解条件见图 10.10。纯 CO_2、CH_4 和合成混合物 2 生成 I 型水合物，预计合成混合物 3 会生成 II 型水合物，其原因在于存在大分子烃(丙烷、异丁烷和正丁烷)。值得注意的是，由于受水气比的影响，这

一系统恰好进入了系统的相包络线，但在较高的压力下，会表现出类似于液体的水合物相图。在整个压力范围内，这一系统比纯 CO_2 或合成混合物系统稳定，生成 I 型水合物。在低压和中压（$p<14MPa$）条件下，这一系统也比纯 CH_4 水合物稳定，但是在更高的压力下，水合物与密度更大的超临界流体处于平衡状态，纯 CH_4 水合物更稳定。

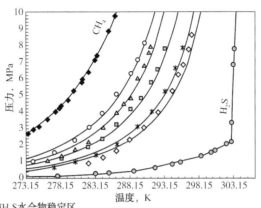

○ 纯 H_2S 水合物稳定区
◆ 纯 CH_4 水合物稳定区
◇ 75.48%（摩尔分数）CH_4+6.81%（摩尔分数）CO_2+17.71%（摩尔分数）H_2S
○ 87.65%（摩尔分数）CH_4+7.4%（摩尔分数）CO_2+4.95%（摩尔分数）H_2S
△ 82.45%（摩尔分数）CH_4+10.77%（摩尔分数）CO_2+6.78%（摩尔分数）H_2S
□ 82.91%（摩尔分数）CH_4+7.16%（摩尔分数）CO_2+9.93%（摩尔分数）H_2S
✳ 75.48%（摩尔分数）CH_4+6.81%（摩尔分数）CO_2+17.71%（摩尔分数）H_2S

图 10.10　与液态水相处于平衡状态的 CH_4—H_2S—CO_2 三元系统水合物稳定性实验结果与预测结果

在无游离水相（干燥系统）的情况下，很难通过常规技术进行水合物的离解测量；替代方法是测量与水合物处于平衡状态的流体相含水量。遗憾的是，酸性气体系统的数据有限，而且少量的可用参比数据又存在不一致的问题。Burgass 等[1] 通过实验测量了与水合物处于平衡状态的 CO_2 含水量，测量温度为 223.15~263.15K，测量压力达到了 10MPa。Chapoy 等[7] 报道了压力为 15.15MPa、温度为 233.15~288.15K 的含水量数据。Song 和 Kobayashi 报道了存在 CO_2 时的含水量测量数据。但是这些研究的可靠性最近受到了质疑，如图 10.11 所示，Song 和 Kobayashi[32] 报道的一些数据与已开发模型和可用文献数据之间存在较大的偏差。

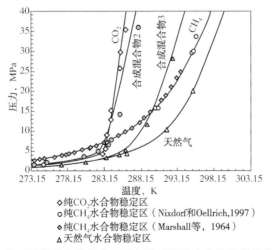

◇ 纯 CO_2 水合物稳定区
○ 纯 CH_4 水合物稳定区（Nixdorf 和 Oellrich，1997）
✦ 纯 CH_4 水合物稳定区（Marshall 等，1964）
△ 天然气水合物稳定区

图 10.11　与液态水处于平衡状态的部分酸性气体系统的水合物稳定性实验结果与预测结果

对于低温多组分酸性气体混合物来说，可用数据只有笔者团队的实验室数据。利用与水合物处于平衡状态的纯 CO_2 和两个多组分系统(合成混合物 2 和合成混合物 3)的实验含水量数据绘制图 10.12，同时也将热力学模型预测结果绘制在图 10.12 上。从图 10.12 中可以看出，实验数据和预测数据非常吻合，偏差小(平均绝对偏差 AAD≈5%)。正如人们预期的那样，多组分系统中溶解的水量低于纯 CO_2 系统，其原因在于在相同的温度和压力下，烃溶解的水量低于液态 CO_2。正如图 10.12 所示，合成混合物的含水量介于纯 CO_2 系统和纯 CH_4 系统之间，合成混合物 3 的含水量(较低的 CO_2 含量)更接近纯 CH_4 系统。

合成混合物黏度的实验数据和预测结果如图 10.13 和图 10.14 所示。整个实验的压力均高于饱和压力或处于超临界区域，然后再进行低压实验，即处于单一气相区域。使用改进的 Pedersen 模型计算各测试条件下的黏度。从图中可以看出，模型预测结果和实验数据非常吻合。在液体和超临界区，黏度随着压力的增加而增大，随温度的升高而下降。在蒸气区，压力对黏度的影响属于弱影响，对低压气体系统来说，黏度随着温度的升高而增大，与预测结果一致。为了便于比较，图 10.14 中还添加了常规天然气(低 CO_2 浓度)的黏度数据[21]。多组分系统(合成混合物 2 和合成混合物 3)的黏度介于纯 CO_2 和 Kashef 等[21]给出的天然气黏度之间。

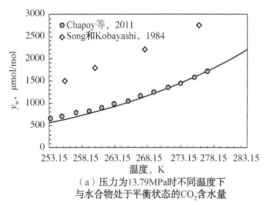

（a）压力为13.79MPa时不同温度下
与水合物处于平衡状态的 CO_2 含水量

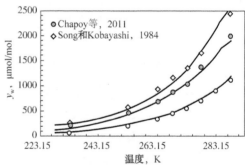

（b）压力为15MPa时不同温度下
纯 CH_4、纯 CO_2 和合成混合物2与合成混合物3
的含水量实验数据与预测结果

图 10.12　富 CO_2 流体含水量

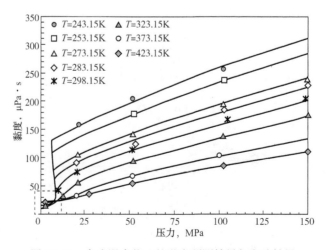

图 10.13　合成混合物 2 的黏度预测结果与实验结果

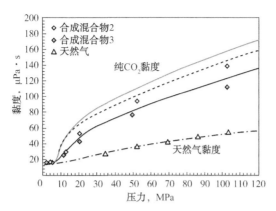

图 10.14　温度为 323.15K 时，合成混合物 2 与合成混合物 3 的黏度预测结果与实验结果

黑色实线与虚线为使用改型 CSP 模型的预测结果；灰色线为纯 CO_2 黏度；点划线为使用原始 CSP 模型的预测结果

（天然气中各组分的摩尔分数：甲烷 88.83%，乙烷 5.18%，丙烷 1.64%，异丁烷 0.16%，

正丁烷 0.27%、异戊烷 0.04%，二氧化碳 2.24%，氮气 1.6%）

在不同压力和温度下，测量了气相、液相和超临界区域内多组分系统的密度。利用合成混合物 2 的实验数据与采用密度修正后的预测数据绘制成图 10.15。采用密度修正后，SRK-EoS 模型的绝对平均偏差为 1.7%。值得注意的是，与纯 CO_2 密度相比，温度高于临界温度时的密度异常现象，如图 10.16 所示，是采用两种多组分混合物的密度与纯 CO_2 密度之差绘制而成的，温度约为 323.15K。对于给定温度下的 CO_2 混合物来说，多组分混合物密度与纯 CO_2 密度的差值在特定压力下达到最大。合成混合物 2 和合成混合物 3 的密度与纯 CO_2 密度的差值最大时的压力分别为 12MPa 和 14MPa 左右，差值为 180kg/m³ 和 300kg/m³（减少了 35% 和 60%）。

测量了合成混合物 2 的冰点。利用系统的实验数据、混合物的预测固态 CO_2 相界和 CO_2 相图绘制图 10.17。如图 10.17 所示，就此系统来说，使用了调整气—液平衡数据的基团贡献 k_{ij}，热力学模型的预测结果与新的实验数据非常吻合。

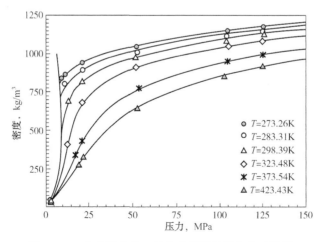

图 10.15　合成混合物 2 的密度预测结果与实验结果

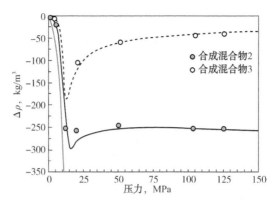

图 10.16　合成混合物 2、合成混合物 3 与纯 CO_2 密度之间的密度差预测结果与实验结果(温度为 323.15K)
线条为使用修正 SRK-EoS 模型预测结果(灰色线代表甲烷)

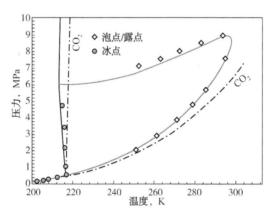

图 10.17　合成混合物 2 的实验相包络线与预测相包络线
黑线为使用 SRK-EoS 模型预测的泡点线;灰线为使用 SRK-EoS 模型预测的露点线;点划线为纯 CO_2 相图

10.5　结论

有关富 CO_2 和酸性气体系统的相态特性和热物理性质的知识,对于碳捕获与储存、酸性气藏的开发以及预测模型的测试来说,具有非常重要的作用。然而,就此类系统来说,仅有已发表的数量有限的数据组可以使用。在本次技术交流中,研究了不同酸性气流的相态特性及其部分性质,诸如相包络线、水合物稳定性、脱水需求、混合物的黏度与密度。针对这些性质的计算与预测,已经开发出相关模型。

今后的工作将集中于其他类型天然气性质的确定/测量和建模(不同的 CO_2 浓度、H_2S 的影响等)。

参 考 文 献

[1] Burgass, R., Chapoy, A., Duchet-Suchaux, P., Tohidi, B. "Experimental water content measurements of carbon dioxide in equilibrium with hydrates at (223.15 to 263.15) K and (1.0 to 10.0) MPa", Te Journal of Chemical Termodynamics, 69, 1-5 (2014).

[2] Burgess M. P., Germann R. P., "Physical properties of hydrogen sulfde water mixtures", AIChE J. 15, 272–275 (1969). Thermophysical Properties 137.

[3] Chapoy, A., Mohammadi, A., Tohidi, B., Valtz, A., Richon, D. "Effect Experimental Measurement and Phase Behavior Modeling of Hydrogen Sulfde–Water Binary System" Ind. Eng. Chem. Res. 44, 7567–7574 (2005).

[4] Chapoy, A., Burgass, R., Tohidi, B., Austell, J. M., Eickhoff, C., "Effect of Common Impurities on the Phase Behavior of Carbon–Dioxide–Rich Systems: Minimizing the Risk of Hydrate Formation and Two–Phase Flow" SPE J. 16, 921–930 (2011).

[5] Chapoy, A., Tohidi, B.; "Hydrates in High Inhibitor Concentration Systems", GPA Research Report 205, RR–205, (2011).

[6] Chapoy, A., Haghighi, H., Burgess, R., Tohidi, B., "On the Phase Behaviour of the Carbon Dioxide – Water Systems at Low Temperatures: Experimental and Modelling", J. Chem. Term. 47, 6–12 (2012).

[7] Chapoy, A., Nazeri, M., Kapateh, M., Burgass, R., Coquelet, C., Tohidi, B., "Effect of impurities on thermophysical properties and phase behaviour of a CO_2–rich system in CCS", International Journal of Greenhouse Gas Control, 19, 92–100 (2013).

[8] Chapoy, A., Burgass, R., Alsiyabi, I., Tohidi, B., "Hydrate and Phase Behavior Modeling in CO_2–Rich Pipelines", J. Chem. Eng. Data 60, 447–453 (2015).

[9] Duan, Z., Sun, R. "An improved model calculating CO_2 solubility in pure waterand aqueous NaCl solutions from 273 to 533 K and from 0 to 2000 bar", Chemical Geology 193, 257– 271 (2003).

[10] Duan, Z., Sun, R., Liu, R., Zhu, C. "Accurate Termodynamic Model for the Calculation of H_2S Solubility in Pure Water and Brines", Energy & Fuels, 21, 2056–2065 (2007)

[11] Ely, J. F., Magee, J. W., Haynes, W. M. "Termophysical properties for special high CO_2 content mixtures". Research Report RR–110, Gas Processors Association, Tulsa, OK (1987).

[12] Fenghour, A., Wakeham, W. A., Vesovic, V., "Te Viscosity of Carbon Dioxide". J. Phys. Chem. Ref. Data. 27, 31–44 (1998).

[13] Gillespie, P. C., Wilson, G. M. "Vapor–liquid and liquid–liquid equilibria: water–methane, water–carbon dioxide, water–hydrogen sulfde, water–npentane, water–methane–n–pentane", Research report RR–48, Gas Processors Association, Tulsa (1982).

[14] Haghighi, H., Chapoy, A., Burgess, R., Tohidi, B. "Experimental and thermodynamic modelling of systems containing water and ethylene glycol: Application to flow assurance and gas processing". Fluid Phase Equilib. 276, 24–30 (2009).

[15] Hajiw, M., Etude des Conditions de Dissociation des Hydrates de Gaz en Présence de Gaz Acides / Hydrate Mitigation in Sour and Acid Gases, PhD dissertation, 2014.

[16] Hajiw, M., Chapoy, A., Coquelet, C. "Effect of acide gases on the methane hydrate stability zone", 8th International Conference on Gas Hydrates(ICGH8–2014), Beijing, China, 28 July – 1 August, 2014. 138 Acid Gas Extraction for Disposal and Related Topics.

[17] Hanley, H. J. M., McCarty, R. D., Haynes, W. M., "Equation for the viscosity and thermal conductivity coefcients of methane", Cryogenics 15, 413–417 (1975).

[18] Hou, S–X., Maitland G. C., Trusler J. P. M., "Measurement and modeling of the phase behavior of the (carbon dioxide + water) mixture at temperatures from 298. 15 K to 448. 15 K". Te Journal of Supercritical Fluids 73, 87–96 (2013).

[19] Jamaluddin A. K. M., Bennion, D. B., Tomas, F. B., Clark, M. A., "Acid/Sour Gas Management in the Petroleum Industry", SPE 49522 (1998).

[20] Jaubert, J-N., Privat, R., "Relationship between the binary interaction parameters (k_{ij}) of the Peng-Robinson and those of the Soave-Redlich-Kwong equations of state: Application to the defnition of the PR2SRK model", Fluid Phase Equilibria 295, 26-37 (2010).

[21] Kashef, K., Chapoy, A., Bell, K., Tohidi, B., "Viscosity of binary and multicomponent hydrocarbon fluids at high pressure and high temperature conditions: Measurements and predictions", Journal of Petroleum Science and Engineering 112, 153-160 (2013).

[22] King, MB., Mubarak, A., Kim, JD., Bott, TR. "The mutual solubilities of water with supercritical and liquid carbon dioxide". J. Supercrit. Fluids 5, 296-302(1992).

[23] Lallemand F. et al. "Solutions for the treatment of highly sour gases", Digital Refning, April 2012.

[24] Longman, L., Burgass, R., Chapoy, A., Tohidi, B., Solbraa, E. Measurement and Modeling of CO_2 Frost Points in the CO_2-Methane Systems, Journal of Chemical & Engineering Data, 2011. 56(6), 2971-2975.

[25] Marshall, D. R., Daito, S, Kobayashi, R. "Hydrates at High Pressures: Part I. Methane-Water, Argon-Water, and Nitrogen-Water Systems", AIChE J. 10, 202-205 (1964).

[26] Murad, S., Gubbins, K. E., 1977. Corresponding states correlation for thermal conductivity of dense fluids. Chem. Eng. Sci., 32, 499-505.

[27] Nakayama, T., Sagara, H., Arai, K., Saito, S. "High pressure liquid-liquid equilibria for the system of water, ethanol and 1, 1-difluoroethane at 323.2 K". Fluid Phase Equilibria, 38, 109-127 (1987).

[28] Nixdorf, J., Oellrich, L. R. "Experimental determination of hydrate equilibrium conditions for pure gases, binary and ternary mixtures and natural gases", Fluid Phase Equilibria, 139, 325-333 (1997).

[29] Parrish, W. R., Prausnitz, J. M., "Dissociation pressures of gas hydrates formed by gas mixtures", Ind. Eng. Chem. Process. Des. Develop. 11, 26-34 (1972).

[30] Pedersen, K. S., Christensen, P. L., 2007. Phase behaviour of petroleum reservoir fluids. CRC Press, Taylor & Francis Group.

[31] Selleck, F. T.; Carmichael, L. T., Sage, B. H., "Phase behavior in the hydrogen sulfde - water system", Ind. Eng. Chem. 44(9), 2219-2226 (1952).

[32] Song, K. Y., Kobayashi, R., "The water content of CO_2-rich fluids in equilibrium with liquid water and/or hydrates". Research Report RR-88, (1984) Gas Processors Association, Tulsa, OK. Also published in K. Y. Song, R. Kobayashi, Thermophysical Properties 139 Water content of CO_2-rich fluids in equilibrium with liquid water or hydrate. Research Report RR-99, (1986) Gas Processors Association, Tulsa, OK.

[33] Stringari, P., Valtz, A., Chapoy, A., "Study of factors influencing equilibrium and uncertainty in isochoric hydrate dissociation measurements", 8th International Conference on Gas Hydrates (ICGH8-2014), Beijing, China, 28 July - 1 August, 2014.

[34] Sun, C. Y., "Hydrate Formation Conditions of Sour Natural Gases", J. Chem Eng. Data 48(3) 600-602 (2003).

[35] Tabasinejad, F., Moore R. G., Mehta S. A., Van Fraassen, K. C., Barzin, Y., Rushing J. A., Newsham, K. E., "Water Solubility in Supercritical Methane, Nitrogen, and Carbon Dioxide: Measurement and Modeling from 422 to 483K and Pressures from 3.6 to 134 MPa". Ind. Eng. Chem. Res. 50, 4029-4041 (2011).

[36] Valtz, A., Chapoy, A., Coquelet, C., Paricaud, P., Richon, D. "Vapour - liquid equilibria in the carbon dioxide - water system, measurement and modeling from 278.2 to 318.2 K". Fluid Phase Equilibria. 226, 333-344 (2004).

[37] Van der Waals, J. H., Platteeuw, J. C., "Clathrate solutions", Adv. Chem. Phys. 2, 2-57 (1959).

[38] Wiebe, R., Gaddy, VL. "Vapor phase composition of the carbon dioxide-water mixtures at various temperatures and at pressures to 700 atm". J. Am. Chem. Soc. 63, 475-477 (1941).

11　纯水和 H_2O—柴油—表面活性剂分散体系中甲烷水合物的"自我保护"

Xinyang Zeng, Changyu Sun, Guangjin Chen, Fenghe Zhou, and Qidong Ran

（中国石油大学重油加工国家重点实验室，中国北京）

摘　要　"自我保护"是气体水合物所表现出来的一种现象，即气体水合物在热力学稳定区域外发生的一种异常缓慢的分解现象。为了同时研究(纯水系统)中甲烷水合物颗粒的自我保护，本文使用粒子视频显微镜和聚焦光束反射测量探针调查了分散体系 H_2O—柴油—表面活性剂中甲烷水合物颗粒的自我保护。研究了影响自我保护的因素，比如含水率和表面活性剂的类型。分析了水合物分解过程中的弦长分布、液滴或颗粒大小、分解百分数和拉曼光谱。研究发现，对于高、低含水率的 H_2O—柴油—表面活性剂分散体系来说，自我保护效应存在于水合物的分解过程中，但高含水率体系中的自我保护效应更加明显。在系统中加入表面活性剂(TBAB 和 Lubrizol 表面活性剂)，能够削弱气体水合物的自我保护效应。特别是高含水率体系，添加 Lubrizol 表面活性剂可明显降低水合物分解过程中的自我保护效应。

11.1　简介

气体水合物属于包合物结构族，气体水合物是由水分子构成的结晶非化学计量化合物，水分子构建了由气体分子稳定的笼形氢键网络。自然界中存在两种主要的气体水合物晶体结构[1]。气体水合物的形成需要低温和(或)中、高逸度的客体气体[2]。尽管在气体水合物系统方面开展了大量的研究工作，但就水合物的一些理化和动力学性质来说，人们知道的并不全面，或几乎就不了解。最有趣的现象之一是发生在冰熔点下的所谓"自我保护"或"异常保护"。术语"自我保护"涉及这样的事实，即在无外部干预的条件下，水合物似乎会保护自己而不会进一步分解。

Handa 等[3]在 1992 年发现了位于冰点下的水合物分解异常特性。随后 Gudmundsson[4]针对这种现象进行了低温区的实验研究。最近，Takeya 等[5]研究了不同电解质水溶液系统中的自我保护现象。不过，到目前为止，还未进行油—水系统水合物自我保护效应方面的深入研究。这里进行了一系列针对水合物形成和分解过程的实验研究，结果表明，油—水系统中的水合物分解过程也会存在自我保护效应。本次研究探讨了含水率和表面活性剂对自我保护的影响。

11.2　实验

11.2.1　材料

在这项研究工作中，使用的是北京北芬燃气工业公司提供的分析级(99.99%)甲烷。二次蒸馏水的制备是在笔者所在实验室进行的。使用的表面活性剂来自美国油藏工程研究所的表面活性剂 Lubrizol 和从北京化学试剂公司(BCRC)购买的商业级表面活性剂 TBAB。加入这些表面活性剂后，形成了(柴)油包水分散体系。柴油的组分见表 11.1。制备水溶液使用的电子天平，精确度为±0.1mg。在实验温度范围内，制备的油包水分散体系处于稳定的油包水分散状态。为了使分散体系长时间保持稳定状态，在实验过程中采取了搅拌措施。

表 11.1　本研究使用的柴油组分

组分	摩尔分数,%	质量分数,%
庚烷	0.219	0.100
辛烷	1.345	0.698
壬烷	3.595	2.094
癸烷	3.703	2.293
十一烷	5.899	4.187
十二烷	5.156	3.988
十三烷	8.336	6.979
十四烷	13.612	12.263
十五烷	11.370	10.967
十六烷	10.084	10.369
十七烷	9.587	10.469
十八烷	8.713	10.070
二十烷	11.422	14.656
二十四烷	6.807	10.469
二十八烷及以上烷烃	0.152	0.298
合计	100.00	100.000

11.2.2　仪器

此项研究工作中，测试油包水分散体系甲烷水合物颗粒自我保护的实验装置如图 11.1 所示。

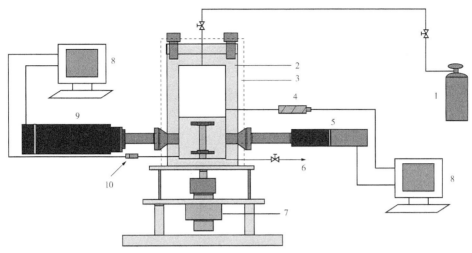

图 11.1 水合物防聚剂测试实验装置简图

1—气瓶；2—反应器；3—水浴；4—压力传感器；5—FBRM 探针；6—排放管；

7—电动机；8—数据采集系统；9—PVM 探针；10—热电偶

实验装置主要由三部分组成：带水浴和磁力搅拌器的高压釜；PVM 和 FBRM 探针；数据采集系统。反应器的有效容积为 535mL（直径为 51.84mm，深度为 320mm）。反应器内安装了二次铂电阻温度计（型号为 Pt100）和差压传感器（型号为 Trafag 8251）进行温度和压力检测。测量不确定度分别为 0.1K 和 0.02MPa。PVM 和 FBRM D600X 探针购自 Mettler-Toledo Lasentec。PVM 探针由 6 个激光器组成，照射探针前面的一小块区域，如图 11.2 所示。探针创建的照射区域数字图像的视野为 $1680\mu m \times 1261\mu m$。图像提供的分辨率约为 $5\mu m$。将 FBRM 探针插入含液滴或颗粒的系统中，如图 11.3 所示。探针端部带一旋转光学透镜，可使激光发生偏转，如图 11.3(a) 所示。当探针开始工作时，如果激光扫过颗粒表面时，会产生反射现象，如图 11.3(b) 所示。激光扫过颗粒表面时，时刻 t_1 对应的 a 点与时刻 t_2 对应的 b 点之间的距离称为弦长，不确定度为 $0.5\mu m$。利用测量的反射时间差 (t_2-t_1) 和激光扫描速度 (v_b) 即可求得弦长，根据实验需要，可以调节 D600X 的扫描速度，调节范围为 2～16m/s。在这项研究工作中，它是指水浴和磁力搅拌器、PVM 和 FBRM 探头以及数据采集系统。所有实验的扫描速度均为 2m/s。按给定的时间间隔，对蓝宝石窗前面小区域内的液滴或颗粒弦长进行计数。然后，确定弦长分布，如图 11.3(c) 所示。平均弦长（在一定程度上代表了液滴或颗粒的大小）可以利用弦长分布或 IC FBRM 软件[6-10] 求出。有关探针和此项技术的更多信息，请参阅用户手册[11,12]。

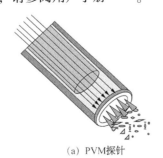

(a) PVM探针　　　　　　　(b) 由PVM捕捉到的典型图像

图 11.2 PVM 简图

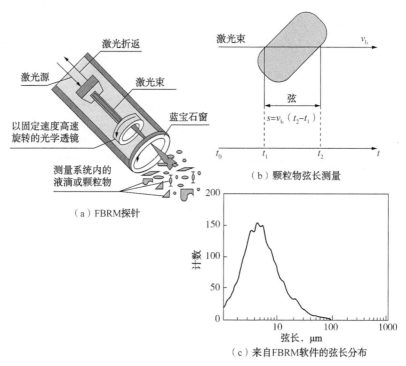

图 11.3　FBRM 示意图

11.2.3　实验程序

在开始实验前，用高温蒸馏水冲洗反应器和所有连接接头，用纯氮气进行干燥处理，然后进行抽空处理。随后，利用手摇泵，向反应器注入制备的已知初始含水量和 TBAB 或 Lubrizol 浓度的水/柴油溶液约 220mL，再次进行反应器抽空处理，除去溶液中溶解的空气。在开始实验前，首先进行温度设定，即设定反应器的初始温度，在初始压力约为 7.0MPa（接近温度为 283.2K 时的甲烷水合物形成压力）的条件下，向反应器注入甲烷。维持温度和压力恒定，持续时间为 5h。如果未发生相变，则启动搅拌器维持稳定的流体平均弦长。随后按约 0.2K/min 的速率降低水浴温度，直到在（柴）油包水分散体系中生成甲烷水合物（形成水合物的第一时间）时为止。将对应温度标记为水合物形成实验温度，可以通过 PVM 图片和 FBRM 弦长分布来加以证实。在甲烷水合物生成后，重新进行反应器的升温处理，将反应器温度重新升至初始温度设定值，实现形成甲烷水合物的完全离解，然后将温度维持在 2℃。记录水合物的分解时间。

11.3　结果与讨论

11.3.1　低含水率油水系统无表面活性剂的自我保护效应

这里给出的结果是三组不同的低含水率油水系统中的平均颗粒弦长、离解率和形成率。当压力从 8MPa 降至环境压力，水合物颗粒在温度为−6℃时，开始缓慢分解。从表 11.2 中可以看出，油水系统的含水率不同，水合物平均分解率、形成体积分数和平均弦长也不同。比较三种分散体系发现，弦长小的更容易分解，自我保护效应也更差。就水合物颗粒尺寸与自我保护效应之间的关系来说，结果与 Satoshi Takeya 等[5]的观点是一致的。

表 11.2　低含水率系统的平均颗粒弦长（MPCL）、离解率（DR）和形成率（FR）

含水率，%	DR，%	FR，%	MPCL，μm
10	66.87	19.59	10.64
20	56.43	36.54	14.22
30	52，71	51.14	15.33

从图 11.4 可以看出，在水合物颗粒的初期分解阶段，分解处于停滞状态。含水率为10%、20% 和 30% 的油水系统的水合物颗粒分解时间分别为 66min、102min 和 194min。含水率最低的油水系统，颗粒的分解率最高。这可以从以下三个方面进行解释：（1）水合物颗粒的分解是吸热过程，在此过程中提供的热量不足以打破-6℃时的热平衡；（2）搅拌停止时，水合物颗粒会重新聚集，这增加了从水合物相到水相的气体输送阻力；（3）水合物颗粒的分解过程中，水合物颗粒表面形成了冰盖。在此过程中，分解形成的 CH_4 气体穿过冰盖才能到达水合物颗粒的外面。含水率为 30% 的系统，生成的水合物颗粒更大，因而产生的气体也更多，气体穿过冰盖时会产生扰动现象，使得高含水率油水系统中的水合物更容易分解。

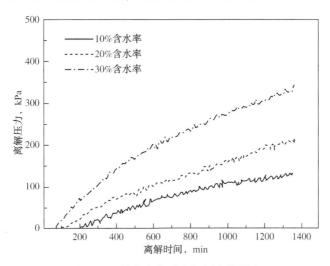

图 11.4　低含水率对离解压力的影响

11.3.2　高含水率油水系统无表面活性剂的自我保护效应

这里给出的是三组高含水率（100%、99% 和 95%）油水系统的平均颗粒弦长，离解率和形成率。当压力从 8MPa 降至环境压力、水合物颗粒在温度为-6℃时，开始缓慢分解。从表 11.3 也可以看出，平均颗粒弦长、离解率和形成率与低含水率油水系统存在相同的趋势，弦长小的更容易分解。此外，从图 11.5 也可以看出，水合物颗粒在停滞阶段后开始分解。原因可能是系统中的水形成的冰覆盖在水合物颗粒的表面，阻碍了水合物笼子中的气体穿过笼子到达水合物颗粒的外面。与纯水系统相比，99% 和 95% 含水率的油水系统中的水合物颗粒，在压力下降时更容易分解。这表明，当温度低于0℃时，水合物颗粒表面形成的液膜变成一层类似于"冰"的膜层，阻碍了甲烷气体在气体水合物颗粒初期分解阶段的扩散过程。随着分解的进行，"冰"膜变厚，导致分解缓慢。油相中的压力迅速下降，整个系统的流动性增加，油相中的甲烷气体逸出，产生自我保护干扰弱化效应。正如 Andrey S. Stoporev 等[14]指出的那样，油相中的癸烷削弱了自我保护效应。

表 11.3　高含水率系统的平均颗粒弦长(MPCL) 、离解率(DR) 和形成率(FR)

含水率,%	DR,%	FR,%	MPCL, μm
100	29.30	81.61	34.15
99	34.19	79.41	30.96
95	39.91	51.38	23.01

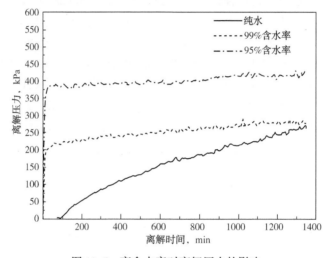

图 11.5　高含水率对离解压力的影响

11.3.3　相同含水率油水系统中不同表面活性剂对自我保护效应的影响

针对分散体系[20%(体积分数)H_2O +80%(体积分数)柴油+1.0%(质量分数)表面活性剂]，选择的实验方案见表11.4。

表 11.4 给出了不同类型的表面活性剂浓度下，水合物的平均分解率、形成体积分数和平均弦长。比较加入两种表面活性剂(TBAB 和 Lubrizol) 的分散体系，结果发现，弦长小的更容易分解，自我保护效应更差。

表 11.4　不同表面活性剂系统的平均颗粒物弦长、分解率和形成体积率

分解温度,℃	表面活性剂	平均分解率,%	形成体积分数,%	平均弦长, μm
-6	0	56.43	36.54	14.22
-6	0.1g Lubrizol	98.23	30.18	10.36
-6	0.1g TBAB	94.32	32.02	13.24
1	0	98.25	95.23	14.68

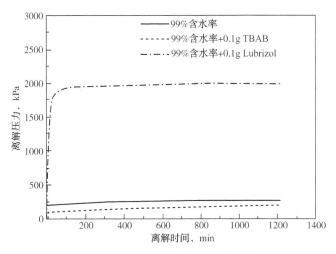

图 11.6 表面活性剂对离解压力的影响

如图 11.6 所示，使用表面活性剂 Lubrizol 的油水系统，水合物颗粒的分解速率和分解百分数最大。相反，使用表面活性剂 TBAB 的油水系统，水合物颗粒的分解速率和分解百分数最低。

这是由于在水合物的冻结过程中，TBAB 抑制了水合物的大量形成，导致水合物颗粒被包裹在一层厚厚的冰层中，阻碍了甲烷气体的扩散。由于 TBAB 的弱乳化作用，导致形成的水合物颗粒较大，致使其传热面积较小。因此，在高含水率的情况下，使用表面活性剂 TBAB 的油水系统，其自我保护效应更明显。这里没有详细研究含水率大小对自我保护效应的影响。

11.4 结论

借助于 FBRM 和 PVM，测量了不同含水率油水系统的平均颗粒弦长、离解率和形成率，比较了所有系统的自我保护效应。通过比较可以得出以下结论：高、低含水率的油水系统，弦长大的水合物颗粒具有更强的自我保护效应。油水系统和纯水系统表现出相同的规律。此外，表面活性剂能够削弱自我保护效应。

参 考 文 献

［1］ Sloan, E. D.; Koh, C. A. Clathrate Hydrates of Natural Gases, 3rd ed.; Taylor & Francis Group, LLC: Boca Raton, FL, 2008.

［2］ Van der Waals, J. H.; Platteeuw, J. C. Clathrate solutions. AdV. Chem. Phys. 1959, 2, 2–57.

［3］ Handa, Y. P.; Stupin, D. Termodynamic properties and dissociation characteristics of methane and propane hydrates in 70-angstrom-radius silicagel pores. Journal of Physical Chemistry, 1992, 96: 8599–8603.

［4］ Gudmundsson, J. S. Method for production of gas hydrates for transportation and storage. ［P］ U. S. Patent 5, 536, 893, 1996.

［5］ Takeya, S; Ripmeester, J. A. Dissociation Behavior of Clathrate Hydrates to Ice and Dependence on Guest Molecules. ［J］ Angew. Chem. 2008, 120: 1296–1299.

［6］ Turner, D. J.; Miller, K. T.; Sloan, E. D. Methane hydrate formation and an inward growing shell model in water-in-oil dispersions. Chem. Eng. Sci. 2009, 64, 3996-4004. 152 Acid Gas Extraction for Disposal and Related Topics.

[7] Turner, D. J.; Miller, K. T.; Sloan, E. D. Direct conversion of water droplets to methane hydrate in crude oil. Chem. Eng. Sci. 2009, 64, 5066-5072.

[8] Leba, H.; Cameirao, A.; Herri, J. M.; Darbouret, M.; Peytavy, J. L.; Glé nat, P. Chord length distributions measurements during crystallization and agglomeration of gas hydrate in a water-in-oil emulsion: Simulation and experimentation. Chem. Eng. Sci. 2010, 65, 1185-1200.

[9] Boxall, J. A.; Koh, C. A.; Sloan, E. D.; Sum, A. K.; Wu, D. T. Measurement and calibration of droplet Size distributions in water-in-oil emulsions by particle video microscope and a focused beam reflectance method. Ind. Eng. Chem. Res. 2010, 49, 1412-1418.

[10] Boxall, J. A.; Koh, C. A.; Sloan, E. D.; Sum, A. K.; Wu, D. T. Droplet size scaling of water-in-oil emulsions under turbulent flow. Langmuir 2012, 28, 104-110.

[11] Lasentec® V700S/V800S with Image Analysis Users' Manual; Mettler-Toledo AutoChem, Inc.: Redmond, WA, 2005.

[12] Lasentec® D600X Hardware Manual; Mettler-Toledo Lasen-tec® Product Group, Mettler-Toledo Auto Chem, Inc.: Redmond, WA, 2011.

[13] Redmond, W. Lasentec® V700S/V800S with Image Analysis Users' Manual. Mettler-Toledo Auto Chem, Inc. 2005.

[14] Andrey S. Stoporev, Andrey Yu Manakov, Lubov K. Altunina, Andrey V. Bogoslovsky, Larisa A. Strelets, Eugeny Ya. Aladko. Unusual Self-Preservation of Methane Hydrate in Oil Suspensions [J] Energy & Fuels, 2014, 28: 794-802.

12 集成多相闪蒸系统开发

Carl Landra[1]，Yau-Kun Li[1]，Marco A. Satyro[2]

（1. Virtual Materials Group 公司，加拿大艾伯塔省卡尔加里市；
2. 克拉克森大学，美国纽约州波茨坦市）

摘　要　碳氢化合物行业感兴趣的现代多相平衡计算要求能够同时对蒸气、多液相、水合物和固态纯组分相(如冰、二氧化碳和苯)进行建模处理。这些要求给物理性质系统带来了很大的压力，比如针对水—烃—极性溶剂系统的一致性处理和全面试验，需要更好的混合律来确保重要过程变量(特别是气体和碳氢化合物中的甲醇损失)的精确计算。也希望通过与实验数据的对比分析，向过程模拟软件的用户提供模型误差的合理估值，也希望开发出自动验证程序集，以便在新数据可用时，及时进行模型修正。

目前正在研究的新分离技术依赖于固相(如水合物、冰、二氧化碳和固态烃相)的正确处理，不仅必须如以前那样在初始状态下进行这些相的计算，特别是水合物和二氧化碳冰点的估算，而且还要从定量的角度出发，计算固相质量及其组成，以便工程师能够进行物质和能量平衡计算。

本文针对天然气工业感兴趣的多相定量计算，讨论了与多相热力学模型的开发及其与闪蒸系统集成方面所面临的一些挑战与解决方案。

12.1 简介

过程模拟中最常见的计算是正确确定相的相数、相组分和相质量，也是化学工业中大多数过程工程决策的基础。即使在计算机出现之前，闪蒸计算也是过程工程设计做法的一部分[1,2]。随着早期计算机的出现，进行了两相闪蒸计算研究，开发出了有效的算法[3]。随着计算机的逐渐普及，采用经验方法的闪蒸计算从两相扩大为三相，并通过这种方式，从20世纪70年代开始直至90年代，一直推动着过程模拟技术的不断发展[4-6]。

用于三相闪蒸计算的经验算法受到初始假设问题的困扰，有时，因假设的初始 k 值(或蒸气—液体摩尔分数比)不同，其计算结果也不同。闪蒸方程势必对初始假设非常敏感，因而不得不根据模拟系统的类型来构建特殊的算法[7]。例如，早期的过程模拟器，只有当混合物中出现一些关键组分(如 H_2O、CO_2、H_2S 和乙二醇)时，通常才会触发三相计算[8]。在问题明确的情况下，可以对经验方法进行微调，迫使其能够给出可靠的结果，但是，这样也会隐瞒一些问题，例如，忽略了可能出现的多液态烃相，从而得出不正确的相平衡解。对于三相计算来说，不会选择只含碳氢化合物的混合物，因此不可能在闪蒸算法中引入第二液态烃相。此外，在通常情况下，即使计算中包括第二液相，如果在迭代期间仅存在两相，则计算也仅按两相来计算，并且长期以来都存在不正确收敛解的可能性。其中，一些问题已经存在很长一段时间了，正如最近所证实的那样[9]。

20世纪80年代早期，Michelsen 引入了基于吉布斯自由能的稳定性分析概念[10,11]。与用于三相计算的经验收敛方法相比，稳定性分析的优点有很多，最值得关注的是，吉布斯自由能稳定性分析可用来解决多液相问题(本质上仅受相律和计算用热力学模型精确度的限制),这提供了一个用于将相引入计算中的结构化算法,也提供了新相组成的初始假设。同样重要的是,此算法可用于非流体相,如固体和蜡。

这项技术应用于多相计算所面临的挑战大体上划分为算法和理化挑战。从算法的角度来看,在模拟环境中,稳健性必须通过与速度相结合才有实际意义。此方法是以通过引入少量假想相来测试组分空间为基础的,因此需要仔细选择测试组分,确保各种条件下的稳健收敛[12],就精心设计闪蒸系统来说,此算法智能是不可或缺的组成部分。

必须面对的第二个问题涉及能够精确模拟流体特性的热力学模型的可用性,以及模拟冻结和熔化现象的能力。多年来,一直使用的状态方程模型,其预测结果实际上是建立在流体已从液态转变为固态的基础上的。使用这类模型建立起来的某种程度的"直觉"或"信心"是脆弱的,因为没有考虑固相的存在,因此热力学空间的表述是不准确的。固相"干涉"相包络线拓扑性质的现象是众所周知的[13],但是,在过程模拟环境中,对这类特性进行可靠估计的现象并不常见。

此外,从一般过程流程图的角度来看,怎么处理流体相态超过三相的系统并不是一件简单的事情,也不是三相计算的简单扩展。例如,分散在液体中的固相处理、多相混合物总体性质的有意义的估计,以及对于非纯组分组成的固相来说,热力学的正确应用,这些也只是目前所面临的一些挑战。

12.2 算法挑战

相平衡控制方程是广为人知的方程[10,11]。多相平衡计算所面临的主要挑战是控制方程的数量会随着平衡相相数的增加而增多。遗憾的是,很难提前确定平衡相相数n_j。

在平衡相相数n_j未知的情况下,求得的问题并不存在唯一解,解的数量会随着可能平衡相相数的增加而急剧增加。常见的方法是将闪蒸试算和 Michelsen 稳定性测试结合起来进行结果与最终丢弃结果的确认,以及引入更多的相进行物质平衡计算。

这需要利用对平衡条件的直觉来推测出合理的平衡相相数,小心进行当前相的组分初始化,小心制订迭代方案,以此来避免相的过早丢弃和相分数变为零或负。

当出现活性固体或水合物时,会导致难度进一步增大。通常情况下,会使用与模拟气相或液相不同的热力学模型。如何进行相的标记,实现热力学模型与相的正确匹配,已成为摆在人们面前的一个挑战。

12.3 理化挑战

鉴于从三种流体相到多种流体相,再到多种流体相+多种固相,其复杂性会越来越大,因而决定逐步解决这些问题。首先获取与可靠的多种流体相计算有关的知识,然后添加多种理想固相(换言之,固相是纯固体组分构成的),最后才是组分之间能够发生相互作用的固相。

将固相由纯固体组成的第一近似称为"活性固相"模型,将固相中存在多种组分的第二近似称为"蜡"模型。除了这两个使用相同热力学框架且非常适合与标准稳定性测试一起使用的模型外,本文将提及模拟水合物相形成的必要性。

12.4 为什么是固体?

就低温设施设计来说,必须理解低温流体特性需求。即使是简单的碳氢化合物系统,如甲烷和正庚烷,也呈现出复杂的低温相态特性[14-16],如图 12.1 所示,此图很好地说明了编入碳氢化合物系统模拟用模型的相平衡复杂性。

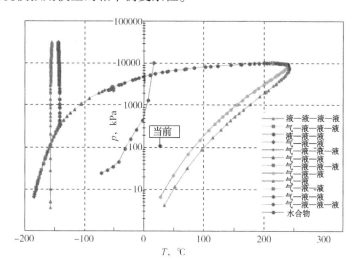

图 12.1 1mol 烃与 1mol 水的混合物的计算相包络线

利用低温状态方程以及水合物曲线预测复杂的液—液、液—液—液和液—液—液—液特性

烃组成:甲烷为 19.5%,乙烷为 5.8%,丙烷为 9.2%,正丁烷为 9.2%,

正庚烷为 13.8%,甲苯为 25.3%,正癸烷为 17.2%

绘制图 12.1 使用的是 APRNG2 模型,基于 Peng-Robinson 状态方程[17]开发的立方状态方程,并经过精细调整来准确表示气体处理(如碳氢化合物—水—甲醇)中常见的气—液—液特性,并集成了水合物计算[18,19]。低温(-150℉附近)条件下,能够观察到存在 3 种或 4 种液体相的区域。

尽管与相平衡计算有关的技术是成功的,但预测的特性不可能是精确的,因为未考虑到固相的存在。例如,当温度在 32℉ 左右时,应该有冰相存在,因为混合物中含有 1mol 的水。另外,正庚烷和甲苯的冻结温度分别为 -131℉ 和 -139℉,正癸烷的冻结温度则在 -21℉ 左右。

因此,在低温条件下,图 12.1 至少是不完整的,如果希望设计低温工业过程,则需要更完整的热力学模型。对这种更完整的热力学模型的需求完全源自像低温蒸馏塔内形成固体这样的技术挑战,其原因在于低温蒸馏塔内可能会出现固态二氧化碳、正己烷与苯相。

12.5 状态方程修正

为了计算气—液—固平衡,必须首先准确计算纯组分的气—固平衡和液—固平衡。反过来,这又要求在使用状态方程时,明确定义计算的饱和压力(蒸气或升华)的意义究竟是什么。原则上，在解决了这一细节问题后，只需要一个纯组分固相模型就行了。反过来又要计算气—液—固特性。此外，计算这类现象的经验也能够让人确定怎样在过程模拟器中处理这些结果的典型方法，并做好处理更复杂相态特性（在固相中的组分能够发生相互作用，正如蜡形成过程中发生的那样）的准备。

用于计算纯固体逸度的热力学表达式是众所周知的：

$$\ln f_i^{0s} = \ln f_i^{0l} + \frac{\Delta h_{m,i}}{RT}\left(\frac{1}{T_{m,i}} - 1\right) + \frac{\Delta C_{p,i}}{RT}(T_{m,i} - T) - \frac{\Delta C_{p,i}}{RT}\ln\frac{T_{m,i}}{T} + \frac{v_i^s p}{RT} \qquad (12.1)$$

式中　f_i^{0s}——固相中纯组分 i 的逸度；

　　　f_i^{0l}——液相中纯组分 i 的逸度；

　　　$\Delta h_{m,i}$——组分 i 的熔化焓；

　　　R——气体常数；

　　　T——热力学温度；

　　　$\Delta C_{p,i}$——从液相到固相的热容量变化；

　　　$T_{m,i}$——组分 i 的熔化温度；

　　　V_i^s——固相中组分 i 的摩尔体积。

更准确地说，式(12.1)应该应用于三相点。通常情况下，三相点的压力非常低，因此熔化温度和三相点温度非常接近，在本文中可以互换使用。

式(12.1)说明，为了开发活性固体相容模型，必须确保状态方程能够提供准确的三相点温度下的蒸气压力估值，并且三相点温度或熔化温度也是准确的；否则，三相点的固体逸度是不正确的，升华线与熔化线的位置也是不正确的，如图 12.2 所示。

通常情况下，三相点压力不高，三相点的计算饱和压力与实验饱和压力之间的绝对偏差也小，而百分误差却可能非常大。低温时，沉积的固体量也不多（因为蒸气相中仅存在少量重质化合物），但沉积的固体量误差可能很大。现以正十五烷为例加以说明，如图 12.3 所示。

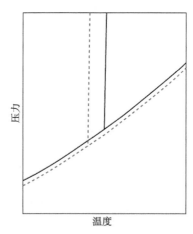

图 12.2　近三相点纯物质简化压力—温度相图
实线表示修正蒸气压力、熔化线与升华压力；虚线与实线相同，
但虚线是采用未修正三相点温度与压力的计算结果

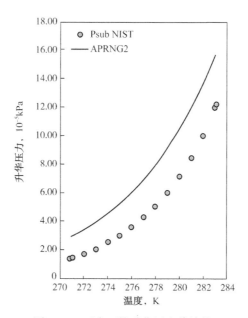

图 12.3　正十五烷升华压力估计值
APRNG2 预测三相点的饱和压力等于 0.000157kPa(采用的修正值为 0.000157kPa)，
这一误差被推广至低温区。注意压力标度，升华压力的平均误差为 66%，同时升华压力的绝对偏差很小

　　因此，重要的是，在很好地表征了三相点温度(或熔化温度)的条件下，状态方程要能够准确再现三相点压力。通过对可用合格数据进行谨慎的回归处理，对几种纯化合物而言，这是有可能实现的。对于拟组分而言，问题并不那么简单，其原因在于估计三相点压力的通用方法通常不适用于石油馏分，目前还需要加强这方面的研究。

　　本实验还注意到，实验确定的升华压力，其精确度会随着温度的升高而降低，因此，由于冻结，与重质馏分沉积相关的估值可能会出现大的误差，如图 12.4 所示。

　　当通过适当拟合状态方程蒸气压力来匹配三相点压力时，能够计算出高精度的固—液—气平衡数据，如图 12.5 所示。二氧化碳是少数三相点压力比较高的物质之一，约为 516kPa。

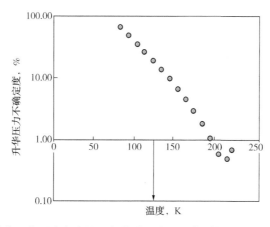

图 12.4　升华压力不确定度是二氧化碳温度的函数(数据来自 NIST/TDE9.0)

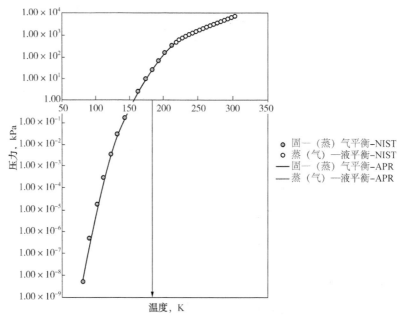

图 12.5 二氧化碳的升华压力与蒸气压力

12.6 复杂的液—液相态特性

为了正确地模拟固相出现的条件,必须准确地知道热力学平衡条件下的流体相组成。通过水合物相的计算就能充分说明这一点,尤其是需要将多相计算与气体水合物初始相形成计算紧密结合在一起。当确定初始水合物形成温度或压力时,要确定对应于水合物相与流体相之间的热力学平衡温度(在恒定压力下)或压力(在恒定温度下)。

由于水合物抑制计算的重要性,只有在正确确定了水、烃和乙醇或乙二醇相互作用参数的情况下,才能确定水合物抑制参数。由于水、烃和乙醇形成具有部分混溶区的高度非理想溶液,因此,在试图建立水合物相和乙醇抑制模型之前,必须正确模拟此类现象。

从方法论的观点来看,要解决此问题,需要做的第一件事是开发必要的工具来估算水和烃之间的溶解度(溶解度是温度的函数)。

这是通过仔细分析定义组分和拟组分的现有文献数据及其对定义组分和拟组分的普适化处理[21]来完成的,如图 12.6 所示。

随着水/烃溶解度问题的解决,甲醇—烃—水和乙二醇—烃—水系统数据的回归和普适化处理问题也解决了,并为使用气体分析中多次出现的定义化合物和假想组分或拟组分进行的计算提供支撑(图 12.7)。

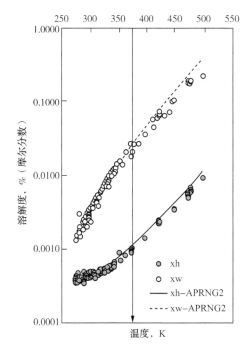

图 12.6　饱和状态下苯与水之间的液—液平衡

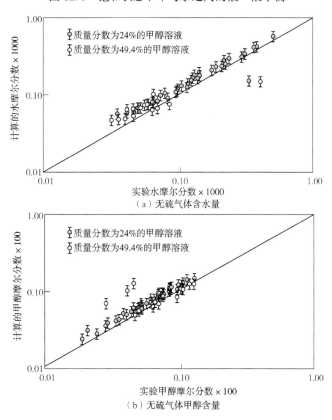

（a）无硫气体含水量

（b）无硫气体甲醇含量

图 12.7　水溶液上方气体中含水量和甲醇含量

甲醇含量或含水量数据的估计不确定度为15%。含水量的平均误差为21%，甲醇含量的平均误差为51%[22]

12.7　水合物计算

最后，利用正确构建的多液体模型，现在可以着手解决水合物模型的正确开发问题。

Munck 等的方法[23]经改进后，可用来模拟水合物相的初始形成过程。进行水合物形成条件计算，以便水合物相中的水与出现的替代相中的水处于平衡状态。替代相可以是蒸气、液体或冰。由于非水合物相平衡的重要性，因此具有这些相的正确相态特性是进行有意义的水合物相计算的关键。利用此方法确定的水合物形成条件，就能够利用实验数据计算各种水合物形成组分的 Langmuir 常数。

为了准确模拟水合物抑制条件，需使用与相平衡计算用状态方程不同的模型来计算非水合物相的水逸度。这提供了更准确的初始水合物形成条件，但是它并不如一直用来估算极低温条件下水活度的状态方程方法那样普遍。与常用的经验预测方法（如 Nielsen、Bucklin 和 Hammerschmidt[24]）相比，此方法可准确估算出水合物形成抑制条件。理想情况下，状态方程也用来估算极低温条件下乙醇或乙二醇溶液的水活度，这是目前正在研究的问题。

最后，考虑到水合物相的形成，利用所有正确定义的参数，进行水合物相的形成条件计算。

使用水合物形成计算中使用的逸度计算，计算水合物相的形成。通过直接将其并入多相闪蒸计算，计算形成的水合物相数量以及水合物形成的初始点。以乙烷和水系统[25]为例，研究了水合物相分数，它是压力和温度的函数。从中也可以看出，当温度降低时，出现了水合物相。模型预测结果与报道的实验数据非常吻合，例如，压力为 457kPa 时，实验观察到的水合物形成温度为 272K。使用多相闪蒸计算，预测的水合物形成温度为 271.9K（图 12.8 至图 12.11）。

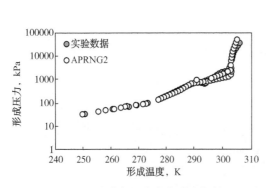

图 12.8　硫化氢的水合物形成条件

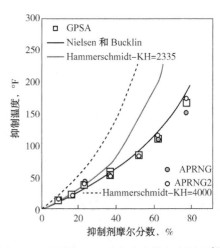

图 12.9　甲醇与乙二醇的水合物抑制效果[24]

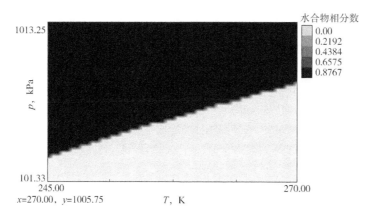

图 12.10   压力与温度对水合物相分数的影响

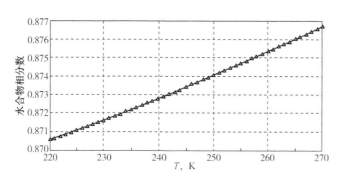

图 12.11   水合物相分数是温度的函数

12.8   结论与后期工作

从三种流体相到多种流体相和固相的转变是复杂的，为了确保计算结果的正确性，需要进行周密的思考和规划。就涉及固相的正确计算来说，需要精确模拟三相点的压力和温度，精确模拟极性系统(特别是乙醇—水—烃和乙二醇—水—烃的混合物)的多种流体相，这是水合物抑制计算的关键。

将要开展的重要工作涉及拟组分三相点压力精确估算模型的开发和这些额外的流体相或固相与单元操作模型的集成处理。

参 考 文 献

[1] Lewis, W. K. and Matheson, G. L.; "Studies in Distillation Design of Rectifying Columns for Natural and Refnery Gasoline", Ind. Eng. Chem., 24, 494, (1932).

[2] Tiele E. W. and Geddes, R. L. Computation of distillation apparatus for hydrocarbon mixtures, Ind. Eng. Chem. 25, 289, 1933.

[3] Rachford, H. H. and Rice, J. D.; J. Pet. Tech., 4 (10) Section 1 p. 19 and Section2 p. 3 (1952).

[4] Henley, E. J. and Rosen, E. M.; "Material and Energy Balance Computations"; John Wiley and Sons, New York, pp. 351–353 (1969).

[5] Nelson, P. A.; "Rapid phase determination in multiple-phase flash calculations"; Computers & Chemical En-

gineering, Volume 11, Issue 6, 1987, pp. 581-591.

［6］ Boston, J. F. and Britt, H. I. ; "A radically different formulation and solution of the single-stage flash problem"; Comput. Chem. Engng, 2 (1978), pp. 109-122.

［7］ Trebble, M. A. ; "A preliminary evaluation of two and three phase flash initiation procedures"; Fluid Phase Equilibria, Volume 53, December 1989, pp. 113-122.

［8］ Hysim Users Manual; Hyprotech Ltd. , 1988, Calgary, Alberta, Canada.

［9］ Sourabh, A. ; MSc thesis, University of Alberta, (in progress 2015).

［10］ Michelsen, M. L. ; "Te isothermal flash problem. Part I. Stability"; Fluid Phase Equilibria, Volume 9, Issue 1, December 1982, pp. 1-19.

［11］ Michelsen, M. L. ; "Te isothermal flash problem. Part II. Phase-split calculation"; Fluid Phase Equilibria, Volume 9, Issue 1, December 1982, pp. 21-40.

［12］ Saber, N. and Shaw, J. M. ; "Rapid and robust phase behaviour stability analysis using global optimization"; Fluid Phase Equilibria, Volume 264, Issues 1-2, 1 March 2008, pp. 137-146.

［13］ Shaw, J. M. and Behar, E. ; "SLLV phase behavior and phase diagram transitions in asymmetric hydrocarbon fluids"; Fluid Phase Equilibria, Volume 209, Issue2, 15 July 2003, pp. 185-206.

［14］ Shaw, J. M. and Satyro, M. A. ; Chemical Engineering Termodynamics Lecture Notes; Te University of Alberta and Te University of Calgary; 2006-2010.

［15］ Pedersen, K. S. , Christensen, P. J and Shaikh, J. A. ; Phase Behaviour of Petroleum Reservoir Fluids, 2nd Ed. ; CRC Press 2015.

［16］ Llave, F. M. ; Luks, K. D. and Kohl, J. P. ; "Tree-phase liquid-liquid-vapor equilibria in the methane + ethane + n-hexane and methane + ethane + n-heptane systems"; J. Chem. Eng. Data, 1986, 31 (4), pp 418-421.

［17］ Peng, D. -Y. and Robinson, D. B. ; "A new two-constant equation of state", Ind. Eng. Chem. Fundamen. , Vol. 15, 1976.

［18］ VMGSim User's Manual, Version 9. 0; Virtual Materials Group, Inc. ; Calgary, Alberta, Canada, 2014.

［19］ APRNG2 Technical Brief; Virtual Materials Group, Inc. ; Calgary, Alberta, Canada.

［20］ http：//www. nist. gov/srd/nist103b. cfm, last accessed March 29th 2015.

［21］ Satyro, M. A. ; Shaw, J. M. and Yarranton, H. W. ; "A practical method for the estimation of oil and water mutual solubilities"; Fluid Phase Equilibria, Volume 355, 15 October 2013, pp. 12-25.

［22］ Chapoy, A; Mohammadi, A. H. ; Valtz, A. ; Coquelet, C. and Richon, D. ; "Water and Inhibitor Distribution in Gas Production Systems"; GPA RR-198, August 2008.

［23］ Munck, J. ; Skjold-Jorgensen, S. and Rasmussen, P. ; "Computation of the formation of gas hydrates"; Chemical Engineering Science, 46, 2661-2672, 1988.

［24］ GPSA Engineering Data Book 13th Edition (electronic) FPS Volumes I and II.

［25］ Deaton, W. M. , Frost, E. M. , Gas Hydrates and their Relation to Te Operation Of Natural-Gas Pipe Lines, 1946.

13　可靠的 PVT 计算——立方状态方程能做到吗？

Herbert Loria[1]，**Glen Hay[1]**，**Carl Landra[1]**，**Marco A. Satyro[2]**

（1. Virtual Materials Group 公司，加拿大艾伯塔省卡尔加里市；
2. 克拉克森大学，美国纽约州波茨坦市）

摘　要　流体输送是碳氢化合物生产的一个重要方面。碳氢化合物输送过程的正确模拟与液体密度的精确度密切相关。由于目前的流体黏度计算方法也依赖于流体密度估值的准确性，这恰恰强化了准确计算密度的必要性。

模拟过程通常采用简单的立方状态方程。本文回顾了参数状态方程与其他感兴趣方法的应用情况，以及相对于使用的其他模型，检查状态方程在这类计算中的适用性。当状态方程应用于天然气行业感兴趣的系统密度计算时，将提供一些与其性能相关的有用指南，以及对解析状态方程的期望的局限性。

13.1　简介

密度及其相关物理性质的计算，特别是 $(\partial V/\partial p)_T$ 和 $(\partial V/\partial T)_p$，在碳氢化合物处理系统的设计中发挥着重要作用。上述表达式的参数中，p 是压力，V 是摩尔体积，T 是热力学温度。在计算热容和声速时，使用了与压力和温度有关的体积斜率，对于与火炬和安全系统设计相关的计算来说，也属于重要参数。通常情况下，人们更加关注的是作为温度函数的密度或摩尔体积的计算，但是对于与压力有关的体积导数计算却知之甚少。由于液体偏离临界区域后属于近似不可压缩流体，导数值很小（如果在 $p—V$ 图中进行研究，则导数值会非常大），在许多模拟过程中，这并不是问题。本文稍后将重新讨论这一论点。

为什么会使用立方状态方程来进行体积计算？毕竟也有许多非立方状态方程可以使用，包括理论基础更扎实的状态方程，如 SAFT 状态方程[1-4]，似乎较好地解释了立方状态方程[5-7]使用的排斥公式，或者有更灵活的经验形式[8,9]。还应该注意的是，对于状态方程的开发来说，还有许多更好的选择，并且本文引用的参考文献仅是可用文献的一小部分。

从过程模拟的角度来看，归根结底，这个问题的答案是可靠性问题。在某些情况下，更复杂的状态方程可能优于立方状态方程。对于某些系统来说，当其气—液平衡计算无相互作用参数可用时，一些方程（如 SAFT 方程）给出了更好的预测结果。在设计过程模拟器集成用方程时，必须在各种条件下，维持精确性与稳健性之间的平衡。例如，当出现水及其他的极性化合物时，状态方程必须可靠，状态方程参数必须能够随温度进行可靠的外推；即使不准确，人们也总是期望获得具有物理意义的结果，使用极少的物理性质数据（通常限于正常沸点和标准液体密度）来可靠模拟假想组分或拟组分；必须确定广义的二元相互作用参数，以便用纯组分性质来可靠表述感兴趣的混合物（如油和甲烷等轻质气体的混合物）的相态特性，最后还会经常期望在过程模拟中使用的状态方程能够准确表示纯组分的临界温度和压力，这是进行准确的 $p—T$ 包络线计算的关键要求，对于诸如压缩机和中间冷却器这类设备的设计来说，这是非常重要的。

　　更复杂的状态方程需要大量合格的 PVT 数据才能正确确定方程的参数，而通常情况下，在进行模拟计算时并无这样的参数可用。像 SAFT 这样的方程，对于纯组分来说，需要 3~5 个参数，但这些参数的确定是以蒸气压力与饱和液体密度数据的同步回归处理为基础的，并且不能保证临界压力和临界温度的准确再现。这并不是说不能用这些方程来成功模拟碳氢化合物系统，而是说在通常情况下，对预测精度的提升不大，并且在模拟过程中无意引入非物理特性的可能性不为零[10-12]。由于排除嵌入大型模拟中的不可靠物理性质是一项很艰巨的任务，因此直至提出一个新的实用可靠的状态方程架构或直到对现有复杂状态方程进行实用可靠的参数化处理时为止，留在立方框架内似乎是一个好主意。

13.2　双参数状态方程

　　双参数状态方程的数量非常多，这里就不提及相关文献资料了。简单地说，最流行的立方状态方程是 SRK 状态方程[13]和 PR 状态方程[14]。对于化学和过程工程来说，这两个状态方程是非常有价值的，进行了多种形式的扩展、改进和完善。从密度计算的角度来看，两个状态方程的表现都不是很好，虽然 PR 状态方程的表现要好一些，其原因在于 PR 状态方程能够更好地估算出汽油范围内的液态烃密度。当基于 Twu 及其同事（TST）[15]报道的结果，计算一系列蜡的饱和液体密度时，了解这两个状态方程会给出怎样的计算结果是有益的。

　　立方状态方程的通用形式列出如下：

$$p = \frac{RT}{V-b} - \frac{a_c \alpha(T)}{V^2 + ubV + wb^2} \tag{13.1}$$

式中　b——协体积；

　　　a_c——计算的临界点吸引系数；

　　　α——设计的经验函数，以便能够利用状态方程来准确估计蒸气压力；

　　　R——气体常数。

a_c 和 b 由式（13.2）式（13.3）来求出。

$$\left(\frac{\partial p}{\partial V}\right)_{T=T_c} = 0 \tag{13.2}$$

$$\left(\frac{\partial^2 p}{\partial V^2}\right)_{T=T_c} = 0 \tag{13.3}$$

通过设置 u 和 w 的值，可以得到不同的状态方程，见表 13.1。

表 13.1　不同状态方程的 u 和 w

状态方程	u	w
SRK	1	0
PR	2	-1
TST	2.5	-1.5

　　TST（Twu-Sim-Tassone）状态方程估算密度的精确度高于 PR 状态方程。很明显，虽然平均来说，TST 状态方程略好于 PR 状态方程，但就饱和液体密度的计算来说，仍然远不是一

个很好的通用解决方案, 并且在计算轻质蜡密度时, 计算密度的精确度明显更差(表 13.2)。针对 SRK、PR 和 TST 状态方程, 可明确定义出各自的最佳密度估值区域。当组分偏离这一最佳密度估值区时, 计算结果的精确度就会逐渐变差。这一现象清楚地表明, 一般情况下, 单一的双参数状态方程无法提供精确的密度值。

表 13.2　SRK、PR 和 TST 状态方程的密度相关式性能

组分	SPK,%(绝对误差)	PR,%(绝对误差)	TST,%(绝对误差)
C_1	1.0	12.0	18.4
C_2	4.2	8.0	11.8
C_3	6.3	5.5	11.4
C_4	7.4	4.3	10.1
C_5	9.5	2.0	7.6
C_6	11.3	0.9	5.5
C_7	13.0	2.0	3.5
C_8	14.3	3.4	2.0
C_9	15.7	5.0	1.4
C_{10}	16.7	6.2	1.5
C_{11}	18.3	8.0	2.9
C_{12}	19.9	8.8	3.8
C_{13}	21.0	11.1	6.1
C_{14}	22.9	13.3	8.5
C_{15}	23.1	13.4	8.7
C_{16}	23.7	14.2	9.4
C_{17}	23.9	13.4	9.7
C_{18}	25.2	15.9	11.2
C_{19}	25.1	15.8	11.1
C_{20}	25.4	16.1	11.5
平均	16.4	9.0	7.8

注: 无单一最佳状态方程结构, 即使对最简单的蜡也是如此。SRK 用于简单的蜡, 效果较好; PR 用于汽油, 效果较好; TST 用于较重的蜡。最大温度为 $0.7T_r$。

13.3　使用体积平移的双参数立方状态方程

Martin[16] 提出了一个巧妙的想法来修正双参数状态方程的密度预测值, 受到 Peneloux 及其同事[17] 的欢迎。针对 PR 状态方程, Mathias 及其同事[18] 给出了一个特别有用的形式。参

考文献[18]中提出的体积平移方程特别有用，利用它可准确计算纯组分的临界体积，见式(13.4)至式(13.6)。

$$V = V^{\text{EOS}} + s + f_c\left(\frac{0.41}{0.41+\delta}\right) \qquad (13.4)$$

$$\delta = -\frac{V^2}{RT}\left(\frac{\partial p}{\partial V}\right)_T \qquad (13.5)$$

$$f_c = V_c - (3.946b + s) \qquad (13.6)$$

式中　V^{EoS}——采用 PR 状态方程计算的摩尔体积；

　　　f_c——设计来匹配临界体积的校正因子；

　　　s——体积平移。

在特定的温度(通常采用的是 60℉和 1atm)下，进行体积平移计算，或者对于在这些条件下处于超临界状态的组分来说，则使用 1atm 时的正常沸点。通过计算特定温度和压力下的液体摩尔体积，求出 V^{EoS}，利用相同温度和压力下的单一密度数据点来计算体积平移和校正利用状态方程计算的任一温度和压力下的密度。体积平移数值不大，蒸气或气体摩尔体积的变化很小，但是对液体摩尔体积的修正是有意义的。

对于苯来说，使用了体积平移的计算结果如图 13.1 所示，计算采用的是先进的 PR 性质软件包[19]。这个版本的 PR 状态方程使用了由式(13.4)至式(13.6)定义的体积平移技术。采用 NIST 的 Refprop 软件包来进行准确的密度计算，正如 VMGSim[19]所采用的方法一样。计算结果的精确度非常高，尤其是考虑到计算体积平移的温度为 60℉。

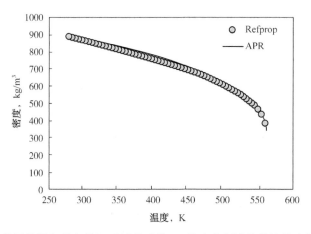

图 13.1　使用根据参考文献[18]平移后的 PR 状态方程计算的纯苯液体密度[19]

现在，将同样的想法应用于正十二烷，这是 Refprop 软件包中可用的最重的蜡，计算结果见图 13.2。从图中可以看出，在确定体积平移的数据点附近，获得了准确的液体密度，但饱和密度曲线的斜率变差，尽管临界体积是匹配的，但模型的表现不如人们的预期。随着碳氢化合物分子量的增大，这种情况会变得更糟。目前，重烃的处理属于一个普遍性的问题，在温度偏离确定体积平移的温度时，重油馏分液体密度的估计值会变得不准确。

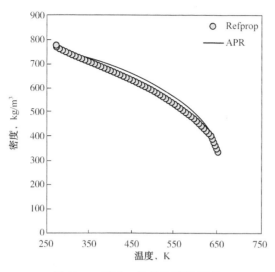

图 13.2　正十二烷饱和液体密度

因此，有必要远离双参数状态方程。

13.4　三参数立方状态方程

三参数状态方程并非新的状态方程，值得关注的三参数状态方程是 Patel-Teja 状态方程[20-24]、Yu-Lu 状态方程[25]以及 Iwai 及其同事给出的状态方程[26]。特别有用的三参数立方状态方程形式是由 Cismondi 和 Mollerup 提出的[27]。他们基于关联 SRK 状态方程和 PR 状态方程预测临界体积的连续函数使用密度相关式的观察结果，建立了自己的状态方程，通过式(13.7)来加以表述：

$$w = 1 - u \tag{13.7}$$

u 参数是可调参数，通过拟合来匹配饱和液体密度。实际上，相当于式(13.8)，其中 $c = -w$。

$$p = \frac{RT}{V - b} - \frac{a_c \alpha(T)}{V^2 + (c+1)bV - cb^2} \tag{13.8}$$

c 参数用来拟合液体密度数据。式(13.8)已成功将高度不对称混合物的气—液平衡联系起来[28]。

式(13.8)采用 CO_2 的测试结果如图 13.3 所示。

状态方程的表现很好，压力最高可达 120bar 左右，还有进一步提升的机会吗？

13.5　四参数立方状态方程

Trebble 及其同事[29-32]仔细分析了四参数状态方程(13.9)的结构。

$$p = \frac{RT}{V - b} - \frac{a_c \alpha(T)}{V^2 + (b+c)V - (bc+d^2)} \tag{13.9}$$

如果进行适当的参数化处理，则添加的 d 参数可以更好地代表 $(\partial V/\partial p)_T$ 项。这需要大量

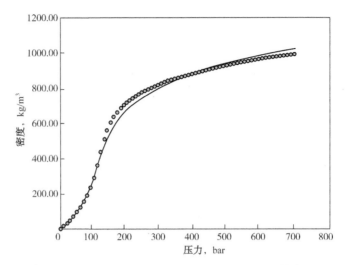

图 13.3　70℃等温线条件下，二氧化碳密度计算值

数据点来自 Refprop，曲线来自三参数状态方程的计算值

合格的 PVT 数据。在这项研究工作中，使用 Refprop[19] 作为实验数据的替代品，开发了自动数据回归系统，针对二氧化碳的计算结果如图 13.4 所示。

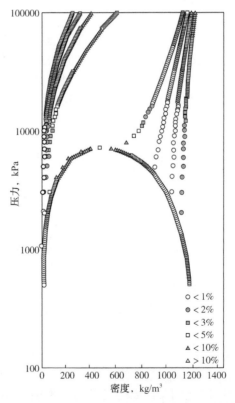

图 13.4　使用 Trebble-Bishnoi 状态方程的二氧化碳密度误差图

总绝对误差为 2.9%，同时饱和蒸气的误差为 3.0%，饱和液体的误差为 1.7%。

本研究中使用的协体积与温度无关

在相同的等温线条件下，针对 CO_2 的计算结果如图 13.5 所示。从图中可以看出，平均误差的差异并没有那么大，但是来自不同状态方程的密度预测曲线呈发散状，并且随着压力的增加，其准确性会越来越差，利用 Trebble-Bishnoi 状态方程计算的等温线除外。如果要想在高压（100bar 以上）下获得准确的预测结果，则需要使用四参数立方状态方程。

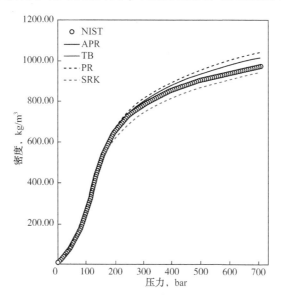

图 13.5　在 70℃ 等温线条件下使用不同状态方程计算的二氧化碳密度

SRK 的平均误差为 4.0%，PR（无体积平移）的平均误差为 4.5%，

APR（使用体积平移）的平均误差为 2.6%，TB 状态方程的平均误差为 1.8%，TB 与 Refprop 完全一致

13.6　结论与建议

基于上述研究结果，提出的简要指南如下：

（1）构建能够提供准确密度数据的双参数立方状态方程是不可能的，当其组分由轻烃变为重烃时，即使是简单的蜡也是如此。

（2）存在这样的区域，即不同的 u 和 w 值可以提供最佳的液体密度估值。例如，SRK 结构可给出甲烷和乙烷的最佳密度值。

（3）对于分子量接近 150g/mol 的化合物来说，体积平移的效果很好。对于分子量更大的化合物，超出计算体积平移因子的温度后，饱和液体密度曲线的斜率会逐渐变差。

（4）有必要引入考虑 u 和 w 可变性的第三个参数。通过利用式（13.7）将 u 和 w 联系起来，可以继续从 SRK 和 PR 状态方程出发，提供有效的具有可调临界压缩因子（或临界体积）的立方状态方程。

（5）有必要在状态方程中引入第四个参数，准确关联压力高于 100bar 左右的流体 PVT 特性。

（6）为了准确计算四参数状态方程值，要求提供各种压力、温度和体积下的精确的 PVT 数据。Refprop 是一个有价值的工具，可为自动数据回归提供替代数据。

参 考 文 献

[1] Chapman, W. G.; Gubbins, K. E. and Radosz, M.; "SAFT: Equation of state solution model for associating fluids"; Fluid Phase Equilibria 52 (1989) 31-38.

[2] Chapman, W. G.; Gubbins, K. E., Jackson, J. and Radosz, M.; "New Reference Equation of State for Associating Liquids"; Ind. Eng. Chem. Res. 1990, 29, 1709-1721.

[3] Huang, S. H. and Radosz, M.; "Equation of State for Small, Large, Polydisperse and Associating Molecules"; Ind. Eng. Chem. Res. 1990, 29, 2284-2294.

[4] Gross, J. and Sadowski, G.; "Perturbed-Chain SAFT: An Equation of State Based on A Perturbation Theory for Chain Molecules"; Ind. Eng. Che. Res. 2001, 40, 1244-1260.

[5] Haile, J. M. and O'Connell, J. P.; Thermodynamics Fundamentals for Applications, Cambridge University Press, 2005.

[6] Kim, C. H.; Vimalchand, P.; Donohue, M. D. and Sandler, S. I.; "Local Composition Model for Chainlike Molecules: A New Simplifed Version of the Perturbed Hard Chain Theory"; AIChE Journal, Vol. 32, No. 10, October 1986.

[7] Kraska, T. and Deiters, U. K.; "Systematic investigation of the phase behavior in binary fluid mixtures. II. Calculation based on the Carnahan-Starling-Redlich-Kwong equation of state"; J. Chem. Phys. 96(1), 1 January 1992.

[8] Martin, J. J. and Hou, Y-C.; "Development of an equation of state for gases"; AIChE Journal, Vol. 1, No. 2, June 1955.

[9] Behar, E.; Simonet, R. and Rauzy, E.; "A new non-cubic equation of state"; Fluid Phase Equilibria, 21 (1985) 237-255.

[10] Polishuk, I.; "Till which pressures the fluid phase EOS models might stay reliable?"; J. of Supercritical Fluids 58 (2011) 204-215.

[11] Polishuk, I.; "Addressing the issue of numerical pitfalls characteristic for SAFT EOS models"; Fluid Phase Equilibria 301 (2011) 123-129.

[12] Privat, R.; Gani, R. and Jaubert, J. N.; "Are safe results obtained when the PC-SAFT equation of state is applied to ordinary pure chemicals?"; Fluid Phase Equilibria 295 (2010) 76-92.

[13] Soave, G.; "Equilibrium Constants from a modifed Redlich-Kwong equation of state"; Chem. Eng. Sci., Vol. 27, 1972.

[14] Peng, D.-Y. and Robinson, D. B.; "A new two-constant equation of state", Ind. Eng. Chem. Fundamen., Vol. 15, 1976.

[15] Twu, C. H.; Sim, W. D. and Tassone, V.; "An Extension of CEOS/AE ZeroPressure Mixing Rules for an Optimum Two-Parameter Cubic Equation of State"; Ind. Eng. Chem. Res. 2002, 41, 931-937. Reliable PVT Calculations – Can Cubics Do It? 181

[16] Martin, J. J.; "Cubic Equations of State – Which?"; Ind. Eng. Chem. Fundamen.; Vol. 18, No. 2., 1979.

[17] Mathias, P. M.; Naheiri, T.; Oh, E. M. "A Density Correction for the Peng-Robinson Equation of State."; Fluid Phase Equil. 1989, 47, 77.

[18] Peneloux, A.; Rauzy, E.; Freze, R. "A Consistent Correction for Redlich-Kwong-Soave Volumes."; Fluid Phase Equil. 1982, 8, 7.

[19] VMGSim User's Manual, version 9.0; Virtual Materials Group, Inc.; Calgary, Alberta, Canada, 2015.

[20] Patel, N. C.; and Teja, A. S. "A new cubic equation of state for fluids and fluid mixtures."

[21] Chemical Engineering Science, Volume 37, Issue 3, 1982, 463-473.

[22] Valderrama, J. O. and Cisternas, L. A.; "On the choice of the third (and fourth) generalizing parameter for equation fo state"; Chemical Engineering Science, Vol. 42, No. 12, 1987.

[23] Valderrama, J. O.; Obaid-Ur-Rehman, S. and Cisternas, L. A.; "Application of a New Cubic Equation of State to Hydrogen Sulfde Mixtures"; Chemical Engineering Science, Vol. 42, No. 12, 1987.

[24] Forero, L. A. and Velasques, J. A.; "Te Patel-Teja and the Peng-Robinson EoSs performance when Soave alpha function is replaced by an exponential function"; Fluid Phase Equilibria 332 (2012), 55-76.

[25] Forero, L. A. and Velasques, J. A.; "A modifed Patel-Teja cubic equation of state: Part I - Generalized model for gases and hydrocarbons"; Fluid Phase Equilibria 342 (25 March 2013), 8-22.

[26] Yu, J. -M.; Lu, B. and Iwai, Y.; "Simultaneous calculations of VLE and saturated liquid and vapor volumes by means of a 3P1T cubic EOS"; Fluid Phase Equilibria 37 (1987), 207-222.

[27] Iwai, Y.; Margerum, M. R. and Lu, B.; "A New Tree Parameter Cubic Equation of State for Polar Fluids and Fluid Mixtures"; Fluid Phase Equilibria, 42 (1988) 21-41.

[28] Cismondi, M. and Mollerup, J.; "Development and application of a threeparameter RK - PR equation of state"; Fluid Phase Equilibria 232 (2005) 74-89.

[29] Cismondi, M.; Mollerup, J.; Brignole, E. A. and Zabaloy, M. S.; "Modelling the high pressure phase equilibria of carbon dioxide-triglyceride systems: A parameterization strategy"; Fluid Phase Equilibria 281 (2009) 40-48.

[30] Trebble, M. A.; Ph. D Tesis, The University of Calgary, 1986.

[31] Trebble, M. A. and Bishnoi, R.; "Development of a new four-parameter cubic equation of state"; Fluid Phase Equilibria, 35, Issues 1-3 (September 1987), 1-18.

[32] Salim, P. H. and Trebble, M. A.; "Termodynamic property predictions from the Trebble-Bishnoi-Salim equation of state"; Fluid Phase Equilibria 65 (1991) 41-57.

[33] Salim, P. H. and Trebble, M. A.; "A modifed Trebble—Bishnoi equation of state: thermodynamic consistency revisited"; Fluid Phase Equilibria 65 (1991), 59-71.

14 CPA、SRK、PR、SAFT 和 PC-SAFT 状态方程的 CO_2—H_2S 混合物气—液平衡预测

M. Naveed Khan[1,2], **Pramod Warrier**[1], **Cor J. Peters**[2,3], **Carolyn A. Koh**[1]

(1. 科罗拉多矿业学院化学与生物工程系水合物研究中心，美国科罗拉多州戈尔登；
2. 石油学会化工部，阿联酋阿布扎比；
3. 埃因霍温理工大学分离技术组化学工程与化学系，荷兰埃因霍温)

摘 要 就气体处理与流动保障技术的安全与经济设计来说，关键在于 CO_2—H_2S 混合物气—液相平衡的预测精确度。此外，不准确的气—液平衡预测结果也会导致错误的水合物相平衡预测结果。在这项研究工作中，采用不同的状态方程来预测含其他碳氢化合物与各种交联缔合组分(包括水、甲醇、乙醇、单乙二醇)的 CO_2—H_2S 混合物的气—液平衡。预测所使用的状态方程包括立方附加缔合(CPA)状态方程、SRK 状态方程、PR 状态方程、统计缔合流体理论(SAFT)状态方程和 PC-SAFT 状态方程。使用实验饱和液体密度和蒸气压力，同时最小化绝对误差来针对缔合组分确定 CPA 状态方程的 5 个参数。在未使用二元相互作用参数的情况下，比较了模型的精确度。

14.1 简介

就油气处理来说，可靠的相态特性预测具有至关重要的作用。不准确的相平衡预测结果也会导致工艺设施的设计错误，进而埋下安全隐患。满足准确相平衡预测需求的前提是要有准确的状态方程(EoS)可用。本研究的主要目的是使用选择的状态方程来模拟含气体水合物的系统。很明显，不准确的气—液平衡预测结果也会导致错误的水合物相平衡预测结果。

气体水合物是结晶非化学计量化合物。当气体与水接触时，会在低温高压环境中形成气体水合物。

常见的气体水合物结构是 sI、sII 和 sH 型，它们具有不同的空穴和晶体结构。Ⅰ型结构(sI)是基本立方结构，晶胞带两个五边形十二面体(小的，5^{12})的笼子和六个十四面体(大的，$5^{12}6^2$)的笼子。Ⅱ型结构(sII)是立方结构，晶胞带 16 个 5^{12}(小的)的笼子和 8 个 $5^{12}6^4$(大的)的笼子。此外，除了Ⅰ型和Ⅱ型外，H 型结构(sH)晶胞包括三个 5^{12} 的小笼子、两个 $4^36^56^3$ 的笼子和一个 $5^{12}6^8$ 的大笼子[5,11]。

海底油气管道内存在的高压、低温环境，再加上存在水和中—低分子量的烃，提供了形成气体水合物的理想热力学条件，形成的气体水合物最终会导致管道堵塞。发生在油气管道内的水合物堵塞现象会带来严重的安全风险与经济风险，这是过去几十年来开展气体水合物相平衡研究的主要动机，重点是开发气体水合物防止与动力学管理方法[1]。

过去十年来，气体水合物相平衡的热力学建模主要集中在气体水合物相的模型改进方面，在模型的流体相修正方面进行了有限的尝试。进行了各种改进 van der Waals 和 Platteeuw 气体水合物模型[2,9,10]的尝试，以此来消除原始 vdWP 模型中的许多假设。Klauda

和 Sandler[6] 改进了统计热力学模型，以此来解释水合物空穴内的多个小分子簇和客体与客体之间的相互作用。然而，由于流体相模型的局限性，就大多数含有极性水合物客体、抑制剂和盐的水合物形成系统来说，由于无法说明氢键和电解质的促进作用，致使误差很大。

由于流体相平衡预测结果存在很大的误差，人们主要关注的是针对极性水合物客体和抑制系统［含盐（如 NaCl、KCl、$CaCl_2$）以及甲醇、乙醇、单乙二醇］的气体水合物相平衡热力学预测。由于没有可用的气—液平衡的实验相平衡数据、高盐浓度数据、合适的电解质模型和缔合状态方程，导致气体水合物相平衡预测存在各种各样的缺陷。

这项工作重新审视了一些流体相模型，提出了一种新的相平衡预测模型。采用结合了电解质贡献的立方附加缔合状态方程来预测流体相态特性。此外，各种状态方程，包括 CPA-EoS 状态方程、SRK 状态方程、PR 状态方程、SAFT 状态方程和 PC-SAFT 状态方程，已用于各种二元系统（H_2S—碳氢化合物或 CO_2—碳氢化合物）的气—液平衡特性预测，并且在未使用二元相互作用参数的情况下，评价了模型的预测精度。

14.2 结果与讨论

在这项研究工作中，针对存在低—中分子量烃的情况，除了 SRK 状态方程、PR 状态方程、SAFT 状态方程和 PC-SAFT 状态方程外，也使用了立方附加缔合状态方程[7,8]来预测形成氢键物质（H_2S、CO_2）的气—液平衡。

立方附加缔合状态方程（CPA-EoS）由式（14.1）给出。

$$\frac{A}{NKT} = \frac{A^{phy}}{NKT} + \frac{A^{assoc}}{NKT} \tag{14.1}$$

A^{phy} 解释了物理力所引起的偏差，A^{assoc}（缔合项）解释了缔合影响。压力显式立方附加缔合状态方程由式（14.2）给出：

$$p = \frac{RT}{V-b} - \frac{a}{V(V+b)} + \frac{RT}{V}\rho \sum_A \left(\frac{1}{X^A} - \frac{1}{2}\right)\frac{\partial X^A}{\partial \rho} \tag{14.2}$$

其中，物理项取自 SRK 状态方程，缔合项取自 SAFT 状态方程[4]。X^A 是位点 A 的非键合分子分数，由式（14.3）给出。在合适的距离与分子取向的条件下，采用分子缔合方案是有利的[3]。

$$X^A = \left(1 + \rho \sum_B X^B \Delta^{AB}\right)^{-1} \tag{14.3}$$

此外，通过同时最小化饱和液体密度和蒸气压力绝对误差，针对缔合组分优化立方附加缔合状态方程的 5 个参数［式（14.4）］，与实验数据和 DIPPR 相关式进行比对。

$$OF = \sum_{i=1}^{NP} \left(\frac{p_i^{DIPPR} - p_i^{Cal}}{P_i^{DIPPR}}\right)^2 + \sum_{i=1}^{NP} \left(\frac{\rho_i^{DIPPR} - \rho_i^{Cal}}{\rho_i^{DIPPR}}\right)^2 \tag{14.4}$$

针对水的 5 个立方附加缔合状态方程参数（a、b 和 c 用于立方部分，用于缔合部分的两个参数是缔合体积和强度）的优化结果见表 14.1。

表 14.1　优化立方附加缔合状态方程参数

参数	水					
	组 1	组 2	组 3	组 4	组 5	组 6
a	0.1252	0.1131	0.1269	0.1276	0.1242	0.1242
b	1.4500×10^{-5}	1.5400×10^{-5}	1.4400×10^{-5}	1.4400×10^{-5}	1.4600×10^{-5}	1.4600×10^{-5}
c	0.7133	0.7308	0.7052	0.7006	0.6941	0.6941
ε	1.6900×10^{4}	1.6700×10^{4}	1.6800×10^{4}	1.6700×10^{4}	1.7535×10^{4}	1.6700×10^{4}
β	0.0649	0.0644	0.0646	0.0661	0.0644	0.0676
方案	4C	4C	4C	4C	4C	4C
T_r 范围	0.99	0.95	0.877	0.90	0.911	0.92
Δp, %	6.17	29.8	5.74	4.02	26.7	1.58
$\Delta\rho$, %	3.11	10.4	2.19	2.10	0.0298	3.84

图 14.1 和图 14.2 给出了不同对比温度范围内的立方附加缔合状态方程预测的液体密度（ρ_1）和蒸气压力。

来自各组优化立方附加缔合状态方程变量的蒸气压力预测值具有类似的精确度，同时在 $T_r=0.92$ 的对比温度范围内，使用优化的立方附加缔合状态方程参数，也获得了精确的液体密度预测结果，如图 14.1 所示，临界区域除外。

此外，Matlab™ 使用 CPA-EoS 状态方程、SRK 状态方程、PR 状态方程、SAFT 状态方程和 PC-SAFT 状态方程预测各种 H_2S/CO_2+碳氢化合物（低—中分子量）二元混合物的气—液平衡。另外，CH_4—H_2S 二元混合物的气—液平衡预测结果如图 14.3 所示，采用了两个不同的温度值。结果发现，模型预测结果与实验数据（临界区附近除外）非常吻合。

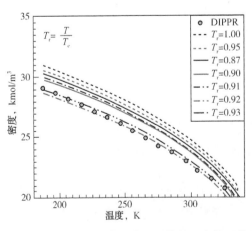 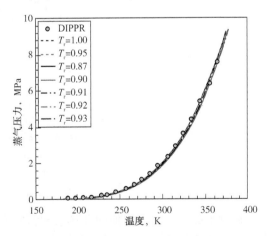

图 14.1　硫化氢的液体密度预测值是温度的函数　图 14.2　硫化氢的液体蒸气压力预测值是温度的函数

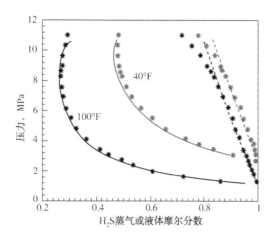

图 14.3 针对二元系统 CH_4—H_2S 不同温度下的气—液平衡预测结果

比较了各状态方程的泡点压力和液相组分预测结果的绝对误差。所有预测均未涉及二元相互作用参数。

14.3 结论

使用了 CPA-EoS 状态方程、SRK 状态方程、PR 状态方程、SAFT 状态方程和 PC-SAFT 状态方程来预测含低—中分子量烃的 H_2S/CO_2 气—液平衡。另外，使用液体密度和蒸气压力相关式优化 CPA-EoS 状态方程参数。采用其他状态方程进行了纯组分性质比较。

参 考 文 献

[1] Creek, J., Subramanian, S., & Estanga, D. (2011). New Method for Managing Hydrates in Deepwater Tiebacks. Paper presented at the Offshore Technology Conference.

[2] Haghighi, H., Chapoy, A., Burgess, R., Mazloum, S., & Tohidi, B. (2009). Phase equilibria for petroleum reservoir fluids containing water and aqueous methanol solutions: Experimental measurements and modelling using the CPA equation of state. Fluid Phase Equilibria, 278(1), 109-116.

[3] Huang, S. H., & Radosz, M. (1990). Equation of state for small, large, polydisperse, and associating molecules. Industrial & engineering chemistry research, 29(11), 2284-2294.

[4] Huang, S. H., & Radosz, M. (1991). Equation of state for small, large, polydisperse, and associating molecules: extension to fluid mixtures. Industrial & engineering chemistry research, 30(8), 1994-2005.

[5] Jeffrey, G. (1984). Hydrate inclusion compounds. Journal of inclusion phenomena, 1(3), 211-222.

[6] Klauda, J. B., & Sandler, S. I. (2000). A fugacity model for gas hydrate phase equilibria. Industrial & engineering chemistry research, 39(9), 3377-3386.

[7] Kontogeorgis, G. M., Michelsen, M. L., Folas, G. K., Derawi, S., von Solms, N., & Stenby, E. H. (2006). Ten years with the CPA (Cubic-Plus-Association) equation of state. Part 1. Pure compounds and self-associating systems. Industrial & engineering chemistry research, 45(14), 4855-4868.

[8] Kontogeorgis, G. M., Voutsas, E. C., Yakoumis, I. V., & Tassios, D. P. (1996). An equation of state for associating fluids. Industrial & engineering chemistry research, 35(11), 4310-4318.

[9] Martin, A., & Peters, C. J. (2008). New Termodynamic Model of Equilibrium States of Gas Hydrates Considering Lattice Distortion. Journal of Physical Chemistry C, 113(1), 422-430.

[10] Platteeuw, J., & Van der Waals, J. (1958). Thermodynamic properties of gas hydrates. Molecular Physics, 1(1), 91-96.

[11] Sloan, E. D., & Koh, C. A. (2007). Clathrate Hydrates of Natural Gases, 3rd Edition, CRC Press, Boca Raton, FL.

15 酸性气体注入系统流量控制考虑因素

James Maddocks

（Gas Liquids Engineering 有限公司，加拿大艾伯塔省卡尔加里市）

摘　要　工程和设计团队面临的一个重大挑战是实施的酸性气体注入系统要具有广泛的可变性、响应时间短和无故障特性。整个生产设施的成功运行和合规性取决于酸性气体注入系统的稳健性和性能。

由于受注入系统和动力系统类型的影响，在流量、操作弹性、可变组分和系统压力的管理上存在多种选项。本文将介绍一些流量与系统控制方法及其怎样实施和管理它们的方法。回顾了各种方法的优缺点，考虑了系统的有效调试与试运行，着眼于开发一种强大灵敏的综合方法来控制酸性气体注入系统。

15.1　简介

酸性气体通常是 H_2S 和（或）CO_2 及水蒸气的混合物。酸性气体是气体处理系统的副产物，通常被认为是 H_2S 和 CO_2 的简单二元混合物。通常也涉及其他的污染物，包括甲烷、BTEX、胺及其他烃组分。碳捕获气体通常是纯度极高的二氧化碳气体，含有与二氧化碳一起被捕获的其他污染物。本文中的术语酸性气体可互换使用，既可用来描述来自脱硫过程的酸性气体，也可用来描述来自碳捕获方案的废气。简要讨论了来自提高石油采收率方案的采出气，其原因在于它的捕获条件存在一些差异。下面是一些典型酸性气体流体的简单 p—T 相图（图 15.1）。

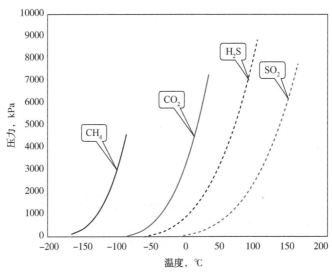

图 15.1　相态特性（典型酸性气体）

15.2 流量控制要求

通常是低压(表压40~80kPa)条件下捕获来自气体处理设施或碳捕获系统的酸性气流。捕获来自提高石油采收率系统中的二氧化碳,其捕获压力较高(表压1.7bar),纯CO_2的补充供给压力通常会更高。由于酸性气体注入(AGI)设备和注入工艺通常位于许多其他大型过程单元的下游,因此希望酸性气体系统能够处理提取至胺处理单元的或从油气藏回收来的所有物质。这意味着酸性气体的流量、组分、温度是很容易发生变化的,通常压力也是很容易发生变化的,且这些变化是在毫无征兆的情况下发生的。为了防止过程异常、停运和潜在的违规问题,酸性气体注入系统对参数变化的快速适应能力(和参数变化下的稳定性)就显得非常重要。

在酸性气体注入系统的设计和运行中,流量变化通常是最频繁的,应对起来也是最难的。常见的是胺处理装置再生系统波动导致的第一级酸性气体吸入流量的明显变化。如果胺系统和(或)控制系统不稳定的话,则要求系统的最大操作弹性为4:1,即系统可在几秒钟内从设计流量降至设计流量的25%。添加并流吸入补充气体的辅助吸入方法通常并不是人们所希望的选择,因为添加的燃料气、甲烷或其他不可冷凝物可通过抑制井筒流体压头来干扰注入系统。有鉴于此,从吸入侧添加燃料气的方式应用于注入系统的吹扫、测试和维护/试运行,但在正常运行期间则是禁止的。还应注意的是,在碳捕获应用中,H_2S被SO_x/NO_x所取代。提高石油采收率方案中的烃含量可能等于或大于10%。

只要组分变化源自CO_2和H_2S,则组分变化的干扰就会小一些。需要采用两种不同的方法来测试CO_2和H_2S之间的差异。

(1)基本流量控制。从压缩机的角度来看,特别是往复容积式压缩系统,CO_2和H_2S分数的变化对酸性气体压缩机运行情况的直接影响很小。这一表述的基本原则是压缩机必须具有足够的容积流量来处理H_2S含量的两种极端变化情况,系统具有足够的功率和冷却换热面积来应对流量的变化。由于两种组分的分子量相差不大,因此无论哪一种组分被替代,其影响都是非常小的。例如,从摩尔分数为80%的H_2S变成摩尔分数为80%的CO_2,仅仅导致有效流量增加2%,所需功率增加4%。尽管酸性气体压缩设备位于胺处理装置的下游,但酸性气体注入系统的性能不良或响应慢都会对胺处理单元产生负面影响。胺处理单元对过程参数波动非常敏感;处理过程异常需要更多的操作人员进行干预,并且由于处理能力限制以及在胺和消泡方面的化学费用,将导致生产减产和潜在的收入损失。同样,系统响应慢或响应迟缓也意味着更多的胺处理装置需实施点火作业、更多的稀释燃料消耗和更多的违规问题。即使胺处理装置再生系统的压力出现轻微的波动(7~15kPa),也可能意味着稳定脱硫和工艺波动无规律之间的差异。

(2)相态特性控制。从相态特性的角度来看,这两种组分的响应是完全不同的。关键是压缩机,特别是压缩冷却系统和相应的洗涤器能够对组分的变化做出响应。当系统组分出现大幅波动时,尤其如此。适用于低H_2S/CO_2值的冷却控制装置,应用于高H_2S/CO_2值的场合,也许会运行在相包络线内。由此引发的酸性气体和水的冷凝会严重影响压缩系统的正常运行。同样,由于组分比和冷却器响应的影响,系统水合物温度、含水量和最终的管线含水量也会发生很大的变化。类似于压缩机流量,当酸性气体中的H_2S/CO_2值发生由高到低的变化时,通常需要通过补充脱水来防止水合物和(或)含水酸性相的形成。在系统的基本设计和运行中，必须对此有全面的了解并进行相应的规划与设计。目前，一些处理装置使用了在线分析仪，因而可根据观察到的组分变化情况来调整压缩机的性能和冷却控制。由于每个系统的响应都是不同的，因此控制措施必须针对具体的装置要求进行设计和调节。

只要系统配备了控制温度波动的机械限制措施，温度变化的干扰就会小一些。与供给酸性气体温度有关的主要问题是含水量的变化。很明显，低入口气体温度会抑制含水量，对酸性气体注入压缩机来说，则降低了有害水的含量。同样，低入口气体温度也会导致第一级的排出温度下降，降低容积需求。例如，吸入气体温度从 30℃ 降至 10℃，压缩机有效流量增加 4% 以上，而所需功率仅增加 2%。含水量会明显下降，但如果其余的压缩级仍保持以前的运行参数，影响会很小。出现中等程度的环境温度波动也可能明显影响冷却性能（排出冷却系统与管道系统）和对应的一致性压缩系统性能。这意味着各种流量控制系统的成功运行都需要可预测的温度稳定性。就酸性气体压缩机来说，由于与温度、组分和含水量的关系密切，这一点就显得尤为重要。同样，长吸入集管会导致压缩机的响应出现时滞或系统延迟现象；管线长也会引发冷凝、流体聚集和夹带问题。

压力对注入系统流量的影响最直接。就大多数酸性气体注入系统来说，常见的注入系统属于低吸入压力系统，即使吸入压力出现 10kPa 的下降幅度，也会明显影响可用系统流量。吸入压力下降 10kPa，在功率降相近的情况下，压缩机的有效流量却下降了近 8%，这强化了对良好的吸入压力控制和一致性系统性能的需求。就低压系统来说，必须进行精确的系统压力控制。就天然气压缩机的正常使用来说，吸入压力出现 50~100kPa（表）的波动是很常见的现象，但人们期望将这类系统的吸入压力波动范围控制在 3~7kPa 范围内或更窄的范围内。控制上的大幅度波动会反馈至胺处理单元，导致胺处理单元运行不稳定，结果就是需实施点火作业、产品不合格和运营成本增加。在一些设施中，酸性气体压缩机用来直接控制再生系统压力。这是非常成功的，避免了酸性气体压缩机系统吸入压力出现附加压降或胺再生系统的压力增加。

最后，必须认识到酸性气体压缩系统是设施运行时间和合规性的重要基础。虽然本文的目的是关注酸性气体流量控制考虑因素，但胺再生系统上游单元的性能会影响整个系统的性能。鉴于这一原因，必须将装置的酸性气体系统作为一个整体进行检查。再生系统压力突然变化、快速的流量变化、火炬控制和温度波动都会通过压缩机进行传播，如果上游出现这种现象，几乎没有什么措施能够消除其影响。胺再生单元表现不佳将导致酸性气体压缩机难以控制。将酸性气体单元融入现有的胺处理单元通常会进行胺处理单元的控制升级，以此来改善其稳定性。

当酸性气体处置系统开始危及设施的主要基石——在线性能时，装置所有方很少还会对这样的酸性气体处置系统表现出耐心和宽容。需要给予酸性气体压缩机特别的关注，以确保流量控制系统拥有强大、稳健和快速的响应（仍然稳定）能力。这不属于为了节省设备资本支出而削减成本的地方。

15.3　酸性气体注入系统

为了讨论流量控制方法，重要的是要定义和解释所面对的系统类型，以及进行不同流量配置的原因是什么。

（1）往复式压缩机。目前，投入运行的大多数酸性气体注入系统使用的就是这类压缩机。它属于带气缸(双作用和单作用)的、级间过程气体冷却的多级容积式压缩机,可以通过电动机或发动机驱动系统直接驱动。这类系统的流量控制本质上是通过监测各点的压力来控制进入压缩机吸入端的气体体积流量。

(2)压缩机/泵。对于排出压力较高的系统,或可能通过长管线分开的系统,通常需要采取这样的配置方式。因此,流量控制可以分成两个子系统,由于泵型、吸入控制系统类型和位置的原因,对压缩机和泵的流量控制要求都是不相同的。

(3)螺杆式压缩机。虽然螺杆式压缩机用来处理酸性气体的情况很少见,但可以用作增压机,这样的话,可以采用更小的终端压缩机。螺杆式压缩机也可用作提高石油采收率增压器,压缩来自蒸气回收装置与处理装置的蒸气,压缩后的蒸气供给主压缩机。因此,螺杆式压缩机有自己的流量控制方法和局限性。

(4)离心式压缩机。对于处理气量大且不能使用往复式压缩机或要求占地面积小的场合,选择使用离心式压缩机。基于系统、动力需求和注入系统容积需求,离心式压缩机要么采用电驱动,要么采用发动机驱动。与往复式压缩机系统类似,也可以与泵送系统相结合,确保能够提供更高的输送压力。

15.4 压缩机设计考虑因素

必须强调并不断强化的一些基本要点:

(1)酸性气体压缩设备实际上是一个过程单元的概念。很明显,这是传统意义上的气体压缩用压缩机,不管怎样,系统内部存在明显的过程变化,包括压力、温度、组分和含水量。将其作为过程单元来理解和处理,有助于评价各种流量控制系统的不同配合效果。这类系统的表现并非总是与传统的天然气压缩机一样,在进行系统设计时必须考虑到这一点。

(2)必须将酸性气体压缩系统作为一个整体进行检查,从胺再生系统直至注入储层井壁所在位置。系统表现为集成方式,将整个酸性气体注入系统视为流体输送系统是至关重要的。压缩机吸入酸性气体,通过压缩将酸性气体的压力升至所需压力,注入储层。这也意味着源自胺处理系统的异常和过程突变会沿注入系统传递;在系统设计和运行中必须加以考虑。相反,井筒出现问题、异常和井筒性能变化也会反馈至压缩机,并有可能反向传入胺系统工艺。

(3)过程压力波动会影响包括脱水器、急冷系统在内的级间设备和过程单元。关键是提供级间设备一致平稳运行所需的稳定性。同样,必须针对系统运行过程中可能出现的各种过程条件,检查级间设备。

(4)压缩系统流量控制和过程冷却是密切相关的,在设计、开发和运行酸性气体注入系统时必须仔细考虑清楚。这些系统之间处于不断的互动过程中,必须从项目开始时就加以考虑,其原因在于它们会明显影响设备与方案的成功实施。如果无法对温度和压力进行控制,则流量控制几乎是不会成功的。考虑到压力、温度(过程和环境)、组分和流量变化,必须特别重视过程气体的冷却。要设计成功的冷却系统,需要全面了解相态特性、水合物形成条件、环境温度效应、试运行和操作弹性。

(5)这些系统本质上是动态的,是不断变化的,以此来适应流量、压力和温度的变化。鉴于变化快和产生原料气的方式,再结合洗涤器倾卸操作,要实现其性能的稳定性几乎是不可能的。了解这一点对压缩机的成功设计和运行是至关重要的。考虑到系统水的脱气处理，酸性气体压缩机洗涤器倾卸废物通常会被级联回去——当流体向下流过洗涤器时，这种下拉式或级联式系统会明显影响压缩机的性能。级联还可以防止控制阀座故障和液位控制失效的影响；高压酸性气体饱和液体和(或)酸性气体可以直接送入排出罐。

(6) 最后，对于任何酸性气体注入系统的开发、设计和运行来说，安全性都是最重要的。虽然酸性气体注入与处理系统比以往任何时候都更常见，但这并不能否定这些系统的安全风险或针对这些系统的安全要求付出更多努力的必要性。通常情况下，操作压力很高(超过80~140bar)，若再存在高温、振动、旋转设备和致命的过程流体时，就会产生明显的运行风险。对酸性气体注入系统各个方面的认识和了解是实现安全有效运行的基础。

15.5　往复式酸性气体注入压缩机流量控制

各种压缩机系统的需求、系统响应是不同的，要求按各自的方式进行流量控制。

了解和开发往复式压缩机流量控制需求的关键是要明白压缩机本质上是一种固定容积流量系统。有多种流量控制方法可以使用(通常可以一起使用)。

(1) 变流量调节(可变容积余隙，即 VVCP)。

老式低速往复式天然气压缩机常用的传统方法是这样一种方法，它涉及压缩机的有效容积流量控制。控制压缩机的余隙，本质上是通过减小该气缸的流量来改变所有气缸的压缩性能。这本质上意味着整个压缩机将重新自平衡，以确保自始至终维持质量平衡。通过自动进行再平衡，以便一个气缸的容积流量减小时，其余气缸必须协调动作，维持压缩机的正常运行。就大多数应用情况来说，可变容积余隙位于第一级。利用此可变容积余隙可以将第 1 级的负荷转移至其余级。随着压力效应的增大，随后会在压缩机上出现最大的压力效应。可变容积余隙系统本质上改变了压缩机的容积效率，进而改变了压缩阶梯。作为一个例子，下面的相包络线和压缩机性能曲线说明了可变容积余隙变动引起的级间条件变化(图 15.2)。

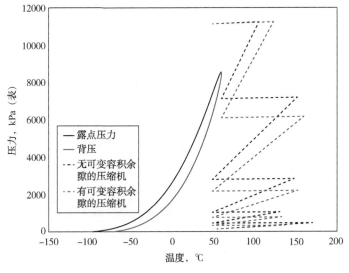

图 15.2　压缩性能

虽然第一级气缸上的影响最小(p_d 下降约 140kPa），但功的转移被迫强加给了其余级，导致第五级的吸入压力下降 1045kPa，排出温度跃升 6℃。就寻求压力和温度一致、稳定的级间设备和过程来说，这会对其产生实质性的影响。脱水设备通常位于最后一级的吸入侧；了解压力和温度的变化情况，对于冷却设备的设计、脱水设备的选择以及气体含水量的确定来说，是至关重要的。级间压力的降低会影响分离设备，导致冷却系统中出现人们不愿见到的现象。若必须全部排至共同的级间集管进行脱水或级间处理时，这可能会导致多级压缩机的操作更加困难。可变容积余隙系统的加入增加了危险或潜在致命流体的泄漏点（这样的泄漏点是非常麻烦的），压缩机的宽度更宽，甚至不得不将可变容积余隙设置为零，增加固有余隙。不建议在此类应用中采用可变容积余隙流量控制。

（2）压缩机速度调节。

在设计和实施过程中，速度调节需要考虑一些额外的问题。以下的说明适用于电驱动或发动机驱动的压缩系统。

在设计过程中，必须在速度控制下仔细检查整个系统的性能。虽然酸性气体的输送几乎是线性的，但旁通阀及其他系统控制阀也许不是线性的。当压缩机速度下降时，控制阀的工作状态也许靠近其性能曲线的低端位置，从而导致响应迟缓或不稳定。由于这一原因，建议在所有酸性气体控制阀上使用定位器，以便获得更好、更快和更准确的响应。必须避免所选控制阀的规格过大。

对于可预测的安全的酸性气体压缩性能来说，酸性气体的过程冷却控制具有至关重要的作用。在各种过程条件(涉及条件变化、环境温度变化，最后是广泛的流量变化)下，冷却控制措施必须维持所需的温度。无论压缩机速度或处理能力如何，所有冷却控制措施必须正常工作，维持各级所需的级间冷却温度。

鉴于压缩机规格的不同，变速方法在实施过程中存在轻微的延迟现象。重要的是，对于速度/流量控制来说，人们期望的是响应的快速性，但是，实现快速响应会导致环路不稳定。本质上，系统应监测吸入压力的变化情况，对速度进行微调，然后不断重新进行压力评估。环路不要求进行导数控制，但必须能够进行设定，以便能够人工调节压缩机速度，甚至可以将压缩机速度锁定在预定速度上。压缩机制造商需要了解变速要求，并给予系统动态额外的关注。同样，必须检查压缩机系统的谐波和(或)临界速度，以确保系统能够运行在人们所期望的整个速度范围内。速度和旁通环路的设置应具有轻微的补偿作用，以便速度成为主要变量，其后才是旁通措施。

① 电驱动系统。此方法利用压缩机设备的简单速度控制。方法有效性是以系统属性为基础的。对于往复式压缩机来说，速度调节的结果是流量变化呈现几乎完美的线性关系。利用合适的设备设计与选择方法，压缩机/驱动器速度的操作弹性有可能达到 5∶1(20%)，获得出色的压缩性能。虽然由于某些动力效应，系统压力会有一些微小的变化，但总的来说，压缩机的性能曲线是稳定不变的。但是，速度变化还必须考虑扭转效应和润滑效应。

许多电动机要求流过电动机的空速保持稳定，确保电动机的充分冷却。通常情况下，通过在电动机轴上安装冷却风扇来满足这一要求。对于某些要求操作弹性更大的场合，这种直接在电动机轴上安装冷却风扇的方式，可能无法提供合适的空速。通常会为电动机配备"辅助风机"来确保空速的稳定。辅助风机的电动机不是速度系统的一部分，一直处于运行状态。辅助风机应在停机后继续运行一段时间，协助电动机冷却。

尽管如此，这仍然是流量控制的推荐方法。

② 发动机驱动系统。类似于电动机驱动速度控制，此方法只是通过调速器来降低燃气发动机的驱动速度。虽然这是一种有效的方法，但要获得足够的操作弹性可能很困难。当使用涡轮增压发动机时，在发动机的正常动力范围内，系统的操作弹性仅能达到 25%～33%。对于大多数系统来说，这显然是不够的，需要实施附加流量控制。使用自然吸气式燃气发动机，其操作弹性也仅为 33%～50%。尽管有其局限性，但仍然建议将此方法用于发动机驱动酸性气体注入压缩机的流量控制。

（3）吸入压力控制阀。

类似于"标准"气体压缩机，通过安装吸入压力控制阀进行流量控制。由于在系统的吸入侧可获得固有的低吸入压力，因此这在逻辑上是说不通的。由于压力范围为 35～80kPa（表），因此进一步降低压力的空间很小。实际上，就酸性气体注入来说，第一级气缸的选择常常是困难的——设计人员应尽最大可能降低吸入系统压降。吸入压力控制阀在流量控制方面几乎毫无用处，安装吸入压力控制阀的主要目的是充当吸入限制器。就酸性气体压缩机而言，这样的问题很少见，即使出现低于 10～15kPa（表）的压降，要实现类似的控制也是困难的；就无法承受更低压力的系统来说，这样的压降也是很大的。除非上游压力可以迫使酸性气体压缩机具有更高的吸入压力，否则不建议使用吸入压力控制阀。建议酸性气体压缩机配备吸入和排出单元截止阀，在压缩机启动或停止时，自动打开或关闭。

（4）使用燃料或其他气源来补充吸入压力。

早期的酸性气体注入系统通常会尽量利用补充燃料气来维持满意的压缩机吸入压力。虽然这从吸入压力的角度来看是可以的，但会导致大量的非冷凝气体进入过程流体。这些轻质馏分不会冷凝并聚集在井筒，驱使流体液面下降。反过来，这又迫使压缩机的排出压力升高，以弥补注入流体的压头损失。就大多数酸性气体注入系统来说，如果不停机排出井筒气顶气并烧掉，这一压头损失将是不可逆转的。除非有另一口井可用，否则此人工干预属于违规行为，并且涉及整个酸性气体注入系统的关停问题。同样，这也代表了一种潜在的危险操作活动。由于受到井位以及火炬设备可能不在井场的影响，需要采取缓解井筒压力气顶影响的操作方式，可能要求进行管线反吹、租赁火炬系统和办理临时许可证，最终的结果就是，大量的安全监督系统会使这项活动在各注入方案中都是不受欢迎的活动。除非补充流体与其中的某一主要组分类似，否则吸入侧补充气方案是不可接受的流量控制方案。人们期望压缩机能够满足应用场合的流量和容积要求，而不是相反。

虽然已经说过这是不受欢迎的事情，但仍要求在第一级吸入系统中安装燃料气体补充站。这类燃料型系统承担了许多角色。

① 初期的压缩机测试与控制系统开发。燃料气的使用使人们可以采取这样一种相对容易的方法来模拟酸性气体系统，即利用无毒性流体来模拟酸性气体系统。早期的酸性气体注入压缩机调试，需要利用氮气/氦气进行漏失检查测试。这样的测试只有在压缩机运行一段时间后才有效。在处理酸性气体前，使用燃料气使压缩机投入"假想"运行状态，这样的话，压缩机会产生一些热量、形成一定的压差、起到润滑作用，以便开展早期的试运行和控制逻辑调整。这在试运行期间是非常重要的，可使系统的试运行变得更容易、更清洁和更安全。同样，燃料气的使用有助于进行酸性气体注入方案模拟——进行旁通流量调整、变频驱动器的运行与调整和冷却控制措施的小改进，最后，可以检查、测试和修改所有关机和许可设

置，直到设计工程师对系统性能感到满意时为止。切实完成各项检查或初期检修项目，降低试运行成本。除此之外，燃料气运行测试可以提升操作人员的信心。

② 若需要长时间停机，必须对压缩机进行吹扫处理，防止因长时间停机出现的酸性水和酸性气体聚集现象。用燃料气进行吹扫，除去酸性组分，清除酸性气体，使压缩机的维护与进入活动更安全。这要么是半自动化的，要么是人工操作的，具体选用何种方式，这取决于所有方的偏好。在酸性气体注入期间，无论什么原因都应禁用此吹扫管路，防止酸性气体注入期间的燃料气体误入问题。虽然本文不打算提供一套完整的酸性气体设计指南，但是要求针对这些系统进行完整的材料调查（碳钢与不锈钢），以确保所选的材料与湿酸性环境相匹配。材料的选择能够确定吹扫系统的类型、吹扫顺序和逻辑。

③ 为了确保系统的稳定性，控制压缩机的终端排出压力是有用的。虽然注入井口压力能够且也会随着流量、组分和环境温度的变化而变化，但是最后的排出压力控制阀能够确保流动的稳定性、一致性和可重复性。这有助于确保循环系统上游压力的一致性。除此之外，通过恒定且稳定的背压来确保压缩机性能的可预测性，可以调查压力和温度的微小变化。

（5）旁通措施。

所有的酸性气体压缩应用环境，都应该有能力通过自动旁通管线环路将排出气体送回压缩系统的吸入侧。由于固有的湿酸性气体特性和避开水合物形成区的要求，在这里给出一些注意事项。对于高排出压力事件（如注入管线堵塞或井筒高压）来说，系统允许对高排出压力进行半自动化控制。这种高温自动旁通管线将排出气体送回吸入侧，使压缩机看起来像是正在进行压缩处理。这允许将胺处理装置的酸性气体送至火炬点火燃烧并进行计量，以便能够添加足够的燃料来满足扩散要求。

对于典型的 5 级压缩机来说，最后一级 12~14MPa（表）的排出压力很容易高于混合物的临界压力。因此，流向井筒的最终流体是密相液体。因为在这些条件下的流体特性，使用密相液体作为第一级的旁通介质会产生极低的温度。图 15.3 的 $p—H$ 相图说明了系统一旦进入相包络线，流体温度出现的剧烈变化。

只要流体仍属于密相液体，减压期间的温度变化就非常低。当压力降至 70kPa（表）时，14MPa（表）和 43℃的传统冷却终端排出旁通管线（图 15.4，使用纯 CO_2）的温度很容易降至 -80℃。与纯 H_2S 类似，在相同条件下进行降压处理，阀后侧温度会达到 -49℃的低温，出口端的液体约占 62%。

无论是什么样的组分，这样的温度肯定会将系统中的残留水（包括来自第一级洗涤器的液体）冻结起来，当闪蒸液体被送回系统时，会导致压缩机出现明显的异常状况。避免此类现象的一个方法是给系统配置单独的高温旁通管线，该高温旁通管线的接入点位于最后一级气缸的下游，后冷却器的上游。下面简单地加以说明。

虽然这适用于许多基本的酸性气体注入应用环境，但就双路旁通管线结构（图 15.5）来说，由于对压缩流量的影响可能更小，因而灵活性更好。常见的结构如下：

一次高温旁通管线：最后一级的高温排出气体送回第三级吸入洗涤器，称为 5-3 旁通管线。

二次低温旁通管线：第三级的低温吸入气体送回第一级吸入侧，称为 3-1 旁通管线。

还有许多其他的方案可用，包括制定旁通措施，这些旁通措施考虑了各种过程条件和压缩机要求。根据系统压力，可以调整级间旁通管线的位置，但重要的是要确保没有出现孤立

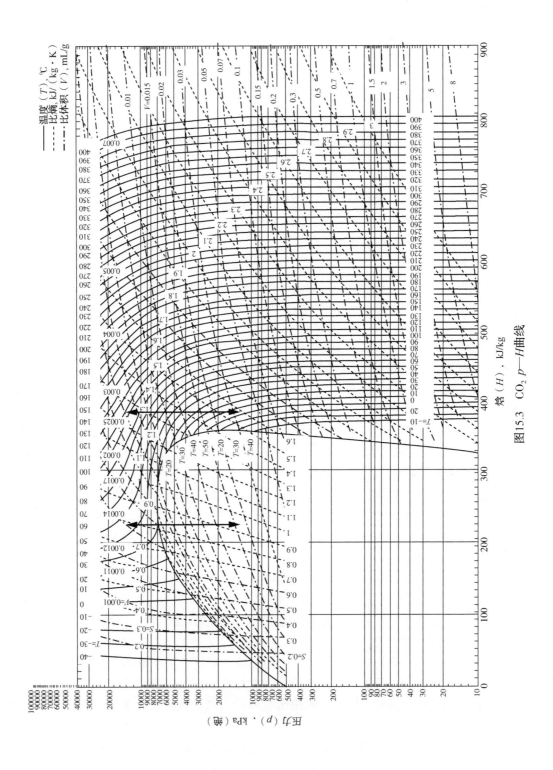

图15.3　CO_2 p—H曲线

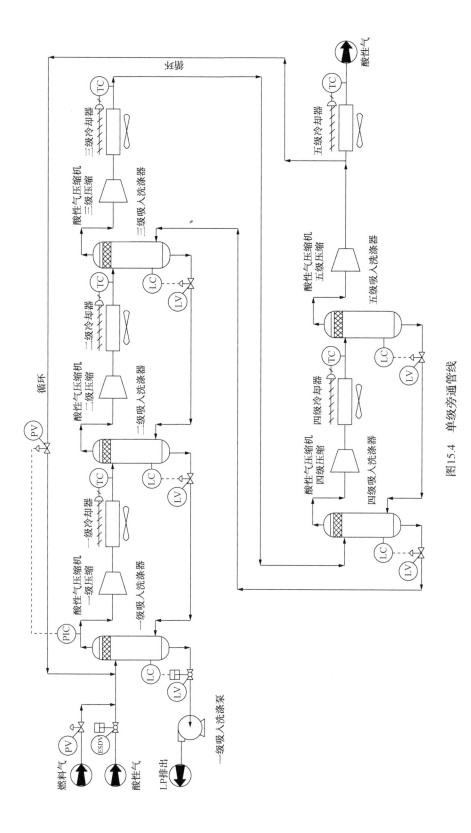

图15.4 单级旁通管线

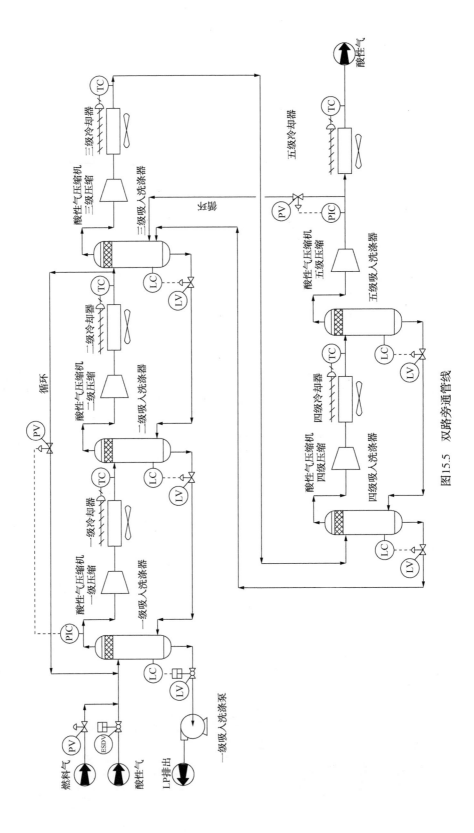

图15.5 双路旁通管线

的或搁浅的级。通常情况下，旁通管线应采用这样的结构，即级间旁通管线由第一级的吸入压力来控制，终端旁通管线则采用双机制控制，包括最后一级注入的高排出压力和第三级的吸入压力。双路旁通管线必须采用这样的结构，即在打开低温旁通管线(3-1 线)维持压缩机第一级吸入压力的同时，也将打开高温旁通管线(5-3 线)以确保一致的第三级吸入压力，这样就不会出现孤立级，压缩机处于完全平衡状态，无异常杆负载。双路旁通管线系统的一个缺点是，最后一级排出压力(和对应的排出温度)的变化会影响压缩机的压力、温度和系统响应。由于控制阀本质上是一个容积式装置，受上游压力、温度和流体密度的影响，对性能的变化非常敏感。但双路旁通管线结构使压缩机的运行更稳定、更具预测性。旁通管线效应(压力、温度和组分)也会影响可能出现的级间设备或过程。

目前有几种在用的其他温度型旁通管线布局。

类型 1(图 15.6)：在某些情况下，使用高温排出气体会导致第一级吸入气体的温度仍然偏高。在这种情况下，来自终端后冷却器出口的终端排出气体用于混合布局，形成集成旁通管线系统。进一步说明如下：

这类系统的应用是成功的，控制系统虽精密但也复杂。因调节困难以及由于温度变化的组分敏感性，组分发生变化时可能需要进行调整。由于增加了控制元件和管线，费用会更高。

类型 2(图 15.7)：另一种方法是从冷却器的中点引出旁通管线所需气体。由于压缩机的压缩比小且排出压力相当低，高温排出气体在高温循环阀下游得不到充分冷却。此方法为高温旁通管线提供了一个基本的定制温度，但却引入了几个新的变量，包括冷却器控制、环境温度效应和冷却器初次通过性能。由于旁通管线连接位置的影响，必须检查第三级洗涤器的流量。

无论旁通管线结构采用何种类型，关键是压缩与过程设计团队要在旁通管线运行期间进行系统性能检查。温度的快速变化会导致压力也发生变化。在压缩机的自平衡期间，即使出现很小的压力变化也会改变压缩机的性能曲线(图 15.2)，并且有可能导致性能曲线进入相包络线。这会引起级间冷凝和液态酸性气体的形成。虽然可以使用适当的仪器来避免压缩机损坏，但这会导致额外的过程问题，如级联倾卸、温度快速下降、压缩机流量明显下降以及随机停机现象。

15.6　往复式压缩机/容积泵组合的流量控制

系统配有典型的往复式容积压缩机，后面是压力更高的柱塞/隔膜或其他固定流量注入泵。由于注入压力极高、压缩机无法满足注入压力要求，或处理流体的更好配置是增加泵装置，在这样的情况下，通常会采用这类系统(图 15.8)。这类系统都需要制订工程解决方案，因为压力、温度和组分的变化使其成为一个复杂的过程工程系统。

在这类压缩机/泵集成结构中，上面列出的所有压缩机控制方法仍然是可行的替代方案，并且可以通过"调节"压缩机来满足所需的过程需求。标准的双路旁通管线提供的控制措施就足够了。就大多数酸性气体压缩机的应用来说，终端后冷却器温度的精确控制并不重要。但在泵送过程中，终端后冷却器是提高流体密度、降低可压缩性和提高容积效率的关键所在。在这样的应用中，泵送流体必须相对稳定，当然也必须为液相。理论上，可以直接从终

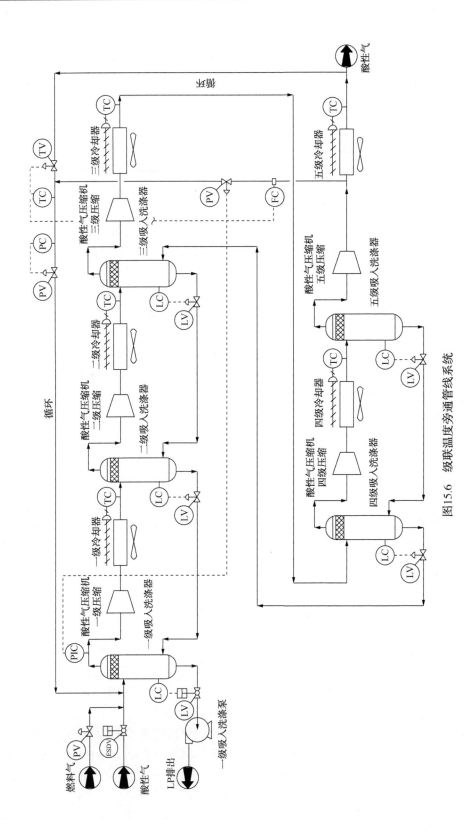

图15.6 一级联级温度旁通管线系统

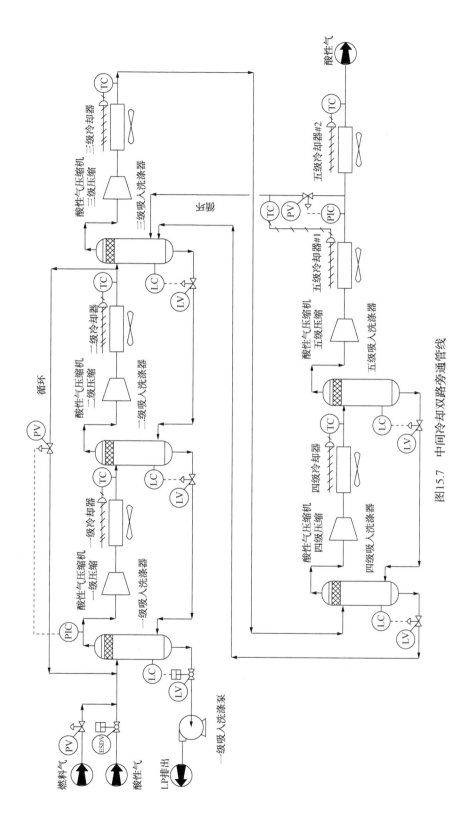

图15.7 中间冷却双路旁通管线

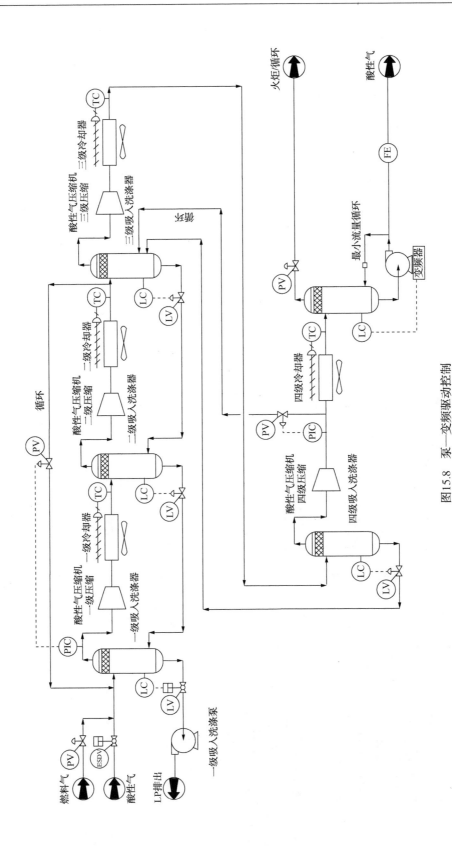

图15.8 泵—变频驱动控制

端后冷却器直接进泵，但由于可能存在蒸气气泡，因而要求安装吸入分离器。在进入泵吸入口前，破碎并除去非冷凝蒸气。

虽然许多复杂的布局也许是可行的，但以下的布局将提供强有力的一致性性能。

类型1：这类系统是以维持泵吸入罐压力的相对恒定和控制系统流量来实现稳定为基础的。利用高压环路，压力控制与火炬相连的吸入罐压力，确保容器压力的稳定性。过量的闪蒸气或非冷凝物送至火炬烧掉或装置循环系统。一旦温度和压力得到控制（在组分和相包络线极限内），通过变速容积泵来控制流体液面。这类系统非常稳定，考虑到了未冷凝物和（或）泵内闪蒸组分的除去问题。由于泵是容积泵（柱塞、隔膜或固定流量），流量控制的线性方法是控制泵速。

类型2：这类系统是以向井筒内注入纯组分流体为基础的。这有点属于理论应用，其原因在于系统中总是存在气泡或非冷凝物。尽管如此，在泵送纯密相CO_2的过程中，流体不会出现任何界面。在这样的应用环境（假设温度恒定）中，可通过测量吸入系统压力来进行流量控制。在仍处于液相的情况下，吸入压力下降表明泵抽吸太快，可能会出现气蚀现象；相反，压力增加表明需要提高泵速，增大抽吸流量。在使用吸入罐或吸入分离器的情况下，使用销售气体或高压氮气的压力补充系统可提供足够的压力稳定性；可以采用变频器进行液面控制。使用变频器的特点是实现设备的软启动且启动容易，进而对设备的冲击也小，始终是酸性气体注入应用中的理想选择。

15.7 往复式压缩机/离心泵组合的流量控制

系统配有典型的往复式容积压缩机，后面是离心泵（图15.9）。这类系统主要用于CO_2提高石油采收率，但也用于大型酸性气体注入系统。在这样的应用中，可采用几种方法来控制泵的排量。

类型1：这类系统是以控制泵转速，以便从根本上重新构建或定制泵特性曲线为基础的。虽然这确实会直接影响泵的排量，但泵特性曲线的形状、性能和初始设计点，对于泵的操作弹性效应来说，是至关重要的。在理想情况下，可以降低泵速，直至泵排量达到给定排出压力时的排量为止。根据泵特性曲线，可以判断系统会在某些时候导致泵工作在最小排量状态——可以采取旁通措施来满足额外的泵排量操作弹性要求。必须使用最小排量循环系统来实现对泵的保护，必须进行可靠的计量和控制。考虑到供给流体的能量，再循环回吸入罐会增加工作在泡点条件下的系统的热量。从理想的角度来看，应冷却循环流体，使其温度等于或低于初始吸入腔的温度，防止连续循环过程引发的热量聚集。建议这类系统用于流量控制。

类型2：这种替代技术是以流体的排出侧节流，从根本上使系统的运行特性符合泵特性曲线为基础的。虽然这不是最有效的方法，但它可能是泵排量管理的有效手段。这种方法并非特别有效，密相酸性气体节流需要关注泵的材质和控制方法。同样，大的压降会导致温度下降；只要流体属于密相，这些都有可能不是问题。很明显，排出侧节流不是一种有效的手段，不建议用于容积泵的应用场合。

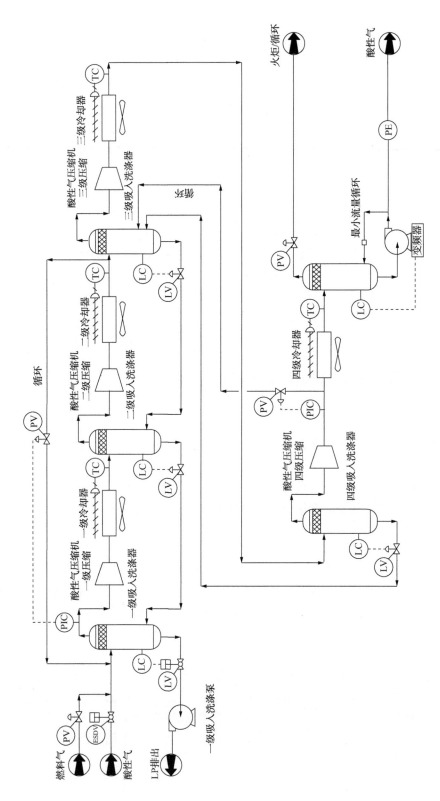

图15.9 泵排出节流

15.8　使用螺杆压缩机时的流量控制

　　螺杆压缩机用于酸性气体的情况，可能仅限于低压酸性气体输送系统的增压或输送。螺杆压缩机的流量控制是很好理解的，可以使用多种（或可能是所有的）方法。以吸入压力为基础的压缩机滑阀是控制螺杆压缩机流量的最简单方法。就螺杆压缩机来说，使用滑阀可快速降低其效率，但功率流量比并不理想。大多数情况下，滑阀能够提供极其出色的流量控制。同样，这可以与旁通措施（很明显是单级的）结合使用。在这种情况下，使用变频器的效果可能并不好，其原因在于产油量通常是维持不变的，因此，循环油能够冷却压缩的酸性气体并可能进入相包络线，导致冷凝和液化酸性气体洗油现象，可能会损坏轴承。采用滑阀就不会出现这种情况。所有方通常会询问使用螺杆压缩机来提高主压缩机的酸性气体吸入能力的情况（采用螺杆压缩机是可以的），但是由于设备可靠性的原因，这并非理想的解决方案，附加设备的出现会导致操作更复杂、酸油处理、占地面积更大和需额外的控制措施。

15.9　使用离心压缩机时的流量控制

　　就这方面的应用来说，离心式压缩机具有一些显著的优点。值得注意的是，涡轮设备在占地面积、处理能力和长期可靠性方面的优势使其成为大排量注入的理想选择。类似于使用的小型容积式压缩机，离心式压缩机可以使用与之相同的技术，包括速度控制和旁通措施。虽然在某些应用场合，可使用导流叶片进行一定的流量控制，但在离心式压缩机中并不存在可以利用的余隙（或相当于余隙的结构）。使用涡轮机械，改变速度是降低压缩机系统处理能力的有效方法。然而，与离心泵很类似的是速度控制的使用是受到限制的；气体流量与速度成正比，而输送压头则与速度的平方成正比。最后的结果是功率与速度的立方成正比，而系统效率基本上保持不变。集成入口导流叶片的使用也有助于降低有效处理能力。排出侧节流也是使压缩机的运行符合其特性曲线的有效方法，但可能导致高的功率消耗，最后导致流体的 $J—T$ 问题，以及用于高压酸性气体处理方面的困难性。最终，必须保护压缩机免受喘振的影响，这可通过采取循环措施来加以解决。可能需要离心式压缩机运行在设计处理能力或设计处理能力附近；由于压缩机结构的原因，通过速度进行处理能力控制的机会也许会受到制约（图 15.10）。

　　与离心泵类似，改变压缩机速度并仍能输送酸性气体的能力取决于压缩机和叶轮特性，涉及静压/井筒要求和摩阻压降。虽然从占地面积和大排量输送的角度来看，离心式压缩机是有希望的，这类机器在接近满载且流体组分不变的情况下效果最好。分子量的变化会明显影响离心式压缩机的性能，必须

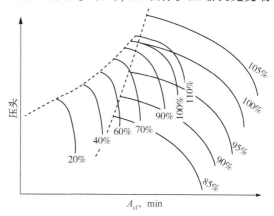

图 15.10　离心式压缩机流量控制

每次(包括燃料气)都进行离心式压缩机的处理能力、功率需求、冷却能力和循环能力检查。这类离心式压缩机用于基础负载，额外配置的往复式压缩机则用于流量调节。

15.10 系统稳定性

对于任何类型的流量控制来说，最重要的考虑因素是系统的稳定性，然后才是响应速度。来自胺处理设施的酸性气体流量可能会出现快速的变化，当系统的主要部分正在尽力维持稳定运行时，运营团队想到的最后一件事是麻烦的或不稳定的酸性气体压缩系统。大量的工程设计工作集中在流量控制方法、系统响应和偏离设计条件时的压缩机性能。整个系统必须作为一个整体来检查，从酸性气体气源到注入井，包括操作、合规性、火炬控制、公用设施和环境变化。最后，一旦选定了系统和计划，必须针对完全购入设施，与运营团队一起验证这样的控制系统理念。如果运营团队不是控制系统开发的重要参与方，则任何控制系统都将无法生存，对于要求严格的酸性气体应用来说，尤其如此。酸性气体流量控制是酸性气体注入应用的关键环节，应加以重点关注。前面讨论的所有方法见表 15.1。

表 15.1 酸性气体注入流量控制方法小结

酸性气体注入 流量控制方法	电驱动往复式 压缩机	发动机驱动 往复式压缩机	压缩+容积泵	压缩+离心泵	螺杆压缩	离心式压缩机
吸入压力补充	否	否	否	否	否	否
吸入压力控制阀	否	否	否	否	否	否
排出压力节流	否	否	否	是(泵节流)	否	部分
速度控制	√	最小	√	√	否	√
旁通/循环	√	√	√	√	√	√
入口导流叶片	N/A	N/A	N/A	N/A	N/A	N/A
滑阀	N/A	N/A	N/A	N/A	√	N/A

15.11 总结

如本文所述，酸性气体流量控制是酸性气体注入系统设计的关键组成部分，必须从整个系统和装置的设计角度加以考虑。每个系统都有其独特性，需要根据实际的流量、压力、温度和组分来设计合适的解决方案。虽然压缩机流量控制不是一个新课题，但在这类应用环境中，必须小心应对，确保整个处理装置的稳定性，胺处理系统异常的最小化，处理装置灵活性的最大化。工程承包商和设施运营方必须作为一个项目团队，从项目开始就密切协作，直至项目投入试运行。重要的是选择的工程承包商应具有实际操作经验、实际胺处理装置的设计与操作经验，并且能够对操作团队的需求给予全力支持。

参 考 文 献

[1] GPSA Engineering Data Book, 13th Edition, 2012, Figure 24-13, SI Version.

16 低压碎屑碳酸盐岩储层与酸性气体注入有关的羽流扩张径向模拟的回顾与验证和酸性气体隔离确认

Alberto A. Gutierrez，**James C. Hunter**

（Geolex 公司，美国新墨西哥州阿尔伯克基市）

摘 要 2005—2007 年，在美国西南部二叠盆地，Geolex 公司开展了干酸性气体注入中—下二叠统伦纳德波尼斯普林碳酸盐岩储层酸性气体注入（AGI）井的选址、许可和监督工作。借助于二维地震勘探与局部井控的初始储层表征来确定注入目的层，为注入许可提供依据。完成第一口注入井的钻完井作业后，使用传统的和专业的地球物理测井工具，井壁岩心分析和长期注入试验来进行储层表征。基于这一在注入前开展的工作，Geolex 公司采用简单径向驱模型预测注入期间羽流运移距离随时间的变化情况。自 2010 年以来，该井一直采用大排量连续注入方式，处理酸性气体的平均注入量为 $3.9 \times 10^6 \mathrm{ft}^3/\mathrm{d}$ 左右，处理酸性气体组成为 82% 左右的 CO_2 和 18% H_2S。2013 年，Geolex 公司允许钻第二口注入井向同一储层注入酸性气体，采用的是位于 450ft 左右的相同设施。基于累积注入的处理酸性气体体积的计算结果可知，完成第二口注入井的钻完井作业时，羽流前缘将到达新井所在的位置。

新井的钻井、完井和测试于 2015 年 3 月完成。初期测试和测井表明：第一口井的压力和化学前锋已经通过储层运移至新井所在位置。新井配备永久式井底压力/温度测量仪器。当羽流前锋到达新井所在位置时，就可以利用下入的永久式井下压力/温度测量仪器监测来自第一口井的观察羽流前锋。完成新井地面设施的安装和测试后，按规定进行第一口井的修井作业，此次修井作业将安装同样的井下测量仪器。这样就可利用这一对井下测量仪器，在一口井或两口井的注入期间，或在一口井的关井或再次开井的过渡期，实时监测井下压力与温度。通过对比分析两口井的初始/当前井底温度和井底压力数据，对储层注入 5 年（注入量约为 $4 \times 10^6 \mathrm{ft}^3/\mathrm{d}$）后的情况进行评价。初步测试表明，尽管来自第一口井的酸性气体已经运移至第二口井，但并无酸性气体进入盖层。当完成新井与地面设施之间的管线连接后，就可利用新井数据来改进许可决策用简单径向模型。此外，在第一口井中安装了类似的测量仪器后，井间监测也成为可能。

本文将介绍这些正在调查的成果和潜在运移评价工具的改进意见，这样的潜在运移发生在针对这类储层的初始评价、设计和许可目的所进行的评价期间。基于这些分析结果，本文将就这些系统的开发和设计额外提供一些有用的考虑因素，实现注入井运行的长期性、安全性、高效性与经济性。在初次许可和安装酸性气体注入系统时，在酸性气体注入系统的设计和运行过程中，考虑这些因素可以提高在使用通常不可用的数据来预测羽流运移和长期储层动态的信心。

16.1 简介

2005—2007 年，针对现有天然气厂的第一口酸性气体注入井完成了设计、许可、钻完井作业并开始注入酸性气体，该井位于新墨西哥州东南部二叠盆地（图 16.1）。启动酸性气体注入井项目的原因是传统的 Claus-Process 硫回收装置（SRU）在经济和工程方面遇到了问题。两口井位于天然气厂以北约 1.6km。正如后面所讨论的那样，井位选择的基础是地质分析，这表明位于天然气厂北部的储层具有更大的储集空间，并非天然气厂所在位置。

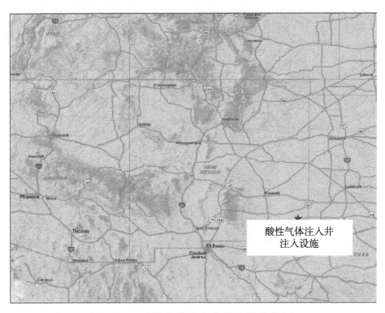

图 16.1　酸性气体注入井注入设施位置

在初期的场地评估和许可过程中，Geolex 公司采用简单径向扩张模型计算注入酸性气体占据的储层面积。按平面层组建立储层模型，平面层组的厚度、均质孔隙度和渗透率是恒定的。利用储层有效厚度(净孔隙度)和处理酸性气体的注入体积(按储层温度和压力进行调整)，按圆形板状构造来建立注入前锋模型，从注入点向外径向扩张。

模型预测处理酸性气体前锋到达特定距离的时间和用时。2015 年 4 月，在 AGI#2 井完井期间，注入区内检测出硫化氢，但并未在上覆盖层中检测出硫化氢。这说明注入的处理酸性气体，经过 4 年多的时间，已从 AGI#1 井运移至 AGI#2 井所在位置，这与 AGI#1 井许可期间所用径向模型的预测结果是一致的。

16.2　现场地下地质

酸性气体注入设施位于中央盆地台地的北端，二叠盆地的潜伏构造高点(图 16.2)。

大盆地二叠纪沉积物的沉积过程中，台地的稳定起伏对周围岩层的区域地层与局部构造影响很大。最初被奥陶纪和密西西比纪沉积物所覆盖，再被地质年代较近的宾夕法尼亚纪和二叠纪岩石覆盖，大致沿西北—东南和东北—西南正断层发生断裂。在下狼营统和下伦纳德统，在被地质年代更近的瓜德鲁普和奥霍埋藏之前，这些断层会继续向前延伸。

16.2.1　一般区域地层与构造

图 16.3 给出了该地区的一般区域地层。两口注入井的目的层是波尼斯普林群(伦纳德统)，它沿着中央台地北端相对陡峭的斜坡沉积在这一区域，由相对多孔的渗透性碎屑碳酸盐岩组成，通常以来自相邻浅水阿博礁碎屑冲积扇的形式出现(图 16.4)。

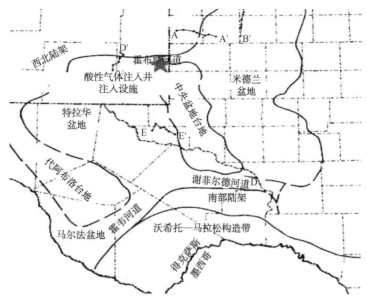

图 16.2　二叠盆地的一般构造要素

如图 16.4 所示，阿博礁与中央台地的走向几乎平行，在 Linam 天然气厂西面形成一条狭长的油气富集带。相比之下，在台地的西面和北面（位于特拉华盆地和圣西蒙河道）发现的波尼斯普林岩相是没有开采价值的。部分原因是波尼斯普林组位于油水界面下方，在阿博礁远景带的走向上很容易见到。

图 16.4 还包括波尼斯普林等厚线。到达天然气厂下方时，净厚度已降为零，但在天然气厂以北约 1mile❶ 处的 30 区，厚度超过 100ft。需注意的是，天然气厂和目标区域之间存在两个北向正断层。地震数据表明，这些断层在波尼斯普林沉积过程中处于活跃状态，并且强化了形成储层碎屑物的聚集过程。没有迹象表明，这些断层穿过波尼斯普林的盖层。AGI#1 井的储层测试确实显示出来自附近断层的一些影响。这些影响将在后文进行讨论。

16.2.2　AGI#1 和 AGI#2 井的地质特征

AGI#1 井井壁岩心和两口井的钻井液测井分析表明，上波尼斯普林（8200～8700ft；2500～2652m）由略带灰色至深灰色微晶白云石组成，并且稀少的孔隙区表现为孔洞型和粒间孔隙。这些岩石的渗透率非常低，构成储层的盖层（图 16.5）。

相比之下，下波尼斯普林（8700～9041ft；2652～2756m）由浅灰色至棕褐色微晶白云石糖粒的多孔单元组成，化石含量丰富，破裂处沿裂缝和粒间存在大量的结晶方解石。这些岩石是典型的礁前碎屑陆架沉积物，存在化石与化石碎片，包括碎屑中长度达 50mm 的海百合茎（图 16.6）。

下狼营统由黑色到深灰色的微晶白云石基质组成，含有碎屑化石和完整小化石（小于1mm）。

---

❶1mile = 1609.344m。

特拉华盆地

期		地层		远景区
三叠纪		钦利		
三叠纪		圣罗莎		
二叠纪	奥霍	杜威莱克 鲁斯特勒 萨拉多		
二叠纪	瓜德鲁普	阿蒂西亚群	唐西拉	阿蒂西亚台地砂岩
二叠纪	瓜德鲁普	阿蒂西亚群	耶茨	阿蒂西亚台地砂岩
二叠纪	瓜德鲁普	阿蒂西亚群	塞文河	阿蒂西亚台地砂岩
二叠纪	瓜德鲁普	阿蒂西亚群	圭因	上部圣安德烈斯和格雷堡远景区
二叠纪	瓜德鲁普	阿蒂西亚群	格雷堡	上部圣安德烈斯和格雷堡远景区
二叠纪	瓜德鲁普/伦纳德	圣安德烈斯		西北陆架台地 中央盆地台地 阿蒂西亚瓦库姆走向
二叠纪	伦纳德	格洛列塔		伦纳德闭合台地碳酸盐岩
二叠纪	伦纳德	耶索	帕多克	伦纳德闭合台地碳酸盐岩
二叠纪	伦纳德	耶索	布莱尼	伦纳德闭合台地碳酸盐岩
二叠纪	伦纳德	耶索	塔布	伦纳德闭合台地碳酸盐岩
二叠纪	伦纳德	耶索	德林卡德	伦纳德闭合台地碳酸盐岩
二叠纪	狼营	阿博		阿博台地碳酸盐岩
二叠纪	狼营	韦科（“狼营”）		狼营台地碳酸盐岩
宾夕法尼亚纪	维尔吉耳	锡斯科		西北陆架上宾夕法尼亚碳酸盐岩
宾夕法尼亚纪	密苏里	坎宁		西北陆架上宾夕法尼亚碳酸盐岩
宾夕法尼亚纪	狄莫	斯特朗		西北陆架斯特朗帕奇礁

西北陆架，中央盆地台地

期		地层		远景区
三叠纪		钦利		
三叠纪		圣罗莎		
二叠纪	奥霍	杜威莱克 鲁斯特勒 卡斯蒂尔		
二叠纪	瓜德鲁普	特拉华山群	贝尔坎宁	特拉华山组盆地砂岩
二叠纪	瓜德鲁普	特拉华山群	切里坎宁	特拉华山组盆地砂岩
二叠纪	瓜德鲁普	特拉华山群	布拉希坎宁	特拉华山组盆地砂岩
二叠纪	伦纳德	波尼斯普林		波尼斯普林盆地砂岩和碳酸盐岩
二叠纪	狼营	韦科（“狼营”）		狼营/伦纳德斜坡和盆地碳酸盐岩
宾夕法尼亚纪	维尔吉耳	锡斯科		
宾夕法尼亚纪	密苏里	坎宁		
宾夕法尼亚纪	狄莫	斯特朗		

图16.3　中央台地区的区域地层

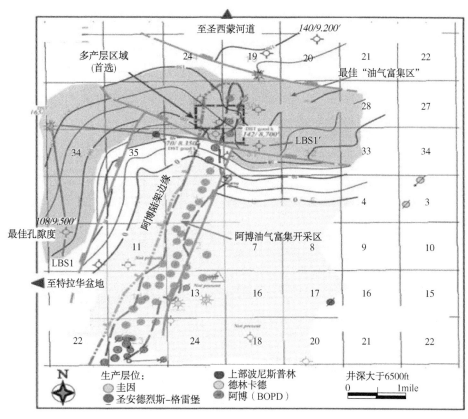

图 16.4　酸性气体注入井井区地下地质特征

AGI#1 井，新墨西哥州 LEA 县

样品号	深度，ft	颗粒密度	孔隙度，%	渗透率，mD	饱和度，%		气体单位	流体，%
					S_w	S_o		
8	8450.0	2.71	0.5	0.02	54.0	0.0	0	0

岩性：Ls dk brn-dk gy dns sslty foss sc cht nod。长度：1.798cm

图 16.5　来自 AGI#1 井的上波尼斯普林盖层的井壁岩心

　　气体单位是泥浆测井仪或记录仪所使用的气体测量单位，且不同的气体检测仪手册给出的定义也是不相同的，比如，空气中 1% 的甲烷相当于 50 个气体单位，或 1 个气体单位等于 $100mL/m^3$ 的气体——译者注

AGI#1 井，新墨西哥州 LEA 县

样品号	深度，ft	颗粒密度	孔隙度，%	渗透率，mD	饱和度，%		气体单位	流体，%
					S_w	S_o		
9	8482.0	2.84	15.6	8.75	74.4	0.0	0	0
岩性：Dol tn-brn sslty abd ppp-vug。长度：1.855cm								

图 16.6　来自 AGI#1 井的下波尼斯普林储层的井壁岩心

　　图 16.7 反映了 AGI#1 井与 AGI#2 井的储层比对情况。很明显，AGI#2 井的储层存在更发育的孔隙区。

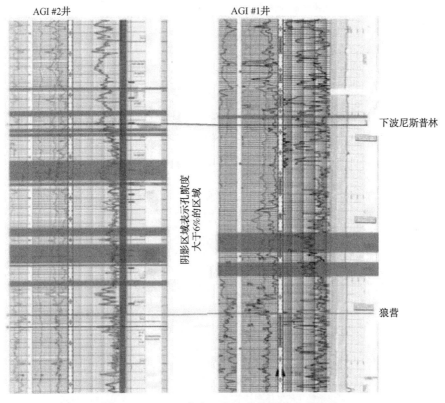

图 16.7　AGI#1 井和 AGI#2 井的测井比对情况

16.3 井设计、钻井与完井

AGI#1 井和 AGI#2 井的钻井作业采用常规旋转钻井技术。为了便于比较，给出了两口井的井身结构，如图 16.8 所示。下面引用的各种深度都是从方钻杆补心处测量的真实垂深，AGI#1 井为 3754ft(1144m)，AGI#2 井为 3763ft(1147m)。

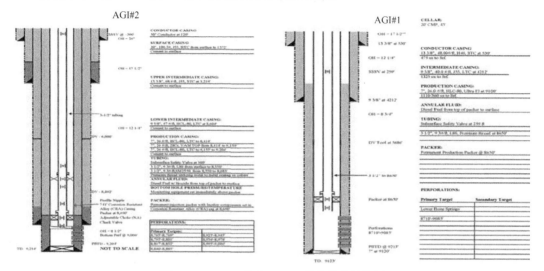

图 16.8　AGI#1 井和 AGI#2 井的井身结构图

AGI#1 井的完井套管采用传统的 3 层套管程序。由于担心目标储层的高压硫化氢气体，Linam AGI#2 井的完井套管采用 4 层套管程序，包括延伸至 8600ft(2621m) 的第二层中间套管，隔离上覆盖层，同时在穿越注入区时进行 AGI#2 井井眼控制(与上面的漏失区域隔离开来)。

16.3.1　AGI#1 井

该井于 2007 年 11 月钻至目的层，总深度为 9213ft(2808m)，并很快实施了完井作业。主目的层是下波尼斯普林碳酸盐岩，次目的层是布拉希坎宁。布拉希坎宁的裸眼钻杆测试显示为低渗透储层，不适合作为注入目的层。

在钻至目的层后，进行电阻率、伽马、孔隙度和声波测井，经过评估，决定下入 7in 套管完井。在 3400ft(1036m) 至总深度之间进行钻井液录井。地球物理测井显示存在两个潜在的注入区：井段 8710~9085ft(2655~2769m) 为 Ⅰ 区，井段 8445~8538ft(2574~2574m) 为 Ⅱ 区。

从 Linam AGI#1 井获得的 19 个井壁岩心均来自波尼斯普林。岩心分析结果：孔隙度为 0.4%~15.8%，渗透率为 0.013~165mD。岩性主要是白云岩，局部属于白云石质灰岩。化石碎片丰富，主要孔隙为天然孔洞型孔隙，源于次生方解石的成岩溶蚀作用。

进一步评估后，实施 Ⅰ 区射孔作业，射孔孔数为 755，射孔后进行了酸化作业。在进行了注入井系统试井和 7 天的压降试井(见 16.4.1)后，临时性关井进行地面管线连接。2009 年 6 月，下入永久式封隔器和油管至 8750ft(2667m)，连接好井口与地面设施之间的管线并开始注入作业。

16.3.2 AGI#2 井

AGI#2 井 2014 年 12 月钻至目的层，总深度为 9234ft（2815m），并于 2015 年 2 月完井。根据钻 Linam AGI#1 井时获得的信息，这口井的唯一目的层是下波尼斯普林层碳酸盐岩。

AGI#2 井进行了泥浆录井和地球物理测井。测井包括：井筒剖面测井、补偿中子测井、三检测器岩性密度测井、高分辨率侧向阵列、自然伽马射线、三重组合测井电阻率、射孔前比对伽马射线、套管接箍定位和分段式胶结测井仪。泥浆录井，包括碳氢化合物和硫化氢色谱测井，测试井段从 600ft（183m）至总深度。

钻至总深度后，对地球物理测井和泥浆录井资料进行了评价。测试井段为 8769~9006ft（2673~2745m），测试结果清楚地表明，基于孔隙度和良好的电阻率渗透率，Linam AGI#2 井的最佳注入井段为 8769~9006ft（2673~2745m），该井段射孔孔数约为 745。

酸化作业后，进行注入井系统试井，随后进行 5 天的分布式热测井和压降试井（见 16.4.2）。测试结束后，进行完井作业，永久式封隔器下至 8690ft（2649m），同时下入了井底压力与温度测量仪器。关井等待连接地面管线。

由于靠近正在注入酸性气体的注入井（AGI#1 井位于它的北方，相距约 150m），因而开发并实施了特殊程序，以此来降低 H_2S 从储层释放出来并运移至地面的风险。这些步骤包括连续监测流体的 H_2S 含量，增加下入盖层的第二层中间套管，以及针对所有钻完井作业的详细的 H_2S 监测和应变计划。

图 16.9 给出了流体监测过程中观察到的 H_2S 含量。第二层中间套管底部至 8630ft（2630m）之间，未检测到 H_2S 含量高于检测限 $0.1mL/m^3$ 的情况。位于 8630ft（2630m）以下的区域，H_2S 含量达到 $1.5mL/m^3$，位置对应于邻近的 AGI#1 井的注入深度。

储层中的 H_2S 浓度可能明显高于地面检测值。钻井过程中使用的是过平衡钻井液，目的是避免地层气体窜至地面。也采用中和剂进行钻井液中和处理，避免钻井液中出现 H_2S 聚集现象。不管怎样，注入与压降试井结束后，恢复井的压力，在 AGI#2 井完井的过程中，在排出流体的夹带气体中检出的 H_2S 含量超过了 $100mL/m^3$。

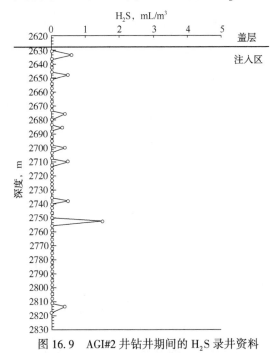

图 16.9　AGI#2 井钻井期间的 H_2S 录井资料

16.4　油藏测试与建模

两口酸性气体注入井评价采用的是注入井系统试井和压降试井。结果表明，两口井均为欠压井，能够按远远超过各种预期注入方案要求的压力和排量吸收流体。

16.4.1　AGI#1 井

钻完井后，进行了 AGI#1 井的注入井系统试井，随后是 221h 的压降试井。射孔井段中部 8898ft(2712m)处的原始储层压力为 3373psi(23.28MPa)，说明此储层属于欠压储层，压力梯度为 0.379psi/ft(0.0086MPa/m)。淡水静压梯度为 0.433psi/ft(0.009MPa/m)。

注入井系统试井以 1~9bbl/min 的注入量向储层注水，每次调整注入量的间隔时间为 30min。连续记录注入量、地面压力与井底压力。最后一次调整注入结束后，监测压降情况。停止注入时刻测量的地面压力为 3600psi(24.82MPa)，25min 后，压力降至 589psi(4.06MPa)，到第二天降至大气压力。

注入—压降试井，首先以 2bbl/h(0.318m³/min)的注入量注水 9.5h，随后是 221h 的压降试井。连续记录井口和井底压力。分析测试数据表明，渗透率为 2220mD·ft，距离该井 1800~2000ft(550~610m)的位置可能存在交错隔层。这与地震勘探预测的断层位置一致，如图 16.4 所示。压降试井分析得出的进一步结论是，储层最小孔隙容积为(4700~5500)×10⁴ bbl[(750~870)×10⁴ m³]，储层压力仅增加 1000psi(6.89MPa)就能够吸收超过 2.3×10⁸ bbl(3650×10⁴ m³)的压缩处理酸性气体。

原始径向模型预测结果表明，按酸性气体平均注入量 400×10⁴ ft³/d 计算，Linam AGI#2 井的羽流前锋每年运移约 330ft(100m)。模型预测 30 年后的羽流半径约为 1850ft(564m)。

16.4.2　AGI#2 井

AGI#2 井的储层测试包括在 2015 年 1 月 15 日进行的下波尼斯普林层注入—压降试井和注入井系统试井，试井作业是在酸洗后进行的。

以 5bbl/min 的注入量注入，记录的最大地面压力为 4319psi(表压 29.8MPa)，注入停止后，2min 内井口压力降为零。计算的地面地层破裂压力为 3318psi(22.88MPa)。

注入井系统试井结束后，进行 5 天的压降试井。压降试井的结果表明，整个储层层段上部的地温剖面是一致的。不同注入量下的地层冷却程度反映了地层的注入能力。分析结果表明，渗透率约为 5000mD·ft，具有径向流特征。

升温剖面表明，上射孔段的酸化作业是成功的。大部分流体进入地层的井段为 8795~8885ft(2680~2708m)，这证实了酸化作业的效果。从井段 8885~8995ft(2708~2742m)进入地层的流体很少，位于 8995ft(2742m)以下的地层未吸收任何流体，表明酸化作业时的酸液可能尚未抵达此深度。

16.4.3　井间储层对比

两口酸性气体注入井的地球物理测井对比见图 16.7。尽管 AGI#2 井的孔隙区域大于 AGI#1 井，但测试结构表明，大多数注入流体进入了注入区的上部。

就两口注入井来说，储层对注入井系统试井和压降试井的响应是相似的，停止注入几小时后，两口井的地面压力均降至大气压力。

两口井安装井下监测仪器后，就能够对储层条件进行更深入的定量比较。

16.4.4　原始径向模型与羽流预测

一旦基础地质研究确定了有希望的酸性气体注入储层和盖层，则使用基本的径向模型仿

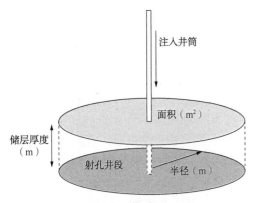

注入井筒

面积（m²）

储层厚度（m）

射孔井段　半径（m）

有效孔隙度（ϕ_{net}）=储层厚度×有效平均孔隙度（ϕ_{eff}）

有效平均孔隙度（ϕ_{eff}）=测量孔隙度（ϕ_{meas}）×（$1-S_w$）

即 $\phi_{eff}=\phi_{meas}×（1-S_w）$

面积=注入体积÷有效孔隙度

半径=（面积÷3.14159）$^{\frac{1}{2}}$

图 16.10　简单径向模型的基本要素

真来计算项目预计寿命内的注入气体延伸面积（A）和半径（R）。模型使用已知或预测的注入地面体积（V_{surf}）、储层体积（V_{res}）和储层有效孔隙度（ϕ_{net}）[ϕ_{net} 等于储层厚度乘以有效平均孔隙度（ϕ_{eff}）]。有效平均孔隙度是针对残余水分数（S_w）进行修正后的测量（或估计）储层孔隙度。图 16.10 对这些概念进行了说明。

投影面积计算如下：

$$A=V/\phi_{net} \qquad (16.1)$$
$$V_{res}=(A/\pi)^{net1/2} \qquad (16.2)$$

V_{res} 的确定要求计算储层温度和压力下的酸性气体相平衡（密度或摩尔体积）。Geolex 公司使用 AQUAlibrium 和（或）CSMGem 软件来计算这些相条件。

　　模型假设储层是均质的和各向同性的，并且受孔隙驱动型渗透率的支配（无明显的压裂现象）。还假设储层是水平的，并且厚度是恒定的。通过评估可用的测井和地震勘探数据来测试这些假设的合理性，以便测量和（或）计算储层的厚度、孔隙度、渗透率和总体几何形状。

　　针对两口酸性气体注入井，进行了注入井系统试井和压降试井。利用试井资料来改进基础模型，确定注入羽流的投影运移特性。

　　自 2010 年以来，该井一直采用大排量连续注入方式，酸性气体的平均注入量约为 $390×10^4ft^3/d（11×10^4m^3/d）$。基于储层压力和温度，计算出处理酸性气体的压缩比为 478：1（地面体积与储层体积之比）。储层每年吸收约 $3327000ft^3（91660m^3）$ 压缩处理酸性气体。

　　利用 AGI#1 井的测井数据，使用 0.065 的原始储层孔隙度和 0.45 的残余水分数（S_w）。计算的有效平均孔隙度（ϕ_{eff}）为 0.036。使用 280ft（85m）的储层厚度，计算有效孔隙度 ϕ_{net} 为 10ft（2.82m）。

　　因此，第一年的面积延伸[式（16.1）]是 $323400ft^3（32550m^3）$，半径是 320ft（97m）。表 16.1 总结了 AGI#1 井注入 5 年来的计算面积延伸与半径。

16.4.5　羽流运移模型与盖层完整性确认

　　表 16.1 中计算面积的半径如图 16.11 所示。很明显，通过计算，来自 AGI#1 井的处理酸性气体羽流在 2011—2012 年抵达 AGI#2 井所在位置。尽管这一计算结果与 AGI#2 井钻井期间注入区的 H_2S 观测结果是一致的（图 16.9），但目前尚不清楚羽流何时会运移至 AGI#2 井所在位置。

　　地质观测、测井和井壁岩心分析均证实，上波尼斯普林层属于低孔隙度、低渗透区，由致密的细粒白云石组成。作为下波尼斯普林储层的盖层，上波尼斯普林层的完整性由于未在上波尼斯普林内或上部检出 H_2S，进一步得到了证实，与下波尼斯普林层中存在注入的 H_2S 形成了鲜明的对比。

表 16.1 AGI#1 的注入面积与半径计算结果(2010—2014 年)

年份	面积		半径	
	ft^2	m^2	ft	m
2010	323400	32550	320	97
2011	646800	65100	453	138
2012	970200	97650	555	169
2013	12936000	130200	640	195
2014	1617000	162750	716	213

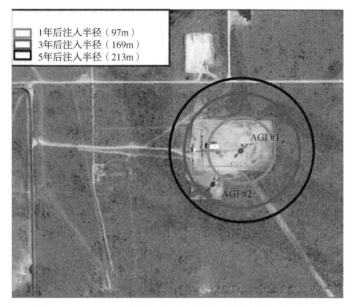

图 16.11 AGI#1 井注入半径计算值(注入时间为 5 年)

16.5 注入历史和 AGI#1 井响应

除 2012 年 4—5 月因油管泄漏修井停止注入 6 个星期外,自 2009 年底以来,AGI#1 井一直按 $400 \times 10^4 ft^3/d$($11.3 \times 10^4 m^3/d$)左右的注入量连续注入酸性气体。注入期间连续监测了地面注入压力、温度、注入量和环空压力,为了便于分析,将这些记录数据记入了天然厂的 SCADA 系统。修井(2012 年 6 月)作业结束后,从恢复注入到 2015 年 2 月的这段时间段内,主要注入参数数据如图 16.12 所示。每月分析每小时录取的参数数据,再按月平均数进行汇总。当注入量和温度的变化影响到注入压力时,也会明显影响环空压力。如图 16.12 所示,借助于这种形式,可以尽早诊断出井的潜在机械完整性问题。潜在油管泄漏的主要表现是环空压力的不断升高和环空压力与注入压力之间的压差不断缩小。然而,至关重要的是,在分析时应考虑温度和流量的影响,因为温度升高会导致环空压力因环空流体(柴油)膨胀而明显升高。利用图 16.13 和 6.14,很容易发现这种现象。图 16.13 和 图 16.14 使用的是 2015 年 2 月的小时数据。从图中可以清楚地看到,在接近 2 月底发生的温度波动对环空压力的影响是明显的，这也许会误认为存在潜在的完整性问题。实际上，在发现图 16.13 和图 16.14 中的压力波动问题后不久，于 2015 年 3 月成功进行了规定的定期机械完整性测试，测试结果显示油、套管的完整性是没有问题的。

从图 16.12 中可以看出，对于 AGI#1 井来说，实际上酸性气体的注入压力并未升高。这表明储层的孔隙性和渗透性好。事实上，在连续注入 2.5 年后，不得不进行修井作业，修井前进行了压井作业，压井作业结束后，立即出现了负压现象，说明即使持续了两年的酸性气体注入，储层仍然属于低压储层。通过比较注入期间 AGI#1 井的井底压力和 AGI#2 井完钻后测量的井底压力，发现二者的井底压力大致相等，这说明压力影响已传至 AGI#2 井所在位置。

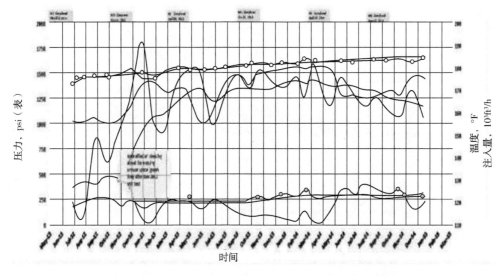

图 16.12　AGI#1 井 2012 年 6 月—2014 年 12 月的注入数据

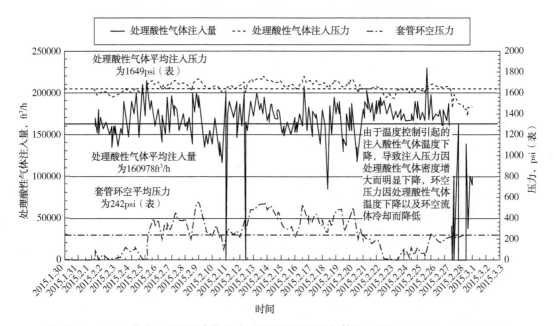

图 16.13　AGI#1 井注入和环空套管压力，以及处理酸性气体注入量(2015.2.1—2015.2.28)

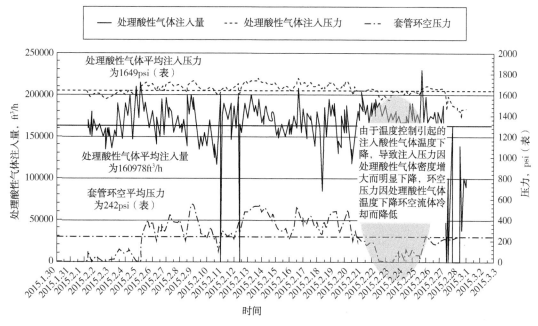

图 16.14 AGI#1 注入和环空套管压力，以及处理酸性气体注入温度（2015.2.1—2015.2.28）
作者提供的图有误——译者注

16.6 讨论与结论

AGI#2 井的数据评价结果表明，下波尼斯普林储层中出现的 H_2S 与径向运移模型中提出的一般性假设和猜想是一致的，清楚地说明了上波尼斯普林盖层的完整性。许可用模型（通常用来评价可能受影响的区域和周围可能受影响的井）已经被证明至少在注入的早期（5~9 年）阶段可以合理估算羽流特性。如果无大量可用储层数据来开发更复杂的储层模型，则这类径向模拟被证明是一种非常有用的合适的预测工具。

AGI#2 井钻井期间的 H_2S 监测结果清楚地表明，盖层能够有效地将处理酸性气体永久封闭在注入区内。监测结果证实了盖层评价方法的可靠性，该方法使用地球物理测井（包括 FMI）和井壁取心来表征盖层完整性。

在完成井下仪表的安装和双井系统的分析后，模型和更加一般性的储层表征将会得到进一步的完善。感兴趣的问题是在两口井之间观察到的不同孔隙度和渗透率区域的影响。这可以通过比较两口井的压力变化趋势来探究其影响发生的原因，以此来确定两口井之间具有怎样的液压连通属性。

2015 年 4—5 月进行井与地面设备之间的管线连接，当井底压力和温度监测设备接好后，进行了干扰测试，在改变 AGI#1 井注入条件的同时监测 AGI#2 井的响应情况。与许可井用模型预测结果相比，借助于这样的分析，可以更详细地评价储层的注入响应情况。最初打算将这些分析作为本文的内容，现在决定将其作为后续的分析主题和论文主题。

参 考 文 献

［1］FlowPhase Inc. -#330, 2749-39th Avenue N. E. Calgary, Alberta, Canada, T1Y4T8, AQUAlibrium 3.0, 2005 Release.

［2］E. D. Sloan and Carolyn Koh, CSMGem Version 1.10, Center for Hydrate Research, Dept. of Chemical and Petroleum Refning, Colorado School of Mines, Golden, Colorado, Release date January 1, 2007.

17　复杂地质条件下的酸性气体注入三维油藏模拟——过程与实践

Liaqat Ali, Russell E. Bentley

（PB Energy Storage Services 公司，美国得克萨斯州休斯敦市）

摘　要　目前，美国将酸性气体注入（AGI）井列为Ⅱ类（油气废弃物）处置井。大多数时候，人们基于感兴趣区域的地质条件，采用简单（径向）模型来判断酸性气体注入井井位的合理性。不过，有些时候，仅有可用井的数据仍不足以辨别油藏构造的复杂性。在这种情况下，必须通过研究地震勘探数据来揭示油藏构造的复杂性并确定其是否适合用作酸性气体注入储层。

本研究提出了开展三维地质模拟研究的必要步骤，这些研究用来评价人们关注其复杂地质问题的现有或潜在酸性气体注入层。还介绍了一项此类研究案例，此项研究包括地震勘探数据解释、分布式温度传感（DTS）技术的使用和采用神经模糊逻辑技术的渗透率计算。第一口井的数据未显示该区域存在任何断层；然而，油田开发后期获得的可用地震勘探数据则显示该构造非常复杂且存在断层。现在需要基于新采集的地震勘探数据，对预测径向羽流的早期模型进行修正，进而确认羽流结构。

17.1　简介

酸性气体注入项目正成为处理北美处置酸性气体废弃物的首选方法。由于酸性气体注入已经成为当前环境法规下切实可行的经济选择[1]，近年来，酸性气体注入井的许可/钻井工作量显著增加。但是，由于硫化氢的危险性和已封存二氧化碳的大气环境意外释放风险，因此需要充分了解正确隔离酸性气体所需的地下条件。对于横向广延和垂向扩张的油藏来说，采用简单的径向羽流模型就足够了。对于得克萨斯州西部和新墨西哥州东南部的二叠盆地的一些地下含水层来说，这些类型的油藏属于典型油藏。就这些地区的酸性气体注入井来说，人们主要关注的是地层的总渗透率、项目存续期间的储存容量、地面压力注入需求和合适的盖层隔离能力。由于储层厚度通常为数百英尺，同时假设大部分注入流体均匀分布在整个区域内，因而在项目存续期间，典型的径向酸性气体羽流不会推进至距离井眼 0.25~0.5mile 以外很远的区域。只要注入区上方的盖层与含水层所覆盖的区域一样，同时只要井的设计正确以及套管和固井方案满足项目要求，人们一般就不会担心注入流体的隔离问题。

在已知或怀疑存在断层作用或其他复杂地质构造的区域，使用径向方法，也许无法充分了解与酸性气体隔离有关的风险。径向方法通常意味着存在无限作用油藏，即油藏不会受到非流动边界（如封闭断层）、沉积历史引起的岩性变化或其他诱发压力异常的流动限制的影响。当油藏内远离井眼的区域出现压力异常时，羽流形状就会失真，除非对压力异常进行正确的模拟和解释，否则无法预测注入流体的运移路径。只有那样做，地球科学家、监管机构和公众才会对这种废弃物流的处理方式更加放心。

本文采用逐步法进行油藏模拟研究，然后重点介绍大断层盐水储层酸性气体注入案例。

17.2 酸性气体注入油藏模拟研究逐步法

此处介绍的方法不包含 3D 油藏建模所需的所有细节和数学公式。相反，它介绍了数据类型框架，分析了涉及的建模过程。换句话说，将介绍油藏模拟所需的基本要素，这些要素存在于各种模拟研究中，不仅限于酸性气体注入。油藏模拟包括几个步骤，每个步骤都涉及使用可用数据进行解析分析和建模。主要包括以下步骤：地震勘探数据及其解释；地质研究；岩石物性研究；油藏工程分析；静态建模；油藏模拟建模；历史匹配和长期预测。

所有步骤都需要采用协同方法，以便形成共同一致的油藏认识。地震勘探数据解释由经验丰富的地球物理学家进行，测井比对、沉积岩相建模等方面的地质研究由经验丰富的地质学家进行，测井分析、孔隙度和渗透率建模、饱和度建模等方面的岩石物性研究由经验丰富的岩石物理学家进行，区域注入历史和压力动态的油藏分析由经验丰富的油藏工程师进行。前四个步骤通常需要不同专业学科人员的更多参与，以便对不同要素及其这些要素如何协同确定油藏及其动态特性做出一致性解释。这些研究的结果有助于构建静态模型，静态模型用于第六步的油藏模拟建模。

17.3 地震勘探数据与解释

大多数时候，就酸性气体注入项目来说，由于成本的原因，采集地震勘探数据这一想法是行不通的。不管怎样，通常情况下，就所在区域已有的可用地震勘探数据及其解释，可以通过购买来获取，且所需费用很低。地震勘探数据的可用性使人们对油藏的总体构造及其地理限制更有信心。在解释地震勘探数据时，人们也许已经基于一定的目的对地震勘探数据进行了处理。因此，必须检查地震勘探数据，以确定是否需要针对感兴趣的区域重新处理地震勘探数据。地震勘探数据解释提供了油藏构造的三维解释，包括断层位置（如果有的话）。如果怀疑存在天然裂缝，通过处理地震勘探数据来获得有用的地震勘探属性，更好地定义/表征天然裂缝。研究总是从寻找感兴趣区域地震勘探数据的可用性开始，大多数时候会协助客户获取可用的地震勘探数据。在地球物理学家审查初步解释后，通过地质学家、岩石物理学家和油藏工程师之间的互动，形成一致的油藏构造解释。然后，将地震勘探数据传给构建静态模型的油藏建模人员。

17.4 地质研究

如果无可用的测井信息，导致测井比对存在差异或缺陷，则地质学家会进行油藏测井比对分析并且保持与地球物理学家的互动，他们将测井比对分析结果与地震勘探数据进行比较，辨别油藏的构造结构。地质学家/地球物理学家也制作地质图，例如构造、等厚线、剖面等地质图。地质学家还通过测井评价来研究该区域的地质情况和开发沉积岩相模型。岩相信息包括岩相取向、孔隙度/渗透率关系和沉积环境。这些信息将被传给油藏建模人员。

17.5　岩石物性研究

　　岩石物理学家进行测井分析，包括确定油藏/产层、页岩体积、有效孔隙度、渗透率、含水饱和度等数据。岩石物理学家还将分析具体测井资料，例如分布式温度传感(DTS)测井资料，确定潜在的注入区域及其注入量。地球物理学家、地质学家和岩石物理学家与油藏工程师一起进行潜在注入区域评价。

17.6　油藏工程分析

　　针对酸性气体注入评价项目，油藏工程的分析工作包括油藏压力的确定、盐水性质分析、潜在注入层段/区域的注入能力评价、确定/评价感兴趣的层段/区域和地区内的现有注入井(酸性气体注入或注水)、评价井的完整性(涉及现有注入井的固井与废弃，以及位于注入区下面区域内的生产井或非生产井)等。油藏压力根据最近进行的油藏压力调查或报告给国家监管机构的测试结果进行估算。通过评价现有注入井，可提供关于注入能力和油藏压力随注入时间增加的宝贵信息，这有助于更好地设计规划井。对2mile半径范围内的现有注入井进行完整性评价是必不可少的一项工作。它有助于确定规划井的井位，也可以针对这些井采取必要的补救措施。油藏工程师与团队的地球物理学家、地质学家和岩石物理学家一起给出对油藏及其特性的一致性认识。

17.7　静态建模

　　由经验丰富的油藏建模人员建立静态模型。油藏建模的目的是将所有可用信息综合起来，在初期发现条件下建立油藏静态性质相容模型。利用静态模型更好地认识油藏性质，在动态油藏模拟过程中会用到这些油藏性质。油藏模型的主要组成部分包括：地质描述；地震勘探解释与分析；包括层位与断层在内的构造解释；井比对采用层间边界拾取的形式来将测井观察结果与构造解释联系起来；孔隙度、渗透率和含水饱和度的测井岩石物性评价；基于岩石物性测井截止值、岩心描述和地质描述的测井岩相解释。

　　从油藏模型中获得的主要资料包括：(1)如果构造存在断层，则构造模型由截断断层面与层位面组成，描述了油藏模型的总体积和储气区；(2)垂向和水平分辨率三维建模及模拟网格适合捕捉岩石物理性质的地质非均质性和流体分布，也适用于动态流体流动建模；(3)地质模型包括代表油藏岩石类型地质沉积的岩相模型、代表岩相模型内岩石性质分布的岩石物性模型、代表油藏模型内的水和碳氢化合物原始分布的含水饱和度模型。模拟模型包括适用于流动模拟的三维网格模型、地质模型的高级版本。

17.8　油藏模拟的目的

　　油藏模拟技术集成了各种地球物理、地质和油藏工程数据，以便酸性气体注入井开钻前，针对各种期望的现场开发方案，通过计算机模型来更好地了解复杂油藏的动态特性。构建油藏模拟模型基本组成部分所需的历史注入与压力数据、历史完井事件、PVT报告以及其他数据，应该在开始油藏模拟前，对这些资料进行检查和分析，正如上述前四步所描述的那样。通过精细的构造和地质模型，构建了精准的油藏模拟综合模型。

在完成油藏模拟原始模型后，进行模型校准，通常称为历史匹配。对过去注入行为的历史匹配或复现，如果可行的话，是油藏模拟的第一个关键步骤，也是非常困难的一个步骤；尽管复杂，但历史匹配（模拟模型校准）可以获得令人信服的预测结果。在模拟过去注入行为时，所面临的主要挑战包括准确描述油藏模拟模型的各个组成部分。许多精力都花费在模型的改进上，结合性质变化及其他动态数据，以便获得令人满意的历史匹配结果。一旦模型经过校准（历史匹配），就可用来确定注入井的井位、井型（直井或水平井），优化水平井的水平井段长度和注入能力。进行计划期内的模拟处理，观察羽流结构。

17.9 案例

以下案例涉及酸性气体注入井，注气时间接近 10 年。注入量和井口压力的历史数据可用于历史匹配。此外，来自监测井的数据（如在油藏内和油藏上方是否发现了注入气体）也可用于历史匹配。以下段落中描述的案例具有上述 6 个步骤中的所有要素。地球物理学家、地质学家和油藏工程师根据动态数据和测井分析审查地球物理学家的解释。一旦达成一致的认识，地球物理学家就将构造层位传递给建模人员，建模人员将地球物理、地质和岩石物性数据整合在一起，建立静态模型。建模人员将静态模型传递给油藏工程师，油藏工程师再将动态数据和历史匹配的注入压力、注入量以及从监测井获取的羽流已有或所缺的数据输入静态模型。

17.10 注入层段构造与建模

这一步的工作由地球物理学家完成。在注入层段内的构造存在许多地质断层，如图 17.1 所示，通过左边的不同颜色和右边的 $A—A'$、$B—B'$ 和 $C—C'$ 剖面来表示。建模人员建立断层模型，截取感兴趣的层段。人们习惯使用以井口为参考点的地震勘探解释数据，在断层模型内构建层位模型。

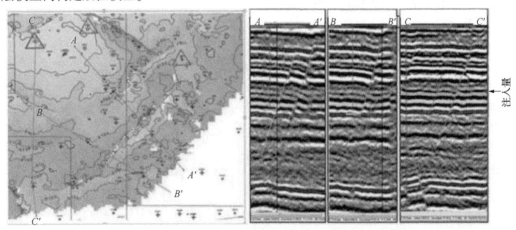

图 17.1 注入层段顶部与注入层段剖面的构造图

17. 11 岩石物性建模与静态模型开发

有 4 口井穿越人们感兴趣的岩层，并获得了 4 口井的岩心数据。进行岩心与测井集成，开发神经模糊逻辑(人工智能技术[2])渗透率模型。开发此模型选择的是浅层电阻率和深层电阻率测井。人工智能模型似乎是非常优越的模型，与孔隙度/渗透率关系计算数据相比，仅有极少几个数据点偏离了 45°线(图 17.2)。

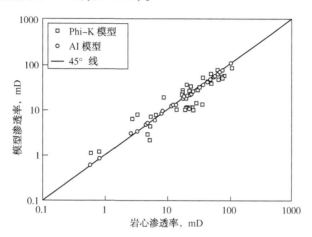

图 17.2 来自 ϕ—K 关系的计算渗透率与 AI 模型预测渗透率比较

油藏建模人员将人工智能模型利用测井资料计算的渗透率指定为 PERMX。在进行 Petrel 岩石性质地质统计建模时，使用了通过 46 条测井曲线计算得到的页岩体积(Vsh)、有效孔隙度(PHIE)和模型渗透率(PERMX)。图 17.3 给出了地质统计建模的输入数据样本。

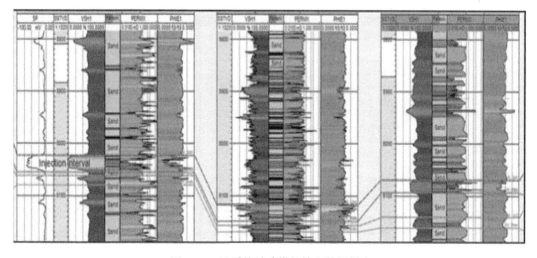

图 17.3 地质统计建模的输入数据样本

地质学家研究了感兴趣区域内的沉积岩相。图 17.4 所示的沉积岩相是对讨论区域的合理类比。这些岩相具有与近岸屏障系统相关的近海大陆架砂脊倾斜取向。因此，孔隙度和渗透率具有朝向平行于这些岩相的东—北方向的方向性。

由于沉积岩相方向，东—北方向的渗透率和孔隙度较高(图 17.5)。

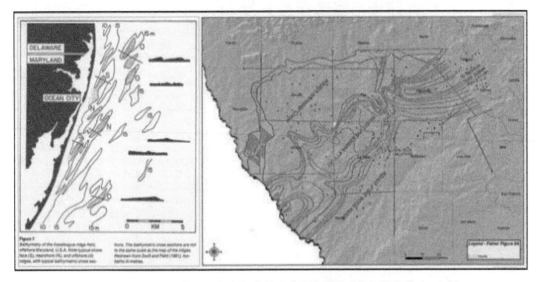

图 17.4　并列的科图拉巴里尔岛与南得克萨斯大陆架系统沉积相类比(左侧)

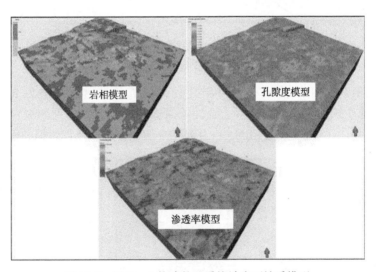

图 17.5　用 Petrel 构建的地质统计岩石性质模型

17.12　注入区表征

使用盐水作为注入流体，通过分布式温度传感(DTS)测量进行注入区评价。分布式温度传感测量的细节可以在其他地方找到[1]。在进行分布式温度传感测量前，测量本底温度(地温)，见图 17.6 中的分布式温度传感剖面(最右边的温度线)。任何偏离地温线的区域都被认为是冷区。在 5800ft 左右的位置，出现的偏离地温线的异常现象是两条管线重叠所致。此处，没有注入流体进入地层。阴影区是酸性气体连续 7 年注入引起的明显冷区。

图 17.6 还给出了针对注水层段表征的注水(上)和关井(下)期间选择的温度剖面变化轨

迹。随着冷水向下穿过储层层段，与地层发生热交换，形成一条共有的渐近线，此渐近线平行于地温线，且位于地温线的左侧。非渗透层段的头几条热迹线与主岩温度相同。当注入流体与岩石之间建立平衡时，就会出现一条共有的渐近线，如图17.6(a)所示。

图17.6(b)给出了关井期间选择的温度剖面变化轨迹。在关井期间，主岩温度趋向于回归地温温度。从图17.6中可以看出，在渗透率较高的区域，温度剖面的变化似乎较慢。而在渗透率较低或非渗透区域，温度剖面快速向主岩温度靠近。

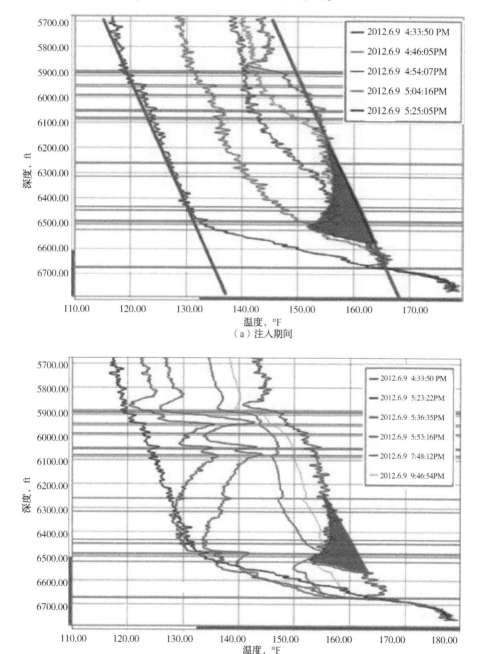

图17.6　注入与关井期间分布式温度传感剖面

17.13　油藏模拟方法

油藏模拟输入了动态数据，如 PVT 数据、注入与压力数据、历史匹配数据和长期预测数据。计算机建模组(CMG)使用商用组分模拟器 GEM 构建模型。将 Petrel 中构建的油藏静态模型和 Winprop 中构建的 EoS 模型导入 GEM。

将来自文献的相对渗透率[4]输入油藏模型，并在历史匹配过程中对其略做改进。将气—水接触面设定为 100ft，以便油藏含水饱和度达到 100%。设定井底压力(BHP)约束条件，确保井口注入压力(WHIP)不超过允许的最大井口压力。如图 17.7 所示，三维模型显示构造向东倾斜。图 17.8 给出了集中在注入区的构造层位。

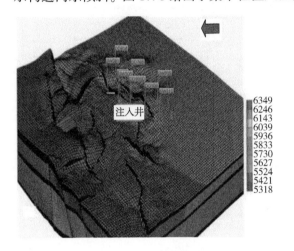

图 17.7　三维油藏模型

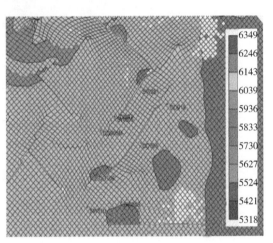

图 17.8　集中在注入区域模拟层 1 的构造层位

进行 7 年(2007—2013 年)的注入历史匹配。在历史匹配过程中也使用了来自 4 口井的监测数据。监测井 SW308 和 SW310 所在位置未监测到 H_2S。DO106 井和 SW281 井的监测数据都显示存在 H_2S，时间是 2014 年。值得注意的是，位于注入井 DD905 和监测井 SW281 之间的两口井 DI897 和 SW305 进行了水力压裂作业，压裂作业的原因为这一位置的地层属于致密地层。由于方向渗透率位于 SW281 井所在位置的东北方向，试图通过改变渗透率和有效厚度与总厚度的比值来实现历史匹配。注入羽流在东北方向上的运移速度确实比较快，但是并未抵达监测井 SW281 所在位置，因此认为有些事情还无法解释。

Aydin[3]和 Niwa 等[6]指出，沿污染区内的断层提高渗透率是有可能的。Aydin 提出，剪切接合区形成的断层被污染区所包围，污染区的渗透率高于断层附近的母岩渗透率，并且垂直于断层方向上的渗透率降低了约 4 个数量级，正如本案例所显示的那样。通过监测注入层段上方的井和浅水井，监测结果显示不含 H_2S，这表明断层在垂直方向上无传导性。

Cooper 等[5]提出了与褶皱作用有关的裂缝型式概念模型。就油藏的裂缝特征来说，考虑了各种各样的参数，其中一个参数是油藏运动历史。尽管可能还不清楚油藏所经历事件的确切顺序，但是有可能通过详细评价当前构造来估计是否存在裂缝。通常认为裂缝会出现在存在曲率的位置。利用 GEM 进行曲率分析，如图 17.9 所示，结果表明 SW281 井的周围存在压裂倾向。因此，通过提高渗透率(乘以 150)来将注入流体推向监测井，以此来获得所期望的历史匹配结果。

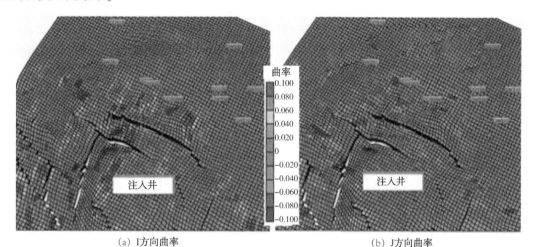

(a) I 方向曲率   (b) J 方向曲率

图 17.9　注入区 I、J 方向的曲率

完成历史匹配后，采用模型进行了两种情况的预测：一是以最大允许注入量连续注入 10 年和停止注入后 30 年以上；进行的另一预测案例是以最大注入量连续注入 50 年。羽流似乎是向所有方向推进的。早期的径向模型的预测结果表明，酸性气体羽流半径将在 40 年内达到 0.25mile。

建模揭示了停止注入前后的储层压力等值线。停止注入前，油藏压力高且集中在井筒附近。注入停止后，压力就消失了。如果该区域内无断层存在，正如早期的模型预测的那样，那么压力等值线应该是不一样的。

17.14　总结与结论

在已知或怀疑存在断层或其他复杂(构造)地质的区域，使用径向方法，也许无法充分了解与酸性气体隔离有关的风险。径向方法通常意味着存在无限作用油藏，即油藏不会受到非流动边界(如封闭断层)、沉积历史引起的岩性变化，或其他诱发压力异常的流动限制的影响。当油藏内远离井眼的区域出现压力异常时，羽流形状就会失真，除非对压力异常进行正确的模拟和解释，否则无法预测注入流体的运移路径。只有那样做，地球科学家、监管机构和公众才会对这种废弃物流的处理方式更加放心。本文提出了一种协同逐步法来开发针对这类复杂地质环境的油藏模拟模型，它涉及如下 6 个基本步骤：地震勘探数据及其解释；地质研究；岩石物性研究；油藏工程分析；静态建模；油藏模拟建模、历史匹配和长期预测。

本文提供了符合这种方法的案例。进行了三维模拟研究，其原因在于原始径向模型无法解释为什么酸性气体羽流会在如此短的时间内，推进距离就超过了预测值。通过深入研究地震勘探和地质记录，构建了更加合理的模型。基于正确的建模过程与成功的历史匹配所做出的预测，责任方可以审慎制订未来计划，这样的计划符合监管机构和公众对酸性气体注入安全性的要求。

参 考 文 献

[1] Ali, L, Bentley, R. E. , Gutierrez, A. A. and Gonzalez, Y. ,"Using distributed temperature sensing (DTS) technology in acid gas injection design", Acta Geotechnica(2014)9: 135-144.

[2] Ali, L. , Bordoloi, S. and Wardinsky, S. H. , "Modeling Permeability in Tight Gas Sands Using Intelligent and Innovative Data Mining Techniques", SPE 116583 paper presented at the 2008 SPE ATCE, Denver, CO, USA, 21-24 September 2008.

[3] Aydin, A. ,"Fractures, faults and hydrocarbon entrapment, migration and flow", Marine and Petroleum Geology 17(2000)797-814.

[4] Bennion, D. B. and Bachu, S. ,"Supercritical CO_2 and H_2S-Brine Drainage and Imbibition Relative Permeability relationship for Intergranular Sandstone and carbonate Formations", SPE 99326 paper presented at the SPE Europec/EAGE Annual Conference and Exhibition, Vienna, Austria, 12-15 June 2006.

[5] Cooper, S. P. , Goodwin, L. B. and Lorenz, J. C,"Fracture and fault patterns associated with basement-cored anticlines: The example of Teapot Dome, Wyoming", AAPB Bull. , V. 90, No. 12 (Dec. 2006), 1903-1920.

[6] Niwa, M. , Kurosawa, H. and Ishimaru, T. ,"Spatial distribution and characteristics of fracture zones near a long-lived active fault: A field-based study for understanding changes in underground environment caused by long-term faults activities", Engineering Geology 119(2011)31-50.

18　不连续微裂缝页岩气藏压裂井产量预测

Qi Qian，Weiyao Zhu，Jia Deng

（北京科技大学土木与环境工程学院，中国北京）

摘　要　页岩气藏具有纳米级微孔和复杂微裂缝网络特征。有机组织中的不连续微裂缝对流动能力的贡献不显著，无机组织中的连续微裂缝与宏观裂缝系统相通。实际上，这些微裂缝形成了高渗透表层。形成的微裂缝球形基质块双重孔隙介质是本文研究的主题。考虑到页岩气的渗流、扩散与解吸机理，应用拉普拉斯变换和 Stehfest 数值反演，求出无量纲井底压力和水平井产量的拉普拉斯空间解。绘制无量纲产量标准曲线，确定标准曲线因子。结果表明，由于基质微裂缝，基质表面改善了从基质到裂缝网络的气体运移条件。基质微裂缝通过提供更早且更有效的基质流量贡献，加快了气藏的开发。模型为产量预测和开发指标的优化提供了理论依据。

18.1　简介

　　页岩气藏基质与微裂缝的构造是复杂的。基质的大部分是纳米级孔隙，包括许多微裂缝。通过扫描电子显微观察，无机组织中的微裂缝是不连续的，有机组织中的大部分微裂缝因构造微裂缝而呈平行的簇状分布。最近的研究表明，微裂缝可能是基质微观结构与宏观裂缝网络之间的主要连通通道。因此，微裂缝会严重影响页岩气的生产能力预测结果，已不适合继续使用原始双重孔隙页岩气藏模型。针对此种情况，建立了新的数学模型，此模型考虑了页岩气的纳米级微孔流动和微观裂缝特性。

　　针对页岩气藏多尺度渗流，Javadpour，F. P. Wang 和 R. M. Reed 指出，气体在人工裂缝中的流动符合达西定律，这一现象奠定了页岩气非线性渗流理论的基础。Weiyao Zhu 建立了考虑扩散与滑脱影响的纳米级微孔气体流动模型，模型预测结果表明，气体在天然微裂缝与人工裂缝内的流动符合达西定律。本文使用模型来模拟气体在纳米级微孔中的流动情况。

　　就多孔介质中的页岩气渗流来说，部分研究人员提出采用基质—微裂缝—裂缝三重孔隙介质模型来描述页岩气藏的宏观流动和运移情况。Dehghanpour 和 Shirdel 扩展了 Warren 和 Root 提出的拟稳态模型以及 Ozkan 提出的瞬时双重孔隙介质模型。基于 Dehghanpour 提出的三重孔隙介质模型，Zhu Qin 研究了微裂缝和有机物解吸对非稳态压力动力学和生产的影响。目前，考虑微裂缝的页岩气研究渗流模型仍不成熟。已有的模型假设微裂缝是均匀连续分布的，渗流方程遵循达西定律，未考虑页岩纳米级微孔中的扩散与滑脱以及有机孔隙吸着现象对气体流动的影响，这是这些模型明显的不足之处。有鉴于此，就页岩气开发理论来说，应建立新的流动理论来描述微裂缝页岩气藏多介质渗流现象和预测页岩气藏多尺度压裂井产量。

　　因此，本文基于 Osman G. Apaydin 建立的基质裂缝双重孔隙介质球形模型，建立了微裂缝表层基质微裂缝球形模型。模型考虑了纳米级微孔渗流的非线性特征，将连续微裂缝区视为页岩基质表层，分析了压裂水平井的生产及其影响因素。

18.2 页岩气藏多尺度流动

页岩气藏属于自生自储式气藏，天然气存在的三种主要形式是吸附气、游离气和溶解气。以吸附气和游离气为主，吸附气含量为 20%~85%。页岩气藏的气体流动如图 18.1 所示，分为解吸、扩散、滑脱和渗流：因压降作用从基质表面解吸出来；气体分子与孔隙内壁之间的碰撞滑脱；从纳米级微孔向微裂缝的扩散过程；页岩气在裂缝网络中流动。多尺度流动分为 4 种流动状态：连续流（达西流动、非达西流动和管流）、滑脱流、过渡流和自由分子流。流动规律表现为解吸、扩散、滑脱和渗流的多尺度与非线性特征。

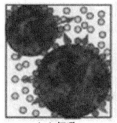  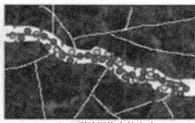

（a）解吸　　　　　　　（b）纳米级微孔内的流动　　　　　　（c）裂缝网络内的流动

图 18.1　页岩气流动示意图

18.2.1 页岩气藏多尺度非线性渗流模型

2001 年，Karniadakis 和 Beskok 提出了连续流、滑脱流、对流的渗透率表达式和不同类型分子的渗透率表达式，建立了适用于连续流、滑脱流、过渡流和自由分子流的通用理想气体流动方程。以 Beskok-Karniadakis 模型为基础，2014 年，Weiyao Zhu 对其进行了简化处理，获得了如下的纳米级微孔非线性渗流模型：

$$v = -\frac{K_0}{\mu}\left(1+\frac{3\pi a}{16K_0}\frac{\mu D_K}{p}\right)\left(\frac{\mathrm{d}p}{\mathrm{d}x}\right) \tag{18.1}$$

式中　v——气体流速，m/s；

K_0——绝对渗透率，D；

a——稀疏系数，$a=1.34$。

页岩气藏中的天然裂缝网络是复杂的，孔径主要分布在 10~20μm 之间，连续微裂缝增大了比表面积和富有机质页岩储集空间，增大了吸附气和游离气存储空间，具有很高的有效孔隙度和渗透率，进而改善了储层的渗流特性，提供了有效的页岩气渗流通道。通过理论推导和实验验证表明，气体在微裂缝和裂缝内的流动遵循达西定律，其中 $\alpha=0$。

$$K_{\xi f} = \frac{\phi_{\xi f}b^2}{12} \tag{18.2}$$

式中　b——孔径，m；

$\phi_{\xi f}$——孔隙度；

$K_{\xi f}$——渗透率，D。

基于多尺度流动模型，选择中国南部龙马溪组页岩气藏样品进行气体流动实验。岩心参数见表18.1。

表 18.1　岩心参数

样　品	长度，cm	半径，cm	渗透率，mD	孔隙度，%
1	6.02	3.51	0.00056	3.274
2	6.00	2.5	0.00354	2.146
3	5.99	2.49	0.00752	4.127
4	6.00	2.5	0.02175	5.521

如图18.2所示，随着压力平方差的增加，气体的流量也随之增大；随着渗透率的增加，气体流动呈现出非达西渗流特征，与渗透率在 $10^{-3} \sim 10^{-2}$ mD 之间的情况相比，渗透率在 $10^{-4} \sim 10^{-3}$ mD 之间的变化并不明显。当渗透率增至 10^{-2} mD 时，气体流动呈现出达西渗流特征。因此，气体流动规律具有多尺度效应的特征。实验数据与理论模型的预测结果一致，该模型将多尺度渗流应用于页岩气藏。

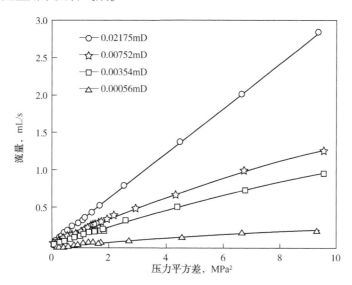

图 18.2　流量与压力平方差的流动曲线

18.2.2　页岩气藏吸附—解吸模型

吸附气与游离气共存于页岩气藏，气体的吸附—解吸是页岩气藏开发的重要机理，页岩气藏吸附—解吸机理的研究会明显影响页岩气藏的开发过程。

1918 年，Langmuir 利用分子动力学理论推导出了单分子层吸附等温线。2013 年，Guo Wei 和 Xiong Wei 等进行了不同温度下的等温吸附和解吸实验，使用的实验样品来自中国四川南部的龙马溪组页岩样品。将吸附—解吸模型预测结果分别与实验数据进行比较，结果表明，Langmuir 模型能够合理描述等温吸附与解吸过程。

气体流动符合 Langmuir 等温方程：

$$V_{\mathrm{E}} = V_{\mathrm{L}}\left(\frac{p}{p+p_{\mathrm{L}}}\right) \tag{18.3}$$

式中　p_{L}——Langmuir 压力，MPa；

　　　V_{L}——Langmuir 体积，代表最大吸附体积，m^3/t；

　　　V_{E}——总吸附体积，m^3/t。

考虑瞬时平衡条件，单位体积基质累积解吸量可表示为：

$$V_{\mathrm{d}} = V_{\mathrm{L}}\left(\frac{p_{\mathrm{i}}}{p_{\mathrm{i}}+p_{\mathrm{L}}} - \frac{\bar{p}}{\bar{p}+p_{\mathrm{L}}}\right) \tag{18.4}$$

式中　V_{d}——单位体积基质累积解吸量，m^3/t；

　　　p_{i}——原始地层压力，MPa；

　　　$\bar{p}$——当前的平均压力，MPa。

18.3　页岩气藏压裂井物理模型与模型解

18.3.1　带微裂缝表层的双重孔隙球形模型

1976 年，De Swaan 提出了球形基质块双重孔隙介质，如图 18.3 所示。模型假设储层按等体积球形基质块分布，裂缝是等体积球形基质块之间的缝隙。

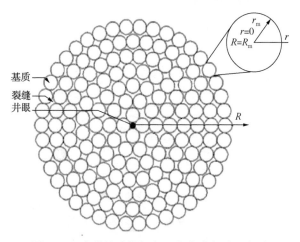

图 18.3　球形基质块径向双重孔隙介质示意图

2012 年，在径向双重孔隙介质的基础上，Osman G. Apaydin 建立了微裂缝球形基质块模型，考虑了微裂缝连续分布的渗流贡献。假设球形基质具有由两个同心球组成的复合结构，如图 18.4 所示。基质质心由均质基质组成，基质块表层具有相同的基质，但存在微裂缝，如图 18.4 所示。表层微裂缝是连接人工裂缝的桥梁，它不仅是储集空间，也是主要渗流通道。

1969 年，Kazemi 提出了层状双重孔隙模型，以此为基础，基质表层被简化为一组等间距的水平基层，如图 18.5 所示。假设表层厚度（$h_{\mathrm{ms}} = r_{\mathrm{m}} - r_{\mathrm{mc}}$）小 [与基质质心半径（$r_{\mathrm{mc}}$）相比]，压力、通量均匀分布在表层边界上；表层微裂缝中的流动是达西流动；忽略了毛细管力和重力的渗流影响。

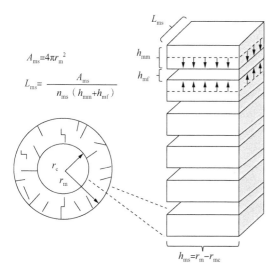

图 18.4 用平行平板系统表示的
裂缝基质—表层

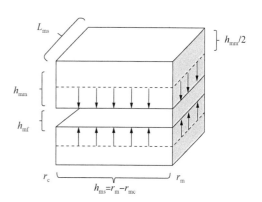

图 18.5 用于表示基质表层的
平板基质与板状裂缝的几何结构

18.3.2 渗流数学模型的建立与求解

在建立数学模型之前，给出如下假设：

（1）球形基层和表层基层为微裂缝提供气源；

（2）基质基层和微裂缝为人工裂缝提供气源；

（3）流向井筒的球形流动只能流过人工裂缝。

由于人工裂缝网络的渗透率比页岩基质高出几个甚至几十个数量级，假设（1）是合理的，假设（2）和假设（3）的前提条件是微裂缝能够有效连接至基质基层和人工裂缝，从球形基层至内层表面的气体压力等于微裂缝压力，其中 $r = m_{mc}$，$\overline{m}_{mcD} = \overline{m}_{mfD}$；$r = m_m$，$\overline{m}_{mfD} = \overline{m}_{fD}$。

18.3.2.1 模型参数和无量纲参数定义

压力传导率：

$$\eta_\zeta = \frac{K_\zeta}{\phi_\zeta \mu c_{t\zeta}} \qquad (18.5)$$

拟压力：

$$m_\xi(p) = 2 \int_{p_\xi}^{p} \left(1 + \frac{3\pi a}{16K_0}\frac{\mu D_K}{p}\right)\frac{p}{\mu Z}\mathrm{d}p \qquad (18.6)$$

拟时间：

$$t_a(p) = \int_0^t \frac{\mu_i c_{ti}}{(\mu c_{t\xi})_{\bar{p}}}\mathrm{d}t \qquad (18.7)$$

无量纲拟压力：

$$m_{\zeta D} = \frac{K_f h_f}{1422qT}\Delta m_\zeta \qquad (18.8)$$

式中　ξ——mc、ms、mf、f 的下标，分别表示球形基层区、表层基层区、表层微裂缝区和人工裂缝网络；

$m_{\xi D}$——不同区域的无量纲拟压力，MPa；

q——通过单一主裂缝进入井筒的流量，m/d；

K_f——人工裂缝网络的总渗透率。

18.3.2.2 建立球形基质数学模型

基于考虑了解吸与扩散的气体连续性方程、运动方程和状态方程，球形基质不稳定流动控制方程如下：

$$\frac{1}{r^2}\frac{\partial}{\partial r}\left[r^2\left(1+\frac{3\pi a}{16K_0}\frac{\mu D_K}{p_{mc}}\right)\frac{p_{mc}}{\mu Z}\frac{\mathrm{d}p_{mc}}{\mathrm{d}r}\right]+\frac{p_{sc}T}{T_{sc}Z_{sc}\rho_{gsc}K_0}q_d=\frac{\phi_m\mu c_t p_{mc}}{K_0}\frac{\partial p_{mc}}{\mu Z}, \quad 0\leqslant r\leqslant r_{mc} \quad (18.9)$$

解吸量与时间的关系表示如下：

$$q_d=\rho_{gsc}\frac{\partial V_d}{\partial t}=\rho_{gsc}\left(\frac{\partial V_d}{\partial p_{mc}}\right)\left(\frac{\partial p_{mc}}{\partial t}\right) \quad (18.10)$$

无量纲参数见表 18.2。

表 18.2　无量纲参数

无量纲拟时间	$t_D=\dfrac{\eta_f}{L^2}t_a$		
无量纲压力传导率	$\eta_{mD}=\dfrac{\eta_m}{\eta_{mf}}=\dfrac{\tilde{\lambda}r_{mD}^2}{15\tilde{\omega}}$；　$\eta_{mfD}=\dfrac{\eta_{mf}}{\eta_f}=\dfrac{\lambda r_{mD}^2}{15\omega}$		
窜流因子	$\lambda=10\dfrac{K_{mf}r_m L^2}{K_f h_f r_m^2}$；　$\tilde{\lambda}=10\dfrac{K_m r_m L^2}{K_f h_f r_m^2}$；　$\lambda_m=12\dfrac{L^2}{h_{mm}^2}\left(\dfrac{K_m h_{mm}}{K_{mf}h_{mf}}\right)$		
弹性存储比	$\omega=\dfrac{2(\phi c_t)_{mf}r_m}{3(\phi c_t)_f h_f}$；　$\tilde{\omega}=\dfrac{2(\phi c_t)_m r_m}{3(\phi c_t)_f h_f}$；　$\omega_m=\dfrac{(\phi c_t)_m h_{mm}}{(\phi c_t)_{mf}h_{mf}}$		
无量纲距离	$r_D=r/L$；　$R_D=R/L$；　$\theta_D=\theta/(h_{mm}/2)$；　$h_{mmD}=h_{mm}/L$		

注：L 是特征长度，由水平井裂缝半长 x_F（m）来标度。

$$\frac{\partial V_d}{\partial p_{mc}}=-\frac{p_L V_L}{(p_{mc}+p_L)^2} \quad (18.11)$$

将式(18.11)代入式(18.10)，压缩因子定义如下：

$$c_t=c_m+c_d \quad (18.12)$$

气体扩散—压缩系数为：

$$c_m=c_g\times\frac{p_{mc}}{p_{mc}+\dfrac{3\pi a\mu D_K}{16K_0}} \quad (18.13)$$

$$c_g=\frac{1}{p_{mc}}-\frac{1}{z}\frac{\mathrm{d}z}{\mathrm{d}p_{mc}} \quad (18.14)$$

气体解吸—压缩系数为：

$$c_d=\frac{p_{sc}TZ}{T_{sc}Z_{sc}\phi}\frac{p_L V_L}{(p_{mc}+p_L)^2}\frac{1}{p_{mc}+\dfrac{3\pi a\mu D_K}{16K_0}} \quad (18.15)$$

因为 $c_t(p_{mc})$ 是 p_{mc} 的函数，所以 $c_t(p_{mc})$ 代入式（18.7）中，求得球形基质的渗流数学模型如下：

$$\frac{1}{r^2}\frac{\partial}{\partial r}\left(r^2\frac{\mathrm{d}\Delta m_{mc}}{\mathrm{d}r}\right)=\frac{1}{\eta_m}\frac{\partial\Delta m_{mc}}{\partial t_a}, \quad 0\leqslant r\leqslant r_{mc} \tag{18.16}$$

将无量纲参数代入式（18.16），代入 $w_{mcD}(r_D, r_{mD}, t_D)=r_D m_{mcD}(r_D, r_{mD}, t_D)$，并对求得的表达式进行拉普拉斯变换，得到式（18.17）：

$$\frac{\partial^2 \overline{w}_{mcD}}{\partial r_D^2}-\frac{s}{\eta_{mDi}}\overline{w}_{mcD}=0 \tag{18.17}$$

初始条件：

$$m_{mcD}(r_D=0, R_{mD}, s)=0 \tag{18.18}$$

边界条件：

$$\overline{w}_{mcD}(r_D=0, R_{mD}, s)=0 \tag{18.19}$$

$$\overline{w}_{mcD}(r_{mcD}, R_{mD}, s)=r_{mcD}\overline{m}_{mfD}(r_{mcD}, R_{mD}, s)=\overline{w}_{mfD}(r_{mcD}, R_{mD}, s) \tag{18.20}$$

球形基质压力分布的拉普拉斯空间解：

$$\overline{m}_{mcD}=\frac{r_{mcD}\sinh\left(\sqrt{s/\eta_{mDi}}\,r_D\right)}{r_D\sinh\left(\sqrt{s/\eta_{mDi}}\,r_{mcD}\right)}\overline{m}_{mfD}(r_{mcD}, R_{mD}, s) \tag{18.21}$$

18.3.2.3 建立基质表层渗流数学模型

（1）基质表层渗流数学模型。

基质表层不稳定流动控制方程如下：

$$\frac{\partial^2\Delta m_{ms}}{\partial\theta^2}=\frac{1}{\eta_m}\frac{\partial\Delta m_{ms}}{\partial t_a}, \quad 0\leqslant\theta\leqslant h_{mm}/2 \tag{18.22}$$

将无量纲参数代入式（18.22），采用拉普拉斯变换，得到基质表层无量纲流动方程（18.23）：

$$\frac{\partial^2 m_{msD}}{\partial\theta_D^2}=\frac{3\omega_m}{\lambda_m\eta_{mfDi}}\frac{\partial m_{msD}}{\partial t_D}, \quad 0\leqslant\theta_D\leqslant h_{mm}/2, \quad 0\leqslant\theta_D\leqslant 1 \tag{18.23}$$

初始条件：

$$m_{msD}(\theta_D=0, s)=0 \tag{18.24}$$

边界条件：

$$\left.\frac{\partial m_{msD}}{\partial\theta_D}\right|_{(\theta_D=0,s)}=0 \tag{18.25}$$

$$m_{msD}(\theta_D=1, s)=m_{mfD}(r_D, s) \tag{18.26}$$

复合基质层压力分布的拉普拉斯空间解：

$$\overline{m}_{msD}=\frac{\cosh\left(\sqrt{\dfrac{3\omega_m}{\lambda_m\eta_{mfDi}}-s}\,\theta_D\right)}{\cosh\left(\sqrt{\dfrac{3\omega_m}{\lambda_m\eta_{mfDi}}-s}\right)}\overline{m}_{mfD} \tag{18.27}$$

（2）表层微裂缝渗流数学模型。

假设来自平板基质各表面的通量瞬时均匀地分布在与基质表面相邻的半边板状裂缝上。

基于气体连续性方程、运动方程和状态方程的表层微裂缝不稳定流动控制方程如下：

$$\frac{\partial}{\partial r}\left(\frac{\partial \Delta m_{mf}}{\partial r}\right)-\frac{\mu}{K_{mf}}q_{ms}(r,\ t)=\frac{1}{\eta_{mf}}\frac{\partial \Delta m_{mf}}{\partial t_a},\ r_{mc}\leqslant r\leqslant r_m \tag{18.28}$$

式中 $q_{ms}(r,\ t)$——从基质表层至平板基质的通量，即单位时间和单位体积的流量。

$$q_{ms}(r,\ t)=-\frac{q_{ms}(\theta=h_{mm}/2,\ t)}{A_{mf}h_{mf}/2}=-\frac{2}{h_{mf}}\left(\frac{K_{ms}}{\mu}\frac{\partial p_{ms}}{\partial \theta}\right)\Bigg|_{(\theta=h_{mm}/2,t)} \tag{18.29}$$

式中 $V_f=A_{mf}h_{mf}$——平板基质之间的体积；

A_{mf}——平板基质和板状裂缝之间的表面积。

将式(18.29)代入式(18.28)，求得如下方程：

$$\frac{\partial}{\partial r}\left(\frac{\partial \Delta m_{mf}}{\partial r}\right)-\frac{2k_{ms}}{k_{mf}h_{mf}}\frac{\Delta m_{ms}}{\partial \theta}\Bigg|_{(\theta=h_{mm}/2,t)}=\frac{1}{\eta_{mf}}\frac{\partial \Delta m_{mf}}{\partial t_a} \tag{18.30}$$

代入无量纲参数，经过拉普拉斯变换后，求得式(18.31)：

$$\frac{\partial^2 \overline{m}_{mfD}}{\partial r_D^2}-\frac{\lambda_m}{3}\frac{\partial \overline{m}_{msD}}{\partial \theta_D}\Bigg|_{(\theta_D=1,s)}-\frac{s}{\eta_{mfDi}}\overline{m}_{mfD}=0,\ r_{mcD}\leqslant r_D\leqslant r_{mD} \tag{18.31}$$

$$\frac{\partial \overline{m}_{msD}}{\partial \theta_D}\Bigg|_{(\theta_D=1,t_D)}=\sqrt{\frac{3\omega_m}{\lambda_m \eta_{mfD}}s}\tanh\left(\sqrt{\frac{3\omega_m}{\lambda_m \eta_{mfD}}s}\right)\overline{m}_{mfD} \tag{18.32}$$

将式(18.32)代入式(18.31)，求得如下方程：

$$\frac{\partial^2 \overline{m}_{mfD}}{\partial r_D^2}-u_m \overline{m}_{mfD}=0 \tag{18.33}$$

初始条件：

$$m_{mfD}(r_D,\ t_D=0)=0 \tag{18.34}$$

边界条件：

$$m_{mfD}(r_{mD},\ s)=m_{fD}(R_{mD},\ s) \tag{18.35}$$

$$\frac{\partial m_{mfD}}{\partial r_D}\Bigg|_{(r_{mcD},s)}=\frac{K_0 h_{mm}}{K_{mf}h_m}\frac{\partial m_{mcD}}{\partial r_D}\Bigg|_{(r_{mcD},s)} \tag{18.36}$$

复合基质层微裂缝压力分布的拉普拉斯空间解：

$$\overline{m}_{mfD}(r_D,\ s)=\frac{(\sqrt{u_m}-f_{mf})+(\sqrt{u_m}-f_{mf})\left[2\sqrt{u_m}(r_D-r_{mcD})\right]^e}{(\sqrt{u_m}-f_{mf})+(\sqrt{u_m}-f_{mf})\left[2\sqrt{u_m}(r_{mD}-r_{mcD})\right]^e}\times \tag{18.37}$$

$$\left[\sqrt{u_m}(r_{mD}-r_{mcD})\right]^e\overline{m}_{fD}(R_{mD},\ s)$$

$$u_m=sf_m(s) \tag{18.38}$$

$$f_m(s)=\frac{1}{\eta_{mfDi}}\left[1+\sqrt{\frac{\lambda_m \omega_m \eta_{mfDi}}{3s}}\tanh\left(\sqrt{\frac{3\omega_m}{\lambda_m \eta_{mfDi}}s}\right)\right] \tag{18.39}$$

$$f_{mf}(s)=\frac{h_{mmD}^2 \lambda_m}{12 r_{mcD}L^2}\left[\sqrt{s/\eta_{mDi}}\,r_{mcD}\coth\left(\sqrt{s/\eta_{mDi}}\,r_{mcD}\right)-1\right] \tag{18.40}$$

18.3.2.4 人工裂缝网络渗流数学模型

对于来自微裂缝介质和人工裂缝网络组成的圆柱形储层中的直井来说，假设从基质至裂缝的流体运移通道只有基质微裂缝，并且来自各球形基质块的通量瞬时均匀地占据了包裹球形基质块的裂缝体积的一半。基于考虑了解吸与扩散的气体连续性方程、运动方程和状态方程，人工裂缝网络的不稳定流动模型如下：

$$\frac{1}{R}\frac{\partial}{\partial R}\left(R\frac{\partial\Delta m_\mathrm{f}}{\partial R}\right)-\frac{2K_\mathrm{mf}h_\mathrm{mf}}{K_\mathrm{f}h_\mathrm{f}h_\mathrm{mm}}\left(\frac{\partial\Delta m_\mathrm{f}}{\partial R}\right)\Bigg|_{(r=r_\mathrm{m},R_\mathrm{m},t)}=\frac{1}{\eta_\mathrm{f}}\frac{\partial\Delta m_\mathrm{f}}{\partial t_\mathrm{a}} \tag{18.41}$$

代入无量纲参数，通过拉普拉斯变换求得式(18.42)：

$$\frac{1}{R_\mathrm{D}}\frac{\partial}{\partial R_\mathrm{D}}\left(R_\mathrm{D}\frac{\partial\Delta\overline{m}_\mathrm{fD}}{\partial R_\mathrm{D}}\right)-\frac{2K_\mathrm{mf}h_\mathrm{mf}}{K_\mathrm{f}h_\mathrm{f}h_\mathrm{mm}}\left(\frac{\partial\Delta\overline{m}_\mathrm{fD}}{R_\mathrm{D}}\right)\Bigg|_{(r=r_\mathrm{m},R_\mathrm{m},t)}-s\Delta\overline{m}_\mathrm{fD}=0 \tag{18.42}$$

$$\left(\frac{\partial\overline{m}_\mathrm{fD}}{R_\mathrm{D}}\right)\Bigg|_{(r_\mathrm{mD},R_\mathrm{mD},s)}=-\frac{5h_\mathrm{mm}}{h_\mathrm{mf}r_\mathrm{mD}}f_\mathrm{f}f_\mathrm{m}s\overline{m}_\mathrm{fD}(R_\mathrm{mD},s) \tag{18.43}$$

$$\frac{1}{R_\mathrm{D}}\frac{\partial}{\partial R_\mathrm{D}}\left(R_\mathrm{D}\frac{\partial\Delta\overline{m}_\mathrm{fD}}{\partial R_\mathrm{D}}\right)-u\overline{m}_\mathrm{fD}=0 \tag{18.44}$$

初始条件：

$$\overline{m}_\mathrm{fD}(R_\mathrm{D},s=0)=0 \tag{18.45}$$

边界条件：

$$\left(R_\mathrm{D}\frac{\partial\overline{m}_\mathrm{fD}}{R_\mathrm{D}}\right)\Bigg|_{R_\mathrm{D}-R_\mathrm{wD}}=-\frac{1}{s} \tag{18.46}$$

$$\overline{m}_\mathrm{fD}(R_\mathrm{D}\to\infty,s)=0 \tag{18.47}$$

压裂直井压力分布的拉普拉斯空间解：

$$\overline{m}_\mathrm{fD}=\frac{K_0(\sqrt{u}R_\mathrm{D})}{s\sqrt{u}R_\mathrm{wD}K_1(\sqrt{u}R_\mathrm{wD})} \tag{18.48}$$

$K_0(z)$ 和 $K_1(z)$ 分别是 0 阶和 1 阶第二类修正贝塞尔函数：

$$u=sf(s) \tag{18.49}$$

$$f(s)=1-\lambda f_\mathrm{m}(s)f_\mathrm{f}(s) \tag{18.50}$$

$$f_\mathrm{f}(s)=\left(\frac{h_\mathrm{mfD}r_\mathrm{mD}}{5\sqrt{u_\mathrm{m}}h_\mathrm{mmD}}\right)\left\{\frac{(\sqrt{u_\mathrm{m}}-f_\mathrm{mf})-(\sqrt{u_\mathrm{m}}+f_\mathrm{mf})[2\sqrt{u_\mathrm{m}}(r_\mathrm{mD}-r_\mathrm{mcD})]^e}{(\sqrt{u_\mathrm{m}}-f_\mathrm{mf})+(\sqrt{u_\mathrm{m}}+f_\mathrm{mf})[2\sqrt{u_\mathrm{m}}(r_\mathrm{mD}-r_\mathrm{mcD})]^e}\right\} \tag{18.51}$$

就本文给出的结果来说，使用 Stehfest 提出的数值拉普拉斯反演算法来获得实时域空间解。式(18.48)给出的全射孔直井的解与常规双重孔隙储层直井的解是相同的(基质是均质的)。因此，式(18.49)将微裂缝对基质表面的影响并入了常规双重孔隙解。

18.4   敏感参数影响因素分析

基于式(18.48)至式(18.51)，将上述结果应用于 OZkan 建立的页岩气藏压裂井产量公式，该产量公式考虑了扩散与滑脱的复合效应、Langmuir 等温方程描述的吸附现象。也考虑了微裂缝的连通性。结合表 18.3 中的页岩气储层参数，给出了随时间变化的压裂水平井开采动态曲线，分析了微裂缝尺寸和渗透率、扩散和极限解吸等参数的开采动态影响。

图 18.6 给出了基质与微裂缝渗透率对微裂缝双重孔隙储层压裂水平井开采动态的影响。从图 18.6 可以看出，微裂缝渗透率越大，基质和裂缝网络的连通性越好，产量越大。微裂

缝渗透率的变化对早期和中期生产的影响很大。由于储层致密且渗透率低，基质与微裂缝之间的通量能力对产量有影响。当基质渗透率增加到 0.005mD 时，影响程度会下降。

表 18.3　页岩气藏参数

参数	数值	参数	数值
储层厚度(h)，m	30	基质块半径(r_e)，m	2
水平井段长度(L_h)，m	1600	裂缝网络渗透率(K_f)，mD	2
与水平井段平行的泄气(边界)距离(x_e)，m	80	裂缝网络孔隙度(ϕ_f)	0.45
水力压裂裂缝间距($2y_e$)，m	160	裂缝网络厚度(h_f)，μm	200
黏度(μ)，mPa·s	0.027	水力压裂裂缝渗透率(K_F)，mD	100
基质渗透率(K_0)，mD	0.0005	水力压裂裂缝孔隙度(ϕ_F)	0.38
基质孔隙度(ϕ_m)	0.03	水力压裂裂缝缝半长(x_F)，m	80
微裂缝渗透率(K_{mf})，mD	0.02	水力压裂裂缝缝宽(w_F)，m	0.003
微裂缝孔隙度(ϕ_{mf})	0.25	原始气藏压力(p_e)，MPa	25
微裂缝厚度(h_{mf})，μm	2	定地面产量(q_{sc})，m³/d	2000
表层厚度(h_{ms})，m	$0.2r_m$	定井底流压(p_w)，MPa	6

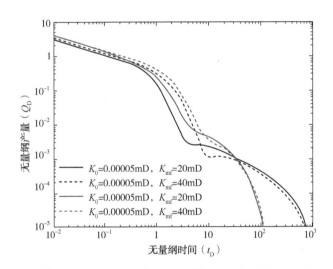

图 18.6　基质和微裂缝渗透率对微裂缝双重孔隙储层压裂水平井开采动态的影响

图 18.7 给出了基质表层厚度对压裂水平井开采动态的影响。从图 18.7 可以看出，早期微裂缝越长，连通性越好，产量越大；中后期随着生产时间的增加，降压速度越快，产量递减越快；当微裂缝尺寸大于 0.6 倍基质半径时，产量增幅下降。

图 18.8 给出了扩散性对压裂水平井开采动态的影响。由于储层特征不同，扩散系数也不同，天然气生产也会受到很大的影响。从图 18.8 中可以看出，产量随着扩散系数的减小而下降。当扩散系数小于 6×10^{-7} m²/s 时，存在明显的分段变化特征。

图 18.9 给出了解吸对压裂水平井开采动态的影响。Langmuir 体积越大，产量越大，产量递减速度越慢。早期页岩气藏的压降和解吸能力都小，对总产量的贡献很小；中后期地层压力逐渐下降，气体解吸量增加。

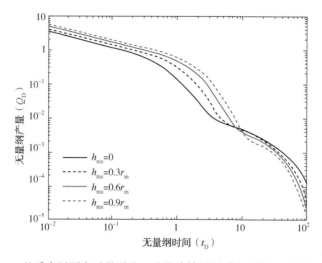

图 18.7 基质表层厚度对微裂缝双重孔隙储层压裂水平井开采动态的影响

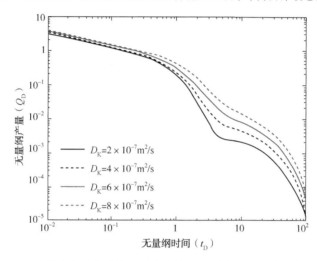

图 18.8 扩散系数对微裂缝双重孔隙储层压裂水平井开采动态的影响

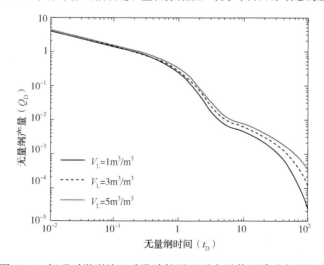

图 18.9 解吸对微裂缝双重孔隙储层压裂水平井开采动态的影响

18.5 结论

(1) 基于纳米级微孔非线性流动特征，引入了多尺度流体模型，建立了微裂缝球形基质块表层双重孔隙介质。考虑到页岩气的渗流、扩散和解吸机理，应用拉普拉斯变换和 Stehfest 数值反演，求得无量纲井底压力和水平井产量的拉普拉斯空间解，分析了表层厚度、微裂缝渗透率、扩散系数和极限解吸量等影响因素。

(2) 微裂缝网络的发育情况会严重影响页岩储层压裂水平井的生产能力。微裂缝越多，基质与裂缝之间的连通性越好，产量越大；当基质渗透率增加到 0.0005mD 时，微裂缝渗透率对产量的影响下降，微裂缝越长，初期产量越大；当微裂缝长度大于 0.6 倍基质半径时，产量下降。因此，页岩储层短裂缝的发育程度不仅有利于游离气的储存，而且能够明显改善储层的渗透性能。

(3) 产量随着扩散系数的增加而增大，当扩散系数增加至 $6 \times 10^{-7} m^2/s$ 时，产量增幅下降，产量分段变化特征不明显。有机质孔隙中的气体解吸使页岩气井产量递减变慢，解吸量越大，页岩气井产量越大，产量递减越慢，产量对中后期生产能力的影响更大。

参 考 文 献

[1] Yang F, Ning F Z, Hu C P, et al. Characterization of microscopic pore structure in shale reservoirs. Acta Petrolei Sinica, 2013, 34(2): 301.

[2] Somdergeld C H, Ambrose R J, Rai C S, et al. Micro-structural studies of gas shales. SPE Unconventional Gas Conference. New York, 2010.

[3] Jacadpoue F, Fisher D, Unsworth M. Nanoscale gas flow in shale gas sediments. Journal of Canadian Petroleum Technology, 2007, 46(10): 55.

[4] Wang F P, Reed R M. Pore networks and fluid flow in gas shales. SPE Annual Technical Conference and Exhibition, New Orleans, Louisiana, USA, 2009.

[5] Zhu W Y, Ma Q, Deng J, et al. Mathematical model and application of gas flow in nano-micron pores. Journal of University of Science and Technology Beijing, 2014, 36(6): 709.

[6] Deng J, Zhu W Y, Ma Q. A new seepage model for shale gas reservoir and productivity analysis of fractured well. Fuel, 2014, 124: 232.

[7] Wu Y S, Morids G J, Bai B, et al. A multi-continuum model for gas production in tight fractured reservoirs. SPE Hydraulic Fracturing Technology Conference. Woodlands, Texas, USA, 2009.

[8] Dejhjampour H, Shirdel M. A triple porosity model for shale gas reservoirs. SPE Canadian Unconventional Resources Conference. Alberta, Canada, 2011.

[9] Warren J E, Root P J. The behavior of naturally fractured reservoirs. SPE Journal, 1963.

[10] Ozkan E, Brown M, Raghavan R, et al. Comparison of Fractured Horizontal Well Performance in Conventional and Unconventional Reservoirs. SPE Western Regional Meeting. San Jose, California, 2009.

[11] Zhu Q, Zhang L H, Zhang B N, et al. The research about transient production decline of triple porosity model considering micro fractures in shale gas reservoir. Science Technology and Engineering, 2013(29): 8595.

[12] Apaydin O G, Ozakan E, Raghavan R. Effect of discontinuous microfractures on ultratight matrix permeability of a dual-porosity medium. SPE Canadian Unconventional Resources Conference. Alberta, Canada, 2011.

[13] Beskok, A., Karniadakis, G E. A Model for Flows in Channels, Pipes, and Ducts at Micro and Nano Scales. Microscale Thermophysical Engineering, 1999, 3 (1): 43. Production Forecasting of Fractured Wells 279.

[14] Beskok A., Karniadakis G. Rarefaction and compressibility effects in gas microflows. Fluids Engineering, 1996, 118(3): 448.

[15] Yao J, Sun H, Huang Z Q, et al. Key mechanical problems in the development of shale gas reservoirs. Science Sinica: Physical, Mechanica & Astronomica, 2013, 43(12): 1527.

[16] Guo W, Xiong W, Gao S S, et al. Impact of temperature on the isothermal adsorption/desorption characteristics of shale gas. Petroleum Exploration and Development, 2013, 40(4): 481.

[17] Brown M, Oakan, Raghavanr, et al. Practical Solutions for Pressure Transient Responses of Fractured Horizontal Wells in Unconventional Reservoirs. SPE Annual Technical Conference and Exhibition. New Orleans, Louisiana, 2009.

[18] Van Everdingen A F, Hurst W. The application of the Laplace transformation to flow problems in reservoirs. Trans. AIME, 1949, 186(305): 97.

19 页岩气藏多尺度非线性渗流理论研究

Weiyao Zhu，**Jia Deng**，**Qi Qian**

（北京科技大学土木与环境工程学院，中国北京）

摘　要　针对纳米级微孔页岩气藏，采用连续介质力学与分子运动学方法相结合的方法进行流态描述。采用克努森数(Kn)判断流体流态。阐述了不同区域流动机理和流态特征，绘制了流态图。本文建立了考虑扩散、滑脱和解吸效应的新的多尺度渗流模型。基于基质—裂缝多尺度渗流规律，在考虑扩散、滑脱和解吸—吸收的基础上，建立了复合裂缝网络系统瞬态压裂水平井流动模型。结果表明，页岩气藏纳米级微孔内存在过渡流、滑脱流和连续流三种流态。在地层压力下，克努森数大于0.1，在达西公式与多尺度渗流模型之间，克努森调节因子存在较大的偏差，所以不能使用达西公式进行计算。通过数值计算分析了瞬态分段压裂水平井流动模型。结论是产量越大，压降越大。当产量增加10倍至$10^5 m^3/d$时，压降范围扩大至内裂缝网络区外，进入外区达150m；前200天的产量下降很快，300天后产量逐渐稳定下来。模型为生产预测和开发指标的优化提供了理论依据。

19.1 简介

分析表明，页岩气藏的孔隙度和孔隙体积均为纳米级。流动是非线性的，经历了从达西流到其他流态的转变过程，分子与孔隙内壁之间的碰撞明显影响流体的运移过程，所以对于这类页岩气藏来说，不能使用达西公式进行计算。构造特征分析结果表明，主要纳米级孔隙的尺寸在5~200nm之间，渗透率在$1×10^{-6}$~1mD之间。流体在致密页岩气藏中的流动不仅包括渗流，而且还包括明显不同于常规气藏的扩散、滑脱和解吸—吸收。虽然页岩气藏的基质和微裂缝构造复杂，但流体在微裂缝和裂缝中的流动属于达西流。因此，有必要针对页岩气藏的高效开发，建立新的渗流理论，用来描述纳米级微孔中的流体流动规律和多尺度孔隙耦合流动。

Javadpour等[1]给出了这样的结论，即纳米级孔隙中的气体流动不同于达西流，并测试了气体平均自由程和克努森数。Wang和Reed[2]也指出，游离气在基质中的流动可能是非达西流，但在天然裂缝与水力压裂裂缝中的流动则属于达西流。Freeman[3]指出，孔喉直径达到分子平均自由程长度这样的数量级将会形成非达西流流动条件，其中渗透率是压力的强函数。Michel[4]利用克努森数改进原始Beskok和Karniadakis方程[5]，开发了相应的模型来描述气体在致密纳米级孔隙介质中的运移过程，但该模型无法应用于所有的流态。

近期，水平井钻井和分段水力压裂技术的进步解决了诸如页岩气藏这样的致密储层的开发问题。由于基质、微裂缝和裂缝渗透率之间的差异，以及流动几何形状也与常规气藏不同，因而压裂水平井流动模型就成了摆在人们面前的一项挑战。

Bello[7]将El-Banbi和Wattenbarger[8]开发的线性双重孔隙模型应用于压裂页岩气藏的产

量瞬态分析。Ozkan 等[14]提出了内页岩储层瞬态双重孔隙模型，并扩展了由 Browne 等[15]先前提出的三线性模型。Dehghanpour 和 Shirdel 扩展了 Warren 和 Root 提出的拟稳态三重孔隙模型以及 Ozkan 提出的瞬时双重孔隙介质模型。现有模型的渗流方程遵循达西定律，未考虑页岩纳米级微孔中的扩散与滑脱以及有机孔隙中解吸—吸收的气体流动影响，这是这些模型明显的不足之处。

本文中建立了以 Beskok 和 Karniadakis 方程为基础的新模型。然后，建立了考虑扩散、滑脱和解吸效应的多尺度流动模型。通过建立的复合裂缝网络系统瞬态流动模型，求得压裂水平井的产能公式，产能公式考虑了扩散、滑脱和解吸—吸收的影响，可以用来描述生产井的潜力，提高其生产能力。

19.2　页岩气藏多尺度流态分析

2002 年，F. Civan 指出，孔隙介质中的气体流态取决于气体的物理性质及其分子平均自由程，通过总结 Liepmann、Stahl 和 Kaviany 的研究成果，利用克努森数划分出三个气体流动区域，即连续流、滑脱流、过渡流。在低克努森数($Kn<0.001$)的场合，连续流的非滑脱边界条件是有效的，达西方程是合适的方程；在高克努森数($0.001<Kn<0.1$)的场合，连续流的滑脱边界条件是有效的，克努森方程是合适的方程；在克努森数($0.1<Kn<10$)更高的场合，流态属于过渡流，连续方法不再适用，滑脱边界条件是有效的，Burnett 方程是合适的方程；当克努森数大于 10 时，流动属于自由分子流，流态为自由分子流流态，Fick 方程是合适的方程。

克努森数(Kn)的定义如下：

$$Kn = \frac{\lambda}{r} \tag{19.1}$$

$$\lambda = \frac{K_B T}{\sqrt{2}\,\pi\delta^2 p} \tag{19.2}$$

式中　λ——气相分子平均自由程，m；

　　　r——孔喉直径，m；

　　　K_B——玻尔兹曼常数，1.3805×10^{-23} J/K；

　　　δ——气体分子碰撞直径；

　　　p——压力；

　　　T——温度。

表 19.1 列出了不同组分的气体分子碰撞直径。如图 19.1 所示，给出了气体分子平均自由程随压力、温度变化的关系曲线。绘制曲线时，使用了表 19.1 中的数据，采用式(19.2)进行计算。

表 19.1　不同组分的气体分子碰撞直径

气体组分	摩尔分数,%	碰撞直径 δ, nm	摩尔质量，kg/kmol
甲烷	87.4	0.4	16
乙烷	0.12	0.52	30
二氧化碳	12.48	0.45	44

图 19.2 表明，克努森数是压力的函数，涉及孔隙尺寸范围为 10nm~50μm。在不同的孔隙尺寸和压力条件下，流态也是不同的，即过渡流、滑脱流和连续流，属于常规渗流模式，纳米级微孔中的流态主要是连续流和滑脱流，随着压力的增加，部分孔隙内的流态会转变为连续流。当 $r>50\mu m$ 时，流态属于连续流。例如，页岩气藏，当压力为 10~20MPa、孔隙尺寸为10~30nm 时，气体流态属于滑脱流。因此，对于页岩气藏来说，孔隙中的流态属于滑脱流。例如，龙马溪组气藏，纳米级孔隙主要为 2~40nm，占总孔隙体积的 88.39%、比表面积的 98.85%；主要孔隙体积空间来自 2~50nm 的中孔隙，主要比表面积来自微孔和小于 50nm 的中孔隙。

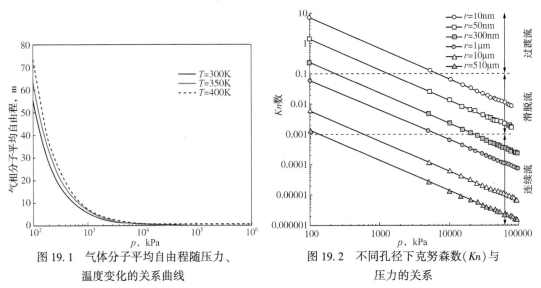

图 19.1 气体分子平均自由程随压力、
温度变化的关系曲线

图 19.2 不同孔径下克努森数(Kn)与
压力的关系

19.3　页岩气藏多尺度非线性渗流模型

19.3.1　纳米级微孔非线性渗流模型

孔隙介质中的流动问题通常可以采用达西定律来加以描述，但是达西流动模型未考虑滑脱效应和气体分子与孔隙内壁之间的碰撞。对于极低渗透率的页岩气藏来说，流体的流动是非线性的，经历了从达西流向其他流态的转变过程，且气体分子与孔隙内壁之间的碰撞会明显影响气体的运移过程。Beskok 和 Karniadakis 方程给出了流速和压力梯度之间的关系：

$$v = -\frac{K_0}{\mu}(1 + \alpha Kn)\left(1 + \frac{4Kn}{1 - bKn}\right)\left(\frac{dp}{dx}\right) \qquad (19.3)$$

式中　α——稀疏系数，用来修正体积黏度 μ；

　　　b——滑脱系数。

渗透率调节因子定义如下：

$$K = K_0\zeta \qquad (19.4)$$

$$\zeta = (1 + \alpha Kn)\left(1 + \frac{4Kn}{1 + bKn}\right) \qquad (19.5)$$

1999 年，Beskok 和 Karniadakis 给出的稀疏系数计算公式如下：

$$\alpha = \frac{128}{15\pi^2}\tan^{-1}(4Kn^{0.4}) \tag{19.6}$$

随后，渗透率调节因子计算如下：

$$\zeta = 1 + \alpha Kn + \frac{4Kn}{1+Kn} + \frac{4\alpha Kn^2}{1+Kn} \tag{19.7}$$

如图 19.2 所示，对于连续流和滑脱流来说，$Kn<0.1$，可以忽略二次项和二次以上的项，取泰勒级数的前两项，则有：

$$\zeta = 1 + 4Kn \tag{19.8}$$

其中，为了改进式(19.8)，引入了多项式修正系数 a，这样可以保证简化二项式具有更好的计算精度。纳米级微孔介质气体流动模型的渗透率调节因子为：

$$\zeta = 1 + 4aKn \tag{19.9}$$

通过最小二乘法分段拟合式(19.9)，求出 a 的最佳匹配值，利用 Beskok-Karniadakis 模型求出渗透率调节因子：

$$M = \int_{Kn_1}^{Kn_2}\left[1 + \alpha Kn + \frac{4Kn}{1+Kn} + \frac{4\alpha Kn^2}{1+Kn} - (1+4\alpha Kn)\right]^2 \mathrm{d}Kn \tag{19.10}$$

其中 Kn_1 是连续流、滑脱流和过渡流 3 种流态的最小克努森数，而 Kn_2 是最大克努森数。

根据克努森数，将气体流态划分为连续流、滑脱流和过渡流 3 类。针对不同的流态，使用最小二乘法分段拟合，求出如下近似线性函数：

$$g_1(Kn) = 1 + 4a_1Kn, \ 0 < Kn \leqslant 0.001 \tag{19.11}$$
$$g_2(Kn) = 1 + 4a_2Kn, \ 0.001 < Kn \leqslant 0.1 \tag{19.12}$$
$$g_3(Kn) = 1 + 4a_3Kn, \ 0.1 < Kn \leqslant 10 \tag{19.13}$$

表 19.2 中的多项式修正系数 a 采用最小二乘法分段拟合求出，并采用 Matlab 绘制图 19.3。

表 19.2 多项式修正系数 a

Kn	a	Kn	a
0~0.001	0	0.1~10	1.34
0.001~0.1	1.2		

图 19.3 比较了简化模型和 Beskok-Karniadakis 模型的预测结果，利用最小二乘法拟合简化模型获得的曲线更平滑，拟合误差更小，且精度高。

本文建立的纳米级微孔流动模型为后续的微尺度流动机理研究和工程应用提供了便利，并且计算精度高。

19.3.2 考虑扩散、滑脱的多尺度渗流模型

对于极低渗透率的页岩气藏来说，流体的流动是非线性的，经历了从达西流到其他

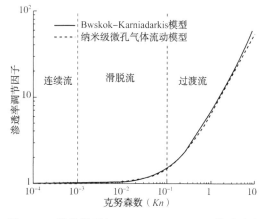

图 19.3 简化模型与 Beskok-Karniadakis 模型对比

流态的转变过程，在此状态下，气体分子与孔隙内壁之间的碰撞明显影响气体的运移过程，孔隙介质流中的气体扩散增强。

1960 年，Guggenheim 给出了分子平均自由程的定义，Civan 给出了克努森扩散系数的定义：

$$\lambda = \sqrt{\frac{\pi Z R T}{2 M_w}} \frac{\mu}{p} \tag{19.14}$$

$$D_K = \frac{4r}{3} \sqrt{\frac{2 Z R T}{\pi M_w}} \tag{19.15}$$

式中 R——气体常数；

μ——气体黏度；

T——温度；

M_w——气体分子量；

Z——气体压缩因子；

λ——分子平均自由程；

D_K——克努森扩散系数。

将式(19.15)代入式(19.14)，求得分子平均自由程为：

$$\lambda = \frac{3\pi}{8r} \cdot \frac{\mu}{p} \cdot D_K \tag{19.16}$$

克努森数(Kn)计算如下：

$$Kn = \frac{\lambda}{r} = \frac{3\pi}{8r^2} \cdot \frac{\mu}{p} \cdot D_K \tag{19.17}$$

然后，合并式(19.17)和式(19.3)，求得式(19.18)：

$$v = -\frac{K_0(1 + 4aKn)}{\mu}\left(\frac{dp}{dx}\right) = -\frac{K_0}{\mu}\left(1 + \frac{3\pi a}{2} \frac{\mu}{r^2} D_K \frac{1}{p}\right)\left(\frac{dp}{dx}\right) \tag{19.18}$$

$$K_0 = \frac{\phi r^2}{8\tau} \tag{19.19}$$

式中 ϕ——孔隙度；

τ——扭曲度，且 $\tau = 1$。

将式(19.15)代入式(19.14)，求得考虑了扩散、滑脱和解吸效应的新多尺度渗流模型：

$$v = -\frac{K_0}{\mu}\left(1 + \frac{3\pi\phi a}{2} \frac{\mu}{r^2} D_K \frac{1}{p}\right)\left(\frac{dp}{dx}\right) = -\frac{K_0}{\mu}\left(1 + \frac{3\pi\phi a}{16 K_0} \frac{\mu D_K}{p}\right)\left(\frac{dp}{dx}\right) \tag{19.20}$$

19.3.3   微裂缝与压裂裂缝达西流

采用上述滑脱与扩散效应对 Beskok 模型进行了修正，页岩气在微裂缝中的流动过程中，滑脱与扩散效应发挥着重要作用。微裂缝网络是连接宏观孔隙和微裂缝的纽带。微米级以上的孔隙成为微尺度气体流动的主要通道。

考虑的二维流动忽略了 z 方向上的变化。这适用于横纵比高的通道。几何形状如图 19.4 所示。在笛卡尔坐标系中，就忽略了体积力的可压缩流体来说，其全二维时不变等黏度 Navier-Stokes 方程为：

$$\rho\left(u\frac{\partial u}{\partial x} + v\frac{\partial v}{\partial y}\right) = -\frac{\partial p}{\partial x} + \mu\left[\frac{\partial^2 u}{\partial x^2} + \frac{\partial^2 u}{\partial y^2} + \frac{1}{3}\left(\frac{\partial^2 u}{\partial x^2} + \frac{\partial^2 v}{\partial x\partial y}\right)\right] \qquad (19.21)$$

$$\rho\left(u\frac{\partial v}{\partial x} + v\frac{\partial v}{\partial y}\right) = -\frac{\partial p}{\partial y} + \mu\left[\frac{\partial^2 v}{\partial x^2} + \frac{\partial^2 v}{\partial y^2} + \frac{1}{3}\left(\frac{\partial^2 v}{\partial y^2} + \frac{\partial^2 u}{\partial x\partial y}\right)\right] \qquad (19.22)$$

理想气体状态方程如下：

$$p = \rho RT \qquad (19.23)$$

式中　u 和 v——速度 $\boldsymbol{u}$ 的流向分量和壁面法向分量；

　　　μ——分子黏度；

　　　ρ——密度；

　　　R——气体常数。

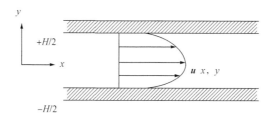

图 19.4　考虑滑脱速度气流纵剖面的几何形态分析

针对长距离非绝热通道中的低马赫数(Ma)流动，动量方程可以改写为无量纲形式：

$$Re\tilde{p}\left(\varepsilon\tilde{u}\frac{\partial\tilde{u}}{\partial\tilde{x}} + \tilde{v}\frac{\partial\tilde{u}}{\partial\tilde{y}}\right) = -\frac{\varepsilon Re}{\gamma Ma^2}\frac{\partial\tilde{p}}{\partial\tilde{x}} + \varepsilon^2\frac{\partial^2\tilde{u}}{\partial\tilde{x}^2} + \frac{\partial^2\tilde{u}}{\partial\tilde{y}^2} + \frac{1}{3}\left(\varepsilon^2\frac{\partial^2\tilde{u}}{\partial\tilde{x}^2} + \varepsilon\frac{\partial^2\tilde{v}}{\partial\tilde{x}\partial\tilde{y}}\right) \qquad (19.24)$$

$$Re\tilde{p}\left(\varepsilon\tilde{u}\frac{\partial\tilde{v}}{\partial\tilde{x}} + \tilde{v}\frac{\partial\tilde{v}}{\partial\tilde{y}}\right) = -\frac{Re}{\gamma Ma^2}\frac{\partial\tilde{p}}{\partial\tilde{y}} + \varepsilon^2\frac{\partial^2\tilde{v}}{\partial\tilde{x}^2} + \frac{\partial^2\tilde{u}}{\partial\tilde{y}^2} + \frac{1}{3}\left(\varepsilon^2\frac{\partial^2\tilde{v}}{\partial\tilde{y}^2} + \varepsilon\frac{\partial^2\tilde{u}}{\partial\tilde{x}\partial\tilde{y}}\right) \qquad (19.25)$$

式中　$Re = \bar{\rho}\bar{u}H/\mu$——雷诺数，它在 x 方向上是常数；

　　　Ma——以 $\bar{u}$ 为基础的出口马赫数，来自 $c^2 = \gamma RT$。

无量纲参数：$\tilde{u} = u/\bar{u}$，$\tilde{v} = v/\bar{v}$，$\tilde{x} = x/L$，$\tilde{y} = y/H$，$\tilde{p} = p/\bar{p}$，$\tilde{\rho} = \rho/\bar{\rho}$。

利用动力学气体理论，克努森数(Kn)可由雷诺数(Re)和马赫数(Ma)来表述：

$$Kn = \sqrt{\frac{\pi\gamma}{2}}\frac{Ma}{Re} \qquad (19.26)$$

使用常规微扰法求解控制方程，$\varepsilon = H/L$(H 为通道的高度，L 为通道的长度)，并且认为其数值不大，即 $0 < \varepsilon < 1$。

无量纲连续方程为：

$$\varepsilon\frac{\partial(\tilde{p}\tilde{u})}{\partial\tilde{x}} + \frac{\partial(\tilde{p}\tilde{v})}{\partial\tilde{x}} = 0 \qquad (19.27)$$

边界条件：

$$\tilde{v}_{\text{wall}} = 0 \qquad (19.28)$$

$$\tilde{u}_{\text{slip}} = \tilde{u}_{\text{wall}} = \sigma Kn\left|\frac{\partial\tilde{u}}{\partial\tilde{y}}\right|_{\text{wall}} \qquad (19.29)$$

式中　σ——一级滑脱系数，$\sigma = (2 - \sigma_t)/\sigma_t$；

　　　σ_t——切向动量协调系数，假设它可以在 0(零协调)和 1(全协调)之间变化，$0 < \sigma_t < 1$。

现在利用 ε 的幂来展开 $\tilde{u}$，$\tilde{v}$ 和 $\tilde{p}$：

$$\tilde{u} = \tilde{u}_0 + \varepsilon\tilde{u}_1 + \varepsilon^2\tilde{u}_2 + \cdots \tag{19.30}$$

$$\tilde{v} = \varepsilon\tilde{v}_1 + \varepsilon^2\tilde{v}_2 + \cdots \tag{19.31}$$

$$\tilde{p} = \tilde{p}_0 + \varepsilon\tilde{p}_1 + \varepsilon^2\tilde{p}_2 + \cdots \tag{19.32}$$

将上述等式代入式（19.27），利用对称条件和滑脱流边界条件，求得无量纲流速：

$$\tilde{u}_o(\tilde{x},\ \tilde{y}) = -\frac{\varepsilon Re}{8\gamma Ma^2}\frac{\mathrm{d}\tilde{p}_0}{\mathrm{d}\tilde{x}}\left(1 - 4\tilde{y}^2 + 4\sigma\frac{Kn}{\tilde{p}_0}\right) \tag{19.33}$$

在不考虑边界条件滑脱的情况下，即流体在微裂缝和裂缝（$Kn \leqslant 0.001$）中的流动可以近似为线性达西流动。

19.4 复合裂缝网络系统瞬态流动模型

目前，大多数水平井的水力压裂采用封隔器射孔作业，同时与井筒流体相接触的其余位置是闭合的。在这种情况下，考虑从基质到井筒属于非渗流状态，基本假设是：

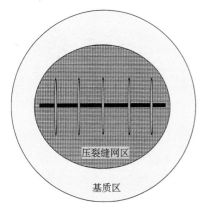

（1）地层是闭合的、无限的和均质的。

（2）储层中流动的是单相可压缩流体，忽略了重力的影响，流体流动属于等温流动；裂缝导流能力有限，遵循达西定律。

（3）裂缝垂直于水平井筒，且以井眼为中心对称分布。

当水力压裂裂缝垂直于水平井井筒时，压裂缝网区和基质区之间的渗透率差异较大，因此提出了复合裂缝网络系统瞬态流动模型（图 19.5）：第一区为压裂缝网区，第二区为基质区。

图 19.5 模型参数与无量纲参数的复合裂缝
网络系统定义的瞬态流模型示意图

压电传导率的定义如下：

$$\eta_\zeta = \frac{k_\zeta}{\phi_\zeta\mu c_{\iota\zeta}^*} \tag{19.34}$$

式中的气体压缩系数和解吸压缩系数为：

$$c_{g\xi} = c \cdot \frac{p_\xi}{p_\xi + \dfrac{3\pi a\mu D_K}{16K_{0\xi}}} \tag{19.35}$$

$$c_{d\xi} = \frac{p_{sc}TZ}{T_{sc}Z_{sc}\phi}\frac{p_L V_L}{(p_\xi + p_L)^2}\frac{1}{p_\xi + \dfrac{3\pi a\mu D_K}{16K_{0\xi}}} \tag{19.36}$$

总压缩系数：

$$c_{\iota\xi}^* = c_{g\xi} + c_{d\xi} \tag{19.37}$$

拟压力：

$$\Psi_\xi(m) = 2\int_{m_a}^{m_1} \frac{m_\xi}{\mu Z}\mathrm{d}m_\xi \tag{19.38}$$

$$m_\xi = p_\zeta + \frac{3\pi a\mu D_K}{16K_{0\xi}} \tag{19.39}$$

基质区压力设定为p_1，压裂缝网区压力设定为p_2，p_w为井底压力。分别根据内外区的排气区和界面连续性、压力分布要求，分别列出压力分布方程，最后求出随井底压力变化而变化的产量公式。

第一区：压裂缝网区。

$$\frac{1}{r}\frac{\partial}{\partial r}\left(\frac{1}{r}\frac{\partial\Psi_1}{\partial r}\right) = \frac{1}{\eta_1}\frac{\partial\Psi_1}{\partial t} \quad (0 < r < r_c,\ t > 0) \tag{19.40}$$

初始条件：

$$\Psi_1(r,\ t) = \Psi_i \quad (0 < r < r_c,\ t = 0) \tag{19.41}$$

边界条件：

$$r\frac{\partial\Psi_1}{\partial r}\bigg|_{r=r_w} = \frac{Q\mu_1}{2\pi K_1 h} = \frac{Q}{2\pi\lambda_1 h} \quad (r \to 0,\ t > 0) \tag{19.42}$$

第二区：基质区。

$$\frac{1}{r}\frac{\partial}{\partial r}\left(\frac{1}{r}\frac{\partial\Psi_2}{\partial t}\right) = \frac{1}{\eta_2}\frac{\partial\Psi_2}{\partial t} \quad (r_c < r < \infty,\ t > 0) \tag{19.43}$$

初始条件：

$$\Psi_2(r,\ t) = \Psi_i \quad (r_c < r < \infty,\ t = 0) \tag{19.44}$$

边界条件：

$$\Psi_2(r,\ t) = \Psi_i \quad (r \to \infty,\ t > 0) \tag{19.45}$$

界面连续性要求：

$$\Psi_1(r_c,\ t) = \Psi_2(r_c,\ t) \tag{19.46}$$

$$M\frac{\partial\Psi_1}{\partial r} = \frac{\partial\Psi_2}{\partial r}\bigg|_{r=r_c} \tag{19.47}$$

将式（19.40）、式（19.43）代入边界条件，并进行了玻尔兹曼变换，假设：

$$u = \frac{r^2}{4\chi_1 t},\ N = \frac{\eta_1}{\eta_2},\ \frac{1}{\eta} = \frac{\phi\mu}{K_0 n} \tag{19.48}$$

内区压力分布如下：

$$\Psi_1(r,\ t) = \Psi_i + \frac{Q}{4\pi\lambda_1 h}\left[\mathrm{Ei}\left(-\frac{r^2}{4\chi_1 t}\right) - \mathrm{Ei}\left(-\frac{r_c^2}{4\chi_1 t}\right)\right] + \frac{MQ}{4\pi\lambda_1 h}\mathrm{e}^{-\frac{r_c^2}{4\chi_1 t}(1-N)}\mathrm{Ei}\left(-\frac{Nr_c^2}{4\chi_1 t}\right) \tag{19.49}$$

同时，外区压力分布如下：

$$\Psi_2(r,\ t) = \Psi_i + \frac{MQ}{4\pi\lambda_1 h}\mathrm{e}^{-\frac{r_c^2}{4\chi_1 t}(1-N)}\mathrm{Ei}\left(-\frac{Nr^2}{4\chi_1 t}\right) \tag{19.50}$$

对于无限地层，定产量生产条件下，随时间变化的井底压力为：

$$m_1^2(r_w,\ t) = m_i^2 + \frac{Q\mu Z}{4\pi\lambda_1 h}\left[\text{Ei}\left(-\frac{r_w^2}{4\chi_1 t}\right) - \text{Ei}\left(-\frac{r_c^2}{4\chi_1 t}\right)\right] + \frac{MQ\mu Z}{4\pi\lambda_1 h}e^{-\frac{r_c^2}{4\chi_1 t}(1-N)}\text{Ei}\left(-\frac{Nr_c^2}{4\chi_1 t}\right)$$

(19.51)

在定压条件下，随井底压力变化的产量为：

$$Q = \frac{\frac{4\pi\lambda_1 h}{\mu Z}(m_{r_w}^2 - m_i^2)}{\left[\text{Ei}\left(-\frac{r_w^2}{4\chi_1 t}\right) - \text{Ei}\left(-\frac{r_c^2}{4\chi_1 t}\right) + Me^{-\frac{r_c^2}{4\chi_1 t}(1-N)}\text{Ei}\left(-\frac{Nr_c^2}{4\chi_1 t}\right)\right]}$$

(19.52)

$$M = \frac{(k/\mu)_1}{(k/\mu)_2},\ \chi_j = \frac{K_j}{\phi\mu_j c_j}$$

(19.53)

19.5　产量预测

考虑采用表 19.3 中的数据(来自中国页岩气藏的单井数据)进行生产预测。根据多尺度水平压裂井的压力与产能模型，通过 Matlab 编程计算求得数值模拟结果。基于计算结果，分析了压力分布随不同产量、不同裂缝网络尺寸和时间的变化情况，以及不同井底压力下的产量随时间的变化情况。模型为生产预测和开发指标的优化提供了理论依据。

表 19.3　预测分析输入参数

参数	单位	数值
孔隙度(ϕ)		0.07
渗透率(K)	mD	0.0005
地层温度(T)	K	366.15
地层压力(p_e)	MPa	24.13
泄压半径(r)	m	400
岩石密度(ρ_e)	g/m³	2.9
压缩因子(Z)		0.89
气体黏度(μ)	mPa·s	0.027
井筒半径(r_e)	m	0.1
井底流压(p_w)	MPa	1.25
储层厚度(h)	m	30.5
裂缝宽度(w_f)	mm	3

图 19.6 给出了不同产量的压力分布情况(300 天)。产量越大，压降越大，当产量增加 10 倍至 $10^5 m^3/d$ 时，压降范围扩大至内压裂缝网区外，进入外区达 150m。

图 19.7 给出了不同压裂缝网区的压力分布情况。压裂缝网区越大，井区附近的地层压力下降越慢。

图 19.8 给出了不同时间的压力分布情况。随着生产时间的延长，地层压力逐渐下降。

图 19.9 给出了不同井底压力下产量随时间的变化情况。气井投产后的前 200 天内，产量快速下降，生产时间超过 300 天后，产量逐渐趋于稳定。随着生产压差的增大，天然气总产量增加。

图 19.10 给出了不同压裂缝网区渗透率的压力分布情况。在定产量的条件下，压裂缝网区的压力下降缓慢，同时基质区的压力基本保持不变。

图 19.11 给出了不同裂缝网络复杂性下产量随时间的变化情况。压裂缝网区越复杂，产量越高。

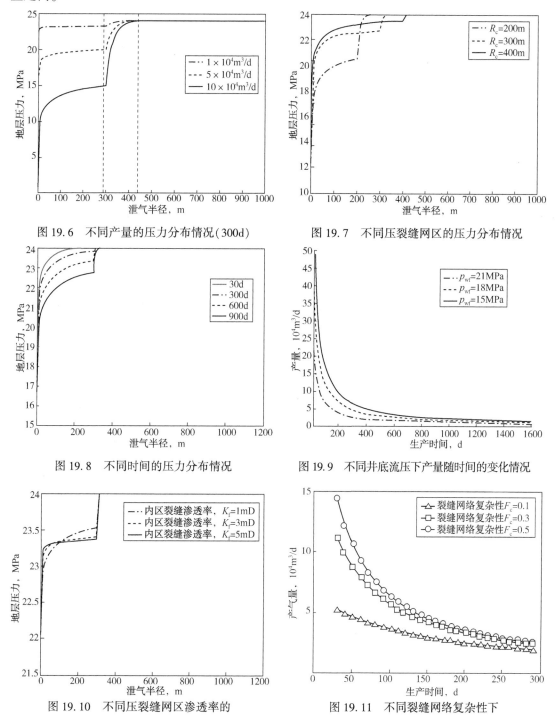

图 19.6　不同产量的压力分布情况（300d）

图 19.7　不同压裂缝网区的压力分布情况

图 19.8　不同时间的压力分布情况

图 19.9　不同井底流压下产量随时间的变化情况

图 19.10　不同压裂缝网区渗透率的
压力分布情况

图 19.11　不同裂缝网络复杂性下
产量随时间的变化情况

19.6　结论

(1)针对纳米级微孔页岩气藏，采用连续介质力学与分子运动学方法相结合的方法进行流态描述。采用克努森数进行流体流态判别。阐述了不同区域的流动机理和流态特征，绘制了流态图。

(2)基于 Beskok 和 Karniadak 方程，建立了考虑扩散、滑脱效应的多尺度渗流模型。模拟结果表明，对于纳米级孔隙页岩气藏来说，不能使用达西公式进行计算。微裂缝和裂缝中的流动属于无滑脱边界条件的达西流动，并且通过 Navier-Stokes 方程得到了证实。

(3)结合现场案例，在现有多尺度渗流模型的基础上，通过数值计算分析了考虑扩散、滑脱和解吸—吸收的复合压裂缝网系统瞬态分段压裂水平井流动模型。结论是产量越大，压降越大。当产量增加 10 倍至 $10^5 m^3/d$ 时，压降范围扩大至内压裂缝网区外，进入外区达 150m；气井投产后的前 200 天内，产量快速下降，生产时间超过 300 天后，产量逐渐趋于稳定。模型为生产预测和开发指标的优化提供了理论依据。

参 考 文 献

[1] F. Javadpour, D. Fisher, M. Unsworth, Nanoscale Gas Flow in Shale Gas Sediments. Alberta Research Council. [J]. SPE 071006, 2007.

[2] Wang F P, Reed R M. Pore networks and fluid flow in gas shales // SPE Annual Technical Conference and Exhibition, New Orleans, Louisiana, USA, 2009.

[3] Freeman, C. M., Texas A&M University. A Numerical Study of Microscale Flow Behavior in Tight Gas and Shale Gas. SPE 141125, 2010.

[4] G. G. Michel S R F S. Parametric Investigation of Shale Gas Production Considering Nano-Scale Pore Size Distribution, Formation Factor, and NonDarcy Flow Mechanisms[J]. SPE 147438, 2011.

[5] Beskok, A., Karniadakis G. E. A Model for Flows in Channels, Pipes, and Ducts at Micro and Nano Scales. Microscale Thermo physical Engineering, 1999, 3(1): 43.

[6] Beskok A., Karniadakis G. Rarefaction and compressibility effects in gas microflows. Fluids Engineering, 1996, 118(3): 448.

[7] Bello R O, Wattenbarger R A. Modeling and Analysis of Shale Gas Production with a Skin Effect, Canadian International Petroleum Conference, Calgary, Alberta, Canada, 2009.

[8] El-Banbi A H. Analysis of Tight Gas Wells, Ph. D Dissertation, Texas A & M university, College Station, Texas, 1998.

[9] Kaviany, M. 1991. Principles of Heat Transfer in Porous Media. Springer-Verlag New YorkInc. New York. 300 Acid Gas Extraction for Disposal and Related Topics.

[10] Zhu W Y, Ma Q, Deng J, et al. Mathematical model and application of gas flow in nano-micron pores. Journal of University of Science and Technology Beijing, 2014, 36(6): 709.

[11] Deng J, Zhu W Y, Ma Q. A new seepage model for shale gas reservoir and productivity analysis of fractured well. Fuel, 2014, 124: 232.

[12] Dehghanpour H, Shirdel M. A triple porosity model for shale gas reservoirs. SPE Canadian Unconventional Resources Conference. Alberta, Canada, 2011.

[13] Warren J E, Root P J. The behavior of naturally fractured reservoirs. SPE Journal, 1963.

［14］Ozkan E，Brown M，Raghavan R，et al. Comparison of Fractured HorizontalWell Performance in Conventional and Unconventional Reservoirs. SPE Western Regional Meeting. San Jose，California，2009.

［15］Brown M，Ozkan E，Raghavan R，et al. Practical Solutions for Pressure Transient Responses of Fractured Horizontal Wells in Unconventional Reservoirs// SPE Annual Technical Conference and Exhibition. New Orleans，Louisiana，2009.

［16］Yao J，Sun H，Huang Z Q，et al. Key mechanical problems in the development of shale gas reservoirs. Science Sinica：Physical，Mechanica & Astronomica，2013，43(12)：1527.

20 中国石油 CO_2 驱提高石油采收率与封存技术

Yongle Hu[1], **Xuefei Wang**[2], **Mingqiang Hao**[1]

(1. 中国石油勘探开发研究院, 中国北京;
2. 中国石油研发部, 中国北京)

摘 要 CO_2 地质封存和提高石油采收率(EOR)是减少 CO_2 排放和控制全球气候变化风险的可能方法之一。自 2005 年以来, 中国再次启动了非海相油气藏 CO_2 驱油与储存研究, 并在松辽盆地进行了先导性试验和扩大试验, 自此以后, 在 CO_2 提高石油采收率技术方面取得了明显的进展。取得的主要技术进展包括: 油—CO_2 混相相态特性、CO_2 提高石油采收率油藏工程方法、分层 CO_2 注入技术、井下腐蚀监测系统和高效举升技术、长距离管道输送和超临界 CO_2 注入技术、CO_2 提高石油采收率采出流体处理和循环注气技术、CO_2 驱油藏监测和动态分析与评价方法、CO_2 提高石油采收率与储存潜力评价及战略规划。大庆紫荆采油区 Hei-59、Hei-79 和 Hei-46 区块的试验表明, CO_2 提高石油采收率方法可以提高原油采收率 10% 以上, CO_2 地质封存率达到 90% 以上。对于低渗透油藏来说, 这项技术是有效的。

20.1 简介

CO_2 驱油技术可以减少二氧化碳排放, 同时提高原油采收率, 在目前的经济和技术条件下, 是实现二氧化碳减排目标的最佳途径。因此, 受到各大石油公司和一些政府组织的密切关注。

20 世纪 60 年代中期, 中国在大庆油田和胜利油田进行了 CO_2 驱油技术的实验室研究。90 年代中期, 在大庆油田、江苏油田和胜利油田进行了一些先导性试验。不过, CO_2 驱油技术仍然进展缓慢, 其原因在于中国存在诸如缺乏天然的 CO_2 资源、气体窜槽矛盾突出这样的问题。在第十个"五年计划"期间, 松辽盆地发现了大量的且 CO_2 含量高的储层。下面是实施的部分国家项目、公司项目和油田公司项目, 其目的是针对陆相油藏的特点, 再次启动 CO_2 驱油技术的研究, 解决这方面所面临的关键技术问题。

在 2008 年国家科学技术重大项目(2008ZX05016 和 2011ZX05016)的支持下, 组建了解决 CO_2 提高石油采收率和封存关键技术的研究团队。低渗透油藏 CO_2 提高石油采收率技术取得了大量的技术成果。主要包括: 油—CO_2 系统相态特性研究、CO_2 驱油藏工程技术、分层 CO_2 驱油技术、防腐和高效举升技术、CO_2 长距离管道输送和注入技术、CO_2 驱油采出气处理和循环注气技术、CO_2 驱油藏监测技术、动态分析技术、CO_2 驱油潜力评价和战略规划。在吉林省大庆紫荆采油区的 Hei-59、Hei-79 和 Hei-46 区块进行了先导性试验, 效果非常显著。

20.2 理论与技术方面的重要进展

20.2.1 油—CO₂系统混相特性

本次实验研究了来自 8 个油田的 22 个低渗透区块的地层原油组分分布特征,并观察了 CO_2 与非海相原油之间的混相过程。首先观察到通过油—气组分之间的传质过程形成的低界面张力(IFT)富烃过渡相,这一低界面张力过渡相随后进一步与重质烃组分混溶。来自油—CO_2 系统相态特性的认知小结如下:(1)与海相原油相比,陆相原油中的 C_2—C_6 组分要低得多,而 C_{11+} 和胶质、沥青质组分则相对较高。(2)除 C_2—C_6 外,C_7—C_{15} 也具有很强的传质能力,这对混相来说,是有利的。合成了低分子量的烃表面活性剂 CAE。细管试验表明,前置 CAE 段塞(约 0.2PV)可以将 Huang-48 区块的最低混相压力(MMP)从 27.3MPa 降低至 21.2MPa,有效改善了原油—CO_2 系统的混溶性。通过分析 25 个区块 30 口井的地层原油实验数据,确定了组分分类和最低混相压力之间的关系,随后定义了新的烃组分因子 $X_f = (C_2 - C_{15})/(C_1 + N_2 + C_{16+})$。如果考虑到温度和胶质、沥青质含量的影响,与原来的烃组分因子相比,新的烃组分因子 X_f 更好地表征了组分和最低混相压力之间的关系(图 20.1)。最后,提出了新的两段最低混相压力预测相关式[图 20.1(b)]。

$$D_{MMP} = -0.188X_f + 0.732(胶体／沥青质质量分数 < 6\%) \tag{20.1}$$

$$D_{MMP} = -0.352X_f + 0.988(胶体／沥青质质量分数 < 6\%) \tag{20.2}$$

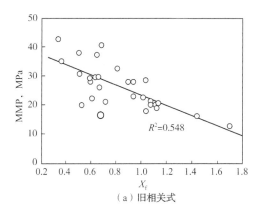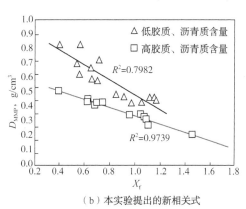

(a)旧相关式   (b)本实验提出的新相关式

图 20.1 烃组分因子与最低混相压力之间的相关性

通过研究超临界 CO_2 与原油之间的动态传质过程来分析不同烃组分的传质能力(图 20.2)。对相间传质机理的理解如下,即传质(低压)、CO_2 溶解和轻烃提取、气体富集;传质强化、富气提取中间烃的同时形成富烃过渡相;剧烈传质、富烃进一步提取更重的烃组分;混相(高压)、重质烃组分参与传质直至形成混溶相。随着碳原子数的增加,烃组分中的传质能力下降,各组分在混溶过程中的贡献是不同的。

20.2.2 CO₂驱油藏工程技术

与传统的开发方案(如连续注气、泡沫驱和水驱)相比,最近,针对不同类型的油藏,

图 20.2　CO_2 与原油之间的传质现象

实施了提高原油采收率的水—气交替注入方案。全面说明了高含水油藏 CO_2 驱油后的开发指标变化情况(表 20.1、表 20.2),如油气比、注采比和含水率。在地层压力大于最低混相压力的情况下,通过调整注采比实现了非均质油藏的均匀驱替,进而确保了水平和垂直方向上的前锋均衡推进,实现了收益的最大化。目前,就 Hei-59 区块的实施情况来看,水—气交替驱油的采收率比水驱油高 4 个百分点。

表 20.1　高含水率油藏 CO_2 驱开发阶段与表征

开发阶段		CO_2 注入孔隙体积	储量采出程度	
		HCPV	国外油田	Hei-79 区块
I	继续水驱,恢复油藏能量	0~0.05	0.45	0.6
II	陆续见效,产量上升	0.05~0.15	2.25	1.6
III	全面见效,部分突破	0.15~0.30	4.5	—
IV	全面突破,水—气交替注入调整	>0.30	3.6	—

表 20.2　低—中含水率油藏 CO_2 驱开发阶段与表征

开发阶段		CO_2 注入孔隙体积	储量采出程度	
		HCPV	国外油田	Hei-79 区块
I	继续水驱,恢复油藏能量	0~0.05	4.5	4.5
II	注水突破,含水率上升	0.05~0.15	3	2.8
III	混相带出现,含水率稳定	0.15~0.30	4.35	—
IV	全面突破,水—气交替注入调整	>0.30	3.6	—

根据物质平衡律、分相流动方程和油—气—水三相对渗透率特性,建立了预测水—气交替驱油效果的数学模型。采用实际的现场数据进行了模型验证,并提供了量化水—气交替驱油的方法。

$$R = \frac{A + B\ln B}{N} + \frac{B}{N}\ln\left(\frac{f_w}{1 - f_w} + mR_p\right) \tag{20.3}$$

20.2.3　分层CO_2驱油、井下防腐与高效举升技术

中国石油研究了同心双管和单管分层注气技术(图 20.3),由混合注气改为分层气驱。在大庆油田实施了分层注气先导性试验(图 20.5),有效减少了由混合注气引起的层间气体窜流问题。

还开发了第一套具有自主知识产权的实时防腐监测系统。与传统的挂片监测技术相比,新的实时系统具有诸多优势,例如长期监控、在线监控、快速(单点≤30s)。

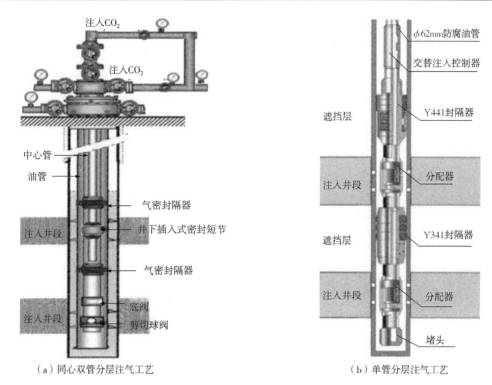

（a）同心双管分层注气工艺　　　　　　　　（b）单管分层注气工艺

图 20.3　同心双管分层注气工艺与单管分层注气工艺

此外，还开发了诸如套阀、中空防气泵、高效防气设备这样的核心举升设备和 3 类高效举升技术(图 20.4)，泵效明显提高。中国石油在吉林油田和大庆油田完成了 17 口井的高效举升试验，有效解决了高气液比条件下的泵效下降问题。

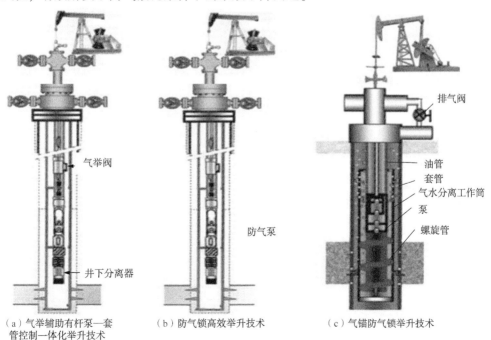

（a）气举辅助有杆泵—套　　　（b）防气锁高效举升技术　　　（c）气锚防气锁举升技术
管控制一体化举升技术

图 20.4　3 类高效举升技术

20.2.4　长距离管道输送与注气技术

针对不同的流速和杂质，研究了 CO_2 的相态特征，探讨了 CO_2 达到临界状态和相变时所经历的过程及其超临界条件，建立了管道设计的优化方法与流程；注气流程如图 20.3 所示。根据要求的压力以及合理的参数控制要求，设计了二级、三级或四级压缩过程。基于上述研究成果，近年来，在大庆紫荆采油区设计了 53km 的 CO_2 长距离输油管道，制定了 $50×10^4 t$ 的 CO_2 超临界注入方案(图 20.5、图 20.6)。目前正在建设 46 个 CO_2 注气站，建成后总的 CO_2 注入量可达 $120×10^4 m^3/d$。

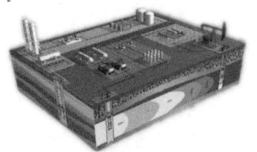

（a）先导性试验模式
应用于Hei-59区块，满足先导性试验的
撬装注入模式需求，循环气混合后注入

（b）液体注入模式
应用于Hei-79区块，满足扩大试验的集中
注入模式需求，循环气净化处理后注入

（c）超临界注入模式
应用于Hei-46区块，满足工业化的超临界注入模式需求，循环气混合后注入

图 20.5　3 种注入模式

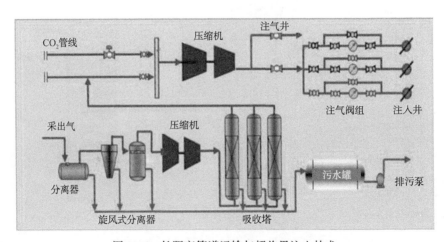

图 20.6　长距离管道运输与超临界注入技术

20.2.5 CO_2驱油采出流体处理与循环注气技术

目前已经形成了像循环水、气/液混合输送、集中分离与计量等多项技术与方法，从而能够满足气密输送生产流程的工业化应用要求。通过正交实验选择了 CO_2 驱油采出液体用破乳剂 KD-1，实验数据表明，实验持续 2h 后的脱水率大于 95%。还合成了絮凝剂 PAFC，实验数据表明，如果每升加入 95mg 的无机絮凝剂 PAFC 和 10mg 的非离子 PAM，可以获得最佳的再注入水水质。也进行了分离和净化技术研究，如胺、膜分离、变压吸附、精馏和低温汽提。就这些方法来说，变压吸附技术的适应能力最强，从 3% 到 90%，并且 CO_2 回收率高（达到 99.4%）和能耗低。形成了 3 类 CO_2 驱油采出气再注入技术（图 20.7），并在 Hei-79 区块安装了采出气分离与净化装置，实现了 CO_2 循环注入和零大气排放。

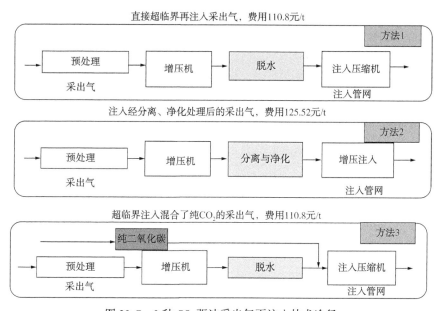

图 20.7　3 种 CO_2 驱油采出气再注入技术途径

20.2.6 CO_2驱油藏监测、动态分析技术

开发了 CO_2 混相条件监测技术，包括试井监测、油井生产动态监测、流体组分与高压性质监测、U 形管采样与监测，用于 CO_2 混相驱油监测。利用气体示踪剂、微地震和氧同位素监测技术来监测 CO_2 的运移情况，指导注采调整方案的设计与优化。建立了 CO_2 驱油状态分析方法，揭示了 CO_2 驱油的动态特性和规律性，然后建立了井距试验区。中国石油的特殊油藏监测项目实施了 87 井次，水—气交替驱油、转注和调剖的大型控制措施项目实施了 44 井次。

20.2.7 CO_2驱油与储存潜力评价

如果仅有地面原油密度和地层温度可用的话，可以采用改型 NPC 法来计算最低混相压力；如果原油组分和地层温度可用，则可采用混合网格法（表 20.3）。从新疆、吐哈、吉林和大庆等油田采集的数据表明，混合网格法的精确度略好于 NPC 法，其精确度分别为 90% 和 85%。建立了 CO_2 地质储存容量计算方法，以此来进行相关参数计算，支撑了 CO_2 驱提高石油采收率与储存潜力评价(表 20.4)。收集了八大行业 600 多家企业的 CO_2 排放数据,建立了战略规划基础数据库,构建了 CO_2 排放源成本计算研究特征,制订了 CO_2 汇源匹配特征初步方案。

表 20.3 CO_2 地质储存容量计算方法和相关参数快速计算模型

纯气注入非混相驱	$E_R=0.20015-0.11263\times A+2.886609\times10^{-3}\times B-3.67441\times10^{-3}\times C+0.11309\times D+0.11309\times D+0.13431\times E-0.29392\times F-1.23151\times10^{-5}\times B\times C+1.09563\times10^{-3}\times B\times F+0.075065\times A^2-6.09002\times10^{-6}\times B^2+1.8721\times10-5\times C^2-0.42057\times D^2$ $S_{CO_2}=1.69221-0.071086\times A-2.15772\times10^{-3}\times B-8.04747\times10^{-4}\times C-3.92977\times D-1.09045\times E+0.036637\times F+0.010535\times B\times D+2.2304\times D\times F-1.91352\times B^2+2.91172\times D^2$
纯气注入混相驱	$E_R=0.879-0.175\times A\times D+0.143\times A\times E+0.5\times D\times B-0.00069\times C\times E+0.268\times B\times E+0.258\times B\times F-0.5\times B\times E-0.15\times(A\times0.846)^2-1.32\times(D-0.346)^2-0.44\times(E-1.341)^2-0.624\times B^2$ $S_{CO_2}=0.549+2.37\times E-0.173\times A\times D+0.099\times A\times F+0.126\times D\times F-0.32\times B\times E-0.185\times(A-0.808)^2-1.48\times(D-0.592)^2-0.000012\times C^2-0.927\times(B-0.576)^2-1.382\times(E-1.302)^2$
水—气交替注入非混相驱	$E_R=0.441304225-0.0015418079949\times A-0.4330544177\times D-0.0021948024286\times C-0.05038366164\times B-0.3804557003\times E+0.0006352492442\times A\times D+0.005296342438\times A\times B-0.0014486676680\times A\times F-0.0018940843849\times D\times C+0.5086124417\times D\times C+0.50863124417\times D\times E-0.005389622031\times C\times B+0.004037272426\times C\times E+0.30946517065\times B\times F$ $S_{CO_2}=0.1770590742-0.003416598542\times A-0.0025581913675\times C-0.12076355163\times E+0.011468564388\times A\times B-0.0006577089556\times A\times E-0.007720096717\times B\times C+0.005715318860\times C\times E-0.17954608026\times B\times F+0.3994190517\times B\times E-0.04052411521\times E\times F$
水—气交替注入混相驱	$E_R=0.2670590742-0.003416598542\times A-0.0025581913675\times C-0.12076355163\times E+0.01146854388\times A\times B-0.0006577089556\times A\times F-0.007720096717\times B\times C+0.005715318860\times C\times E-0.17954608026\times B\times E+0.3994190517\times B\times F-0.04052411521\times E\times F$ $S_{CO_2}=1.41-0.266\times A\times D+0.003\times A\times C+0.196\times A\times B+0.206\times D\times B-0.329\times B\times F-0.45\times(A-0.778)^2-0.79\times(D-0.346)^2-0.76\times(B-0.542)^2-0.000023\times C-0.662\times(E-1.004)^2$

表 20.4 典型油田 CO_2 驱与储存潜力评价

油田	原始地质储量 10^8 t	强化采收率,%		储存系数,t/t	
		混相驱	非混相驱	混相驱	非混相驱
大庆	59.2	12.9	7.5	0.29	0.28
吉林	10.0	15.5	7.8	0.29	0.20
长庆	12.1	15.2	9.0	0.31	0.17
吐哈	6.8	13.5	7.5	0.35	0.21
新疆	14.8	14.8	9.3	0.34	0.22

油田	理论储存容量,10^8 t			有效储存容量,10^8 t		
	混相驱	非混相驱	合计	混相驱	非混相驱	合计
大庆	2.5	30.5	33.0	1.2	15.3	16.5
吉林	2.2	3.2	5.4	1.1	1.2	2.3
长庆	3.5	3.4	6.9	1.8	1.1	1.9
吐哈	2.5	1.2	3.7	1.6	0.5	2.1
新疆	7.8	0.8	8.6	4.6	0.4	5.0

20.3 先导性试验区进展情况

2006 年，中国石油在大庆紫荆采油区的 Hei-59 区块、Hei-79 区块和 Hei-46 区块开展了先导性试验(图 20.8)。中国石油开始着手解决 CO_2 提高石油采收率和封存技术的关键问题。

图 20.8　Hei-59 区块的超临界混合再注入先导性试验装置以及
Hei-79 区块的变压吸附与净化先导性试验装置

20.3.1　Hei-59 区块

Hei-59 区块：储层深度为 2445m，原始地层压力为 24.2MPa，地层温度为 98.9℃，产层厚度为 14.3m，产层有效厚度为 7.2m，孔隙度为 12.4%，渗透率为 3mD。试验最低混相压力 22.3MPa，储层含油饱和度低。油井投产时，Hei-59 区块的含水率为 30%~40%。水驱开发效果差。

测试了 6 个井组，包括 6 口注气井和 25 口生产井。采用反七点井网：井距 440m，井排间距 140m。采取连续注气方式，注入量 40t/d，总注入体积为 0.5HCPV。CO_2 注入体积达到 0.5HCPV 时，开始注水。最大井口注入压力低于 23MPa。

通过 Hei-59 区块的先导性试验了解到(表 20.5，图 20.9)，CO_2 驱油可以有效补充地层能量，持续维持较高的地层压力。与水驱油技术(能够将生产压力维持在 0.5~0.6 倍的原始地层压力)相比，CO_2 驱油能够将生产压力维持在 0.9~1.1 倍的原始地层压力。由于试验储层薄且物性差，因此压裂后的最大水驱产量为 4t/d。注入 CO_2 后，产量大幅增加。4 口井重新恢复了自喷生产能力，5 口泵井的产量超过 10t。预计该区块的采收率至少会提高 10%。

表 20.5　CO₂ 驱的开发效率评价标准

评价指数	评价标准	注释
产量增幅	>100%(优)，>50%(好)，>30%(一般)，<30%(差)	与水驱对比
采收率增幅	>15%(优)，>10%(好)，>5%(一般)，<5%(差)	与水驱对比
吨气增油量	>0.5(高)，0.25~0.50(中)，<0.25(低)	通常也称为换油率
储气比	>0.65(高)，0.35~0.50(中)，<0.35(低)	通常也称为埋存率
内部收益率	>24%(优)，>18%(好)，>12%(一般)，<12%(无)	依据公司基准收益率

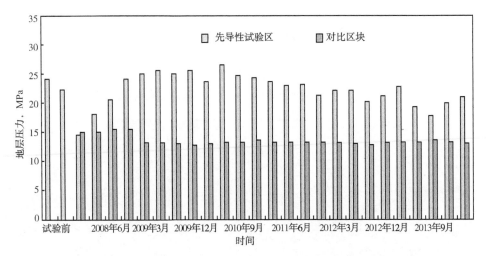

图 20.9　南部的 Hei-59 区块先导性试验区与水驱地层压力对比

20.3.2　Hei-79 区块

Hei-79 区块南部区域的平均孔隙度为 18.0%，平均渗透率为 19.86mD，原始地层压力为 23.1MPa，最低混相压力为 22.1MPa。为了将地层压力恢复至 22.11MPa，设计了 18 口注气井和 60 口生产井，设计注气时间 1 年(0.1HCPV)。然后，注入方式改为水—气交替注入。气水比为 1∶1，CO_2 注入量为 40t/d。在水—气交替注入后，注水量为 30m³/d，总的气体注入体积为 0.5HCPV，总共注入 CO_2 131.4×10⁴t。注气期间注采比为 1.78，注水期间注采比为 1.35。初期开采速度为 4%。试验结果表明，无须压裂处理，通过注入 CO_2 就可以获得更高的生产能力(图 20.10)。

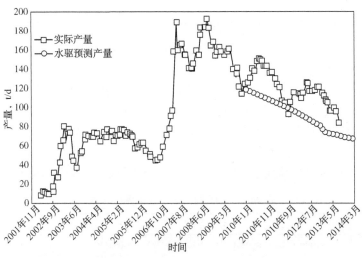

图 20.10　南部 Hei-79 区块连续注气和水驱的预测结果比较

Hei-79 区块北部区域属于多产层区，孔隙度为 13.0%，渗透率为 4.5mD，原始地层压力为 23.6MPa，最低混相压力为 22.1MPa。设计了 10 口注气井和 18 口生产井，井距 140m，井排间距 80m。CO_2 注入量为 12~14t/d。注气前的单井产液量为 6t/d 左右，平均单井产油量为 1.3t，平均含水率为 81%，累计产油量为 1.464×10^5t，采出程度为 21.6%，累计注采比为 0.5，开采速度为 1.03%。注入 CO_2 后，单井产量是水驱的 4.3 倍，累计增产油量 6000t。预计采出量增加值是原始石油储量的 13.9%，动态封存率为 97%(图 20.11)。

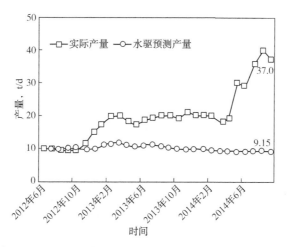

图 20.11　转 CO_2 驱的水驱后期，北部 Hei-79 区块(小井距区)的生产对比情况

20.4　结论

(1)除 C_2—C_6 外，C_7—C_{15} 也具有很强的传质能力，这对混相来说，是有利的。合成了可以降低最低混相压力的低分子量的烃表面活性剂 CAE，并定义了新的烃组分因子 $X_f=(C_2-C_{15})/(C_1+N_2+C_{16+})$，新的烃组分因子能够更好地反映组分与最低混相压力之间的关系。

(2)推广应用水—气交替注入技术，全面说明了高含水油藏 CO_2 驱油后的开发指标变化情况，如气油比、注采比和含水率。建立了水—气交替驱特征曲线方程，特征曲线方程考虑了混相程度的影响；通过调整注采比可以实现非均质油藏的均匀驱替。

(3)实施了两次分层 CO_2 驱油工艺试验，然后从混合注气改为分层注气技术。开发了在线防腐监测系统，核心举升设备和三类高效举升技术。

(4)针对不同的流速和杂质，研究了 CO_2 的相态特征，建立了管道设计的优化方法与流程。

(5)形成了循环水、气/液混合输送、集中分离与计量、气密集输等多项技术，开展了分离与净化技术研究，形成了 3 类 CO_2 驱油采出气注入技术。

(6)开发了 CO_2 混相条件监测技术，包括利用气体示踪剂、微地震和氧同位素监测技术，监测 CO_2 的运移情况，建立了 CO_2 驱油状态分析方法。

(7)建立了 CO_2 地质储存容量计算方法，进行了相关参数的计算，收集了八大行业 600 多家企业的 CO_2 排放数据，制订了 CO_2 汇源匹配特征初步方案。

(8)大庆紫荆采油区 Hei-59 区块、Hei-79 区块和 Hei-46 区块的试验表明，CO_2 提高石油采收率技术可以使原油采收率提高 10% 以上，CO_2 地质封存率达到 90% 以上。对于低渗透油藏来说，这项技术是有效的。

参 考 文 献

［1］ Chen, H., Hu, Y. and Tian, C., 2012. Advances in CO_2 Displacing Oil and CO_2 Sequestrated researches. Oilfield Chemistry, 29(1), 116-121.

［2］ Dai, C., Song, Y. and Sun, Y., 1995. Character and distribution of CO_2 gas reservoir in east China. Science in China, (Series B), 25(7), 764-771.

［3］ Hao, Z., Fei H. and Liu, L., 2012. Integrated Techniques of Underground CO_2 Storage and Flooding Put into Commercial Application in the Jilin Oilfield, China. ACTA GEOLOGICA, 86(1), 285.

［4］ Lambert, M. R., Marino, S. D., Anthony, T. L., Calvin, M. W., Gutierrez, S. and Smith D. P., 1996. Implementing CO_2 Floods: No More Delays! SPE 35287, Permian Basin Oil and Gas Recovery Conference, 27-29 March 1996, Midland, Texas.

21　特高含水率油藏CO$_2$驱微观残余油研究

Zengmin Lun，**Rui Wang**，**Chengyuan Lv**，
Shuxia Zhao，**Dongjiang Lang**，**Dong Zhang**

（中国石化勘探开发研究院海洋油气藏开发重点实验室，中国北京）

摘　要　在特高含水率油藏的CO$_2$驱油过程中，高含水饱和度会导致残余油被封闭起来。利用原位核磁共振岩心夹持器，观察CO$_2$驱油过程中的微观残余油饱和度分布。结果表明，由于分散残余油的聚结效应，中—大孔隙的残余油饱和度得以恢复，残余油被采出。大量阳离子沉淀导致小孔隙空间的T_2信号强度减弱。此外，在注入CO$_2$的早期阶段，驱替特征似乎是低产油量和高含水率。随着CO$_2$突破现象的出现，产油量开始急剧上升。高产油量阶段主要出现在CO$_2$突破阶段。最后，在特高含水率油藏的后CO$_2$驱阶段，采用水—气交替和CO$_2$泡沫驱能够进一步提高原油采收率。

21.1　简介

CO$_2$提高石油采收率研究始于20世纪50年代。自此以后，许多国家都开展了一些CO$_2$注入项目，例如美国、加拿大、匈牙利、土耳其、特立尼达、俄罗斯等国家。截至2012年，全球CO$_2$驱油项目的数量为143项，日产油310000bbl。美国的CO$_2$驱采油项目数量为124项，占提高石油采收率项目的60%以上。据统计，后水驱CO$_2$提高石油采收率项目占77.1%，低渗透油藏CO$_2$驱油项目占71.8%。数据表明，低渗透油藏和高含水率油藏是注入CO$_2$的主要候选油藏[1]。20世纪60年代末，中国逐渐将重点放在CO$_2$提高石油采收率技术上。在CO$_2$注入研究方面，许多石油公司已经完成了部分先导性试验，包括大庆、胜利、吉林、草舍、浦城、腰英台、福明、冀东等油田[2-9]。这些先导性试验几乎涵盖了所有油藏类型，例如低渗透油藏、高含水率油藏、重油和断块油藏。通过比较发现，美国实施的大多数CO$_2$提高石油采收率项目，项目启动时，油藏的综合含水率已经达到了60%~70%。对于含水率超过95%的情况，也有几项CO$_2$驱油项目是非常成功的，例如Postle油藏和Rangely Weber油藏。美国在CO$_2$驱采油方面的成功经验能够为中国的CO$_2$提高石油采收率提供一些指导，特别是东部的老油田。由于中国面临石油混溶性差、非均质性强、缺乏CO$_2$来源等方面的挑战，CO$_2$提高石油采收率技术在这些老油田的应用受到严格限制。

21.2　特高含水率油藏CO$_2$驱提高石油采收率机理概述

由于临界温度和临界压力低，因而超临界CO$_2$是采出原油的理想溶剂。CO$_2$驱采油技术通过气驱、原油膨胀和降黏来提高原油采收率。CO$_2$主要通过溶解、扩散和分散过程来实现与原油的混合。当CO$_2$和原油之间的表面张力为零时，实现了CO$_2$与残余油的完全混溶，

消除了毛细管力，导致残余油饱和度降为零。当 CO_2 与残余原油之间的表面张力不为零时，则属于 CO_2 非混相驱。CO_2 提高石油采收率机理包括：降低界面张力、降低黏度、原油膨胀、地层渗透性改善、溶解气驱、原油和水的密度变化[10]。

特高含水率油藏的微观残余油表征为整体分散和局部富集。对于 CO_2 三次采油来说，人们相信出现在孤立残余油滴之间的水层会影响 CO_2 的驱油性能。这种所谓的水屏蔽效应导致 CO_2 与原油之间不存在直接接触现象，降低了 CO_2 在原油中的溶解速度。同时，上述影响的协同作用还会引发注入能力和操作问题，很难在油藏中实现油—气之间的有效接触与混溶。除了诸如初期产水量大、可动水的水屏蔽效应、原油相对渗透率和注入能力下降这样的油藏问题外，实施水—气交替注入引发的操作问题（如腐蚀、沥青质与水合物的形成，以及气体的过早突破）也会经常发生。

通常情况下，高含水饱和度也会导致 CO_2 驱替机理的复杂化。此外，针对特高含水率油藏，进行高含水饱和度屏蔽效应和 CO_2 驱残余油分布情况的研究也是绝对必要的。

21.3　特高含水率油藏 CO_2 驱实验微观残余油分布

21.3.1　核磁共振理论

核磁共振（NMR）测量多孔介质中氢质子在受到磁场序列作用后的弛豫能力。核磁共振的 T_2 谱与孔隙尺寸分布成正比。因此，可利用 T_2 谱截止值分离键合（小孔隙）流体和可移动（大孔隙）流体[22,23]。

$$\frac{1}{T_2} = \frac{1}{T_{2B}} + \rho_2 \frac{S}{V} + \gamma^2 G^2 D \tau^2 / 3 \tag{21.1}$$

式中　T_{2B}——横向体积弛豫时间；

$\quad\rho_2$——表面弛豫率；

$\quad S/V$——表面积与体积之比；

$\quad D$——扩散系数；

$\quad G$——磁梯度；

$\quad\tau$——回波间隔时间；

$\quad\gamma$——旋磁比。

式（21.1）中右边项分别代表横向体积弛豫、横向表面弛豫和横向扩散弛豫。

由于磁梯度不强，回波间隔时间 τ 短，横向体积弛豫时间 T_{2B} 也很小，式（21.1）可以近似等于表面弛豫：

$$\frac{1}{T_2} = \rho_2 \frac{S}{V} \approx \rho_2 \left(\frac{F_a}{r_c}\right) \tag{21.2}$$

因此：

$$r_c = c_2 T_2 \tag{21.3}$$

c_2 是毛细管力与横向弛豫时间之间的转换系数，$c_2 = \rho_2 F_a$。通过实验数据求得 c_2 值。借助于式（21.3），可以将 T_2 谱分布曲线转换为孔隙半径分布曲线，以此来反映残余油饱和度分布情况。

21.3.2 水驱与CO₂驱的原位核磁共振试验

使用的设备是北京大学制造的 SPEC-023-IS-B 核磁共振设备，在水驱和 CO_2 驱油过程中，用来扫描岩心段塞。原位采集的岩心样品：渗透率为163mD，孔隙度为28.1%，使用前进行清洁、干燥处理。岩心驱替试验背压为20.2MPa，试验温度维持在31℃以上，以此来维持 CO_2 的超临界状态。试验顺序依次为抽空、水饱和、油饱和、水驱与 CO_2 驱。试验装置如图21.1所示。整套装置包括两个岩心夹持器、原位核磁共振岩心夹持器和长岩心夹持器，共用注入系统。BPV、流体收集器与GC的测量系统是分开的。原位核磁共振岩心夹持器必须与PC系统一起处理核磁共振信号和图像。值得注意的是，围压水和饱和盐水必须含有 $MnCl_2$ 溶液，$MnCl_2$ 含量为50000mg/L，用来屏蔽水相的核磁共振信号。盐水的盐度为 24×10^4 mg/L，地层水水型为 $CaCl_2$。

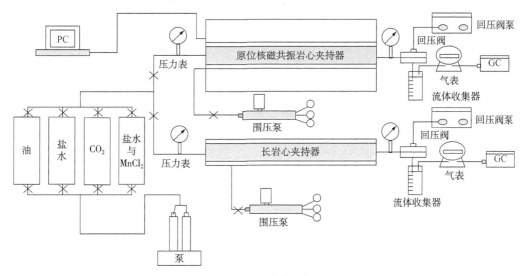

图 21.1 试验装置简图

记录原始油饱和状态、水驱和 CO_2 驱的核磁共振图像(图21.2)。结果表明，原始油饱和状态的核磁共振图像亮度强，意味着油信号响应好。随着水驱进入特高含水率阶段，核磁共振图像亮度变弱，指明水驱的分散残余油饱和度。CO_2 驱油结束时，核磁共振图像的亮度会更加模糊，显示超高含水率油藏的 CO_2 提高石油采收率潜力。

| 原始含油饱和度 | 水驱 | CO₂驱 |

图 21.2 水驱与 CO_2 驱残余油分布核磁共振图像

为了监测水驱与CO_2驱的残余油饱和度分布情况，也记录了T_2谱，结果如图21.3所示。

从图21.3中可以看出，水驱早期，中—大孔隙空间的含油饱和度逐渐降低。当含油饱和度下降速度变慢时，小孔隙空间的含油饱和度开始采出。由于综合含水率超过98%，残余油饱和度几乎不变。此时，残余油饱和度低，呈现分散分布。图21.4给出了CO_2驱油过程中的T_2信号强度变化情况。随着CO_2注入量的增加，中—大孔隙空间的信号强度逐渐减弱，小孔隙空间的信号强度意外增强。其原因在于CO_2首先进入高含水率油藏中的中—大孔隙。随后，CO_2穿过水膜，与残余油滴接触。孤立油滴逐渐扩张和聚结。最后，采出孤立油滴。同时，由于CO_2的存在，中—大孔隙中的一部分盐水被排入小孔隙。此外，CO_2和盐水之间的相互作用会导致高价阳离子沉淀，包括Ca^{2+}、Mg^{2+}和Mn^{2+}。盐度和Mn^{2+}浓度下降导致小孔隙空间的T_2信号强度增强。这种现象已经通过产出盐水的离子检测和岩心样品表面的白色沉淀得到了证实。因此，对于高盐度超高含水率油藏来说，注入CO_2可以提高原油采收率，但也会造成地层伤害。

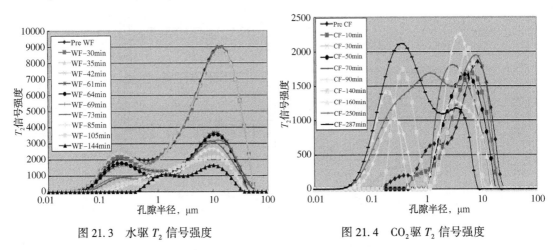

图21.3 水驱 T_2 信号强度   图21.4 CO_2驱 T_2 信号强度

21.4 CO_2驱油驱替特征与后CO_2驱油提高原油采收率方法

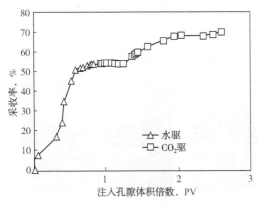

图21.5 水驱与CO_2驱采收率对比

21.4.1 超高含水率油藏CO_2驱油特征

使用长岩心夹持器进行超高含水率油藏CO_2驱油特征研究。实验装置如图21.1所示。实验前，进行原位收集岩心样品的清洁与干燥处理。岩心样品长30cm，平均渗透率为163mD，孔隙度为25%，试验温度为85℃，岩心驱替试验背压为20.2MPa。试验顺序依次为抽空、水饱和、油饱和、水驱和CO_2驱。CO_2注入量与水驱相同。

超高含水率油藏CO_2驱油驱替特征如

图 21.5 至图 21.7 所示。注入 CO_2 的早期阶段，产油量低，含水量高。当 CO_2 开始突破时，气油比快速上升。同时，含水率急剧下降，产油量逐渐增加。这些特征表明，对于特高含水率油藏来说，CO_2 提高石油采收率的注入孔隙体积越大，原油采收率越高。

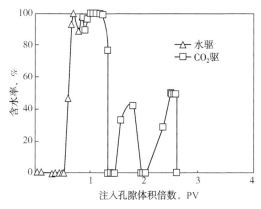

图 21.6　水驱与CO₂驱含水率曲线对比　　　图 21.7　产油量与气油比(GOR)曲线

21.4.2　后CO₂驱提高采收率

特高含水率油藏 CO_2 驱油后，小孔隙中仍然存在一定程度的残余油饱和度。为了采出这些残余油饱和度，分别进行水—气交替和 CO_2 泡沫驱油试验。

如图 21.8 和图 21.9 所示，水—气交替驱油的采收率为 2.43%，CO_2 泡沫驱油的采收率为 6.29%。就特高含水率油藏来说，CO_2 驱油后，小孔隙中仍然存在一定程度的残余油饱和度，表明未来仍具有提高石油采收率潜力。CO_2 水—气交替和 CO_2 泡沫驱油可能是一种很好的后 CO_2 驱油藏强化采油方法，其中 CO_2 泡沫驱油的驱替效果可能更好。

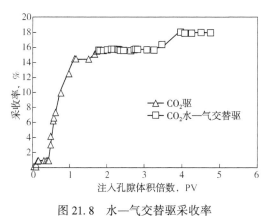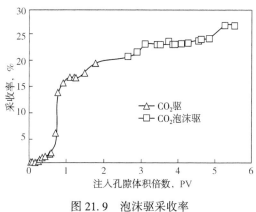

图 21.8　水—气交替驱采收率　　　　　图 21.9　泡沫驱采收率

21.5　结论

(1)核磁共振试验表明，当水驱含水率达到98%时，残余油饱和度表征为分散状态。当开始注入 CO_2 时，中—大孔隙中的孤立油滴逐渐聚结并最终被采出。同时，CO_2 与盐水的相互作用会导致高价阳离子沉淀，致使小孔隙空间的T_2信号强度增强。

（2）特高含水率油藏的CO_2提高石油采收率表征为高含水率、低产油量。当CO_2开始突破时，含水率急剧下降，产油量快速上升。

（3）CO_2水—气交替驱和CO_2泡沫驱可能是一种很好的后CO_2驱油藏提高石油采收率方法，其中CO_2泡沫驱的驱替效果可能更好。

参 考 文 献

[1] Koottungal, Leena. 2012 worldwide EOR survey[J]. Oil and Gas Journal, 2012, 04(02).

[2] Dong, G. X. A pilot field test of oil displacement by injecting CO_2 in Daqing oilfield[M]. Beijing: Petroleum Industry Press, 1999.

[3] Xie, S. X. , Han, P H. A pilot test and research on oil displacement by injecting CO_2 in eastern Sanan of Daqing oilfield[J]. Oil & Gas Recovery Technology, 2007, 4(3): 13−19.

[4] Zhang, D. Y. Carbon Dioxide Flooding Technology and Its Prospective Application in Shengli Oilfield[J]. Oil-Gasfield Surface Engineering, 2010, 29(5).

[5] Liu, B. G. , Zhu, P. , Yong, Z. Q. , Lu, L. −H. Pilot test on miscible CO_2 flooding in Jiangsu oilfield[J]. Acta Petrolei Sinica, 2002, 23(4): 56−60.

[6] Lu, G. Z. , Wu, Z. G. , Luan, Z. A. , et al. Simulation study to design CO_2 flooding pilot in Jilin oilfield[J]. Oil Drilling & Production Technology, 2002, 24(4): 39−41.

[7] Yu, K. , Liu, W. , Chen, Z. H. Study of CO_2 Miscible Flooding Technique in the Caoshe Oil Field, the Qintong Sag, the Northern Jiangsu Basin[J]. Petroleum Geology and Experiment, 2008, (2): 212−216.

[8] Wang, G. C. A Study of Crude Oil Composition During CO_2 Extraction Process[C]. SPE 15085, 1986.

[9] Egermann, P. , Bazin, B. , Vizika, O. An Experimental Investigation of Reaction Transport Phenomena During CO_2 Injection[C]. SPE 93674, 2005.

[10] Ghedan, Shawket. Global laboratory experience of CO_2 − EOR flooding[C]. Presentation at the 2009 SPE/EAGE Reservoir Characterization and Simulation Conference, Abu Dhabi, UAE, 19−21 October 2009.

[11] Qin, J. S. , Zhang, K. , Chen, X. L. Mechanism of the CO_2 flooding as reservoirs containing high water[J]. Acta Petrolei Sinica, 2010, 31(5): 797−800. Study on the Microscopic Residual Oil of CO_2 Flooding 329

[12] Guo, D. B. , Fang, Q. , Nie, F. J. Study on EOR of injection CO_2 for waterflooding abandoned reservoir[J]. Fault−Block Oil and Gas Field, 2012, 19(02): 187−190.

[13] Li, Z. C. , Du, L. , Wang, J. A. , et al. Laboratory experiment of CO_2 injection in the water−flooded and a-bandoned reservoirs[J]. Journal of Oil and Gas Technology, 2012, 34(4): 131−135.

[14] Fan, X. L. , Liao, X. W. , Zhang, Z. B. Experimental Study on CO_2 Storage in Water−flooded Oil Field and EOR[J]. Science & Technology Review, 2009, 27(6): 48−50.

[15] Tifn, D. L. , Yellig, W. F. Effect of mobile water on multiple−contact miscible gas displacement[J]. Society of Petroleum Engineers Journal, June 1983, SPE 10687.

[16] Tifn, D. L. , Sebastian, H. M. , Bergman, D. F. Displacement mechanism and water shielding phenomena for a rich−gas/crude−oil system[J]. SPE Reservoir Engineering, May 1991.

[17] Lin, Eugene C. , Huang, Edward T. S. The effect of rock wettability on water blocking during miscible displacement[J]. SPE Reservoir Engineering, May 1990.

[18] Walsh, M. P. , Negahban, S. , Gupta, S. P. An analysis of water shielding in water−wet porous media[C]. Paper presented at the 64th Annual Technical Conference and Exhibition of the Society of Petroleum Engineers, San Antonio, TX, October 8−11, 1989.

[19] Wylie, Philip, Mahanty, Kishore K. Effect of water saturation on oil recovery by near-miscible gas injection [J]. SPE Reservoir Engineering, November 1997.

[20] Bijeljic, Brabnko R., Muggeridge, Ann H., Blunt, Martin J. Effect of composition on waterblocking for multicomponent gasflood[C]. Paper presented at the SPE Annual Technical Conference and Exhibition, San Antonio, TX, 29 September-2 October, 2002.

[21] Zekri, Abdulrazag Y., Shedid, Shedid A., Almehaideb, Reyadh A. Possible alteration of tight limestone rocks properties and the effect of water shielding on the performance of supercritical CO$_2$ flooding for carbonate formation[C]. Paper presented at the 15th SPE Middle East Oil & Gas Show and Conference, Bahrain International Exhibition Center, Kingdom of Bahrain, 11-14 March 2007.

[22] Coates, G., Xiao, L., Prammer, M. NMR logging principles & applications. Haliburton Energy Service, USA, 1999.

[23] Hazlett, R. D., Gleeson, J. W., Laali H., et al. NMR imaging application to carbon dioxide miscible flooding in west Texas carbonates[C]. 1993 SCA Conference paper no. 9311.

22 中国 CO_2 地质利用与储存监测综述

Qi Li，Ranran Song，Xuehao Liu，Guizhen Liu，Yankun Sun

(中国科学院岩土力学研究所地质力学与岩土工程国家重点实验室，中国武汉)

摘　要　CO_2 地质利用与储存是一项减少温室气体排放和改善全球气候变化条件的重要技术。碳捕获、利用与储存(CCUS)的实施将增加地质环境、生态环境和人类活动的风险。因此，针对人为排放 CO_2 的捕获与地质储存来说，实施碳捕获、利用与储存监测是确保其可靠性和安全性的必要手段。在全球范围内，大型碳捕获、利用与储存项目所用监测系统采用的方法有地球物理方法、地球化学方法、生态监测方法和综合监测方法。但是，许多监测技术仍处于研究和试验阶段。

本文全面回顾了中国碳捕获、利用与储存项目使用的各项监测技术。全面讲述了各项目所涉及的法规与指南，以及监测技术的应用现状。为了找出研究差距和需要加强研究的领域，调查了吉林、胜利、神华、延长等不同油藏类型(如深部盐水层和油田)的碳捕获、利用与储存项目本底监测和常规监测的对象与技术。

22.1　简介

全球能源供应仍然主要来自化石燃料，CO_2 过量排放引起的气候变化问题仍然是各国需要面对的问题[1]。因此，人们正在探索的技术有新能源技术、节能技术和减排技术。碳捕获与储存(CCS)属于 CO_2 大规模地下储存技术。然而，由于该项技术的费用相当高且不会带来任何经济利益，从而限制了它的应用[2-5]。碳捕获、利用与储存(CCUS)是在碳捕获与储存中加入了利用概念，包括 CO_2 的地质利用、化学利用和生物利用[6-8]。碳地质利用与储存(CGUS)是将 CO_2 储存于地下，并利用矿物或地质条件来生产或提高有价值的产品产量。与传统技术相比，可以减少 CO_2 排放[9]。

在岩层中储存 CO_2 会影响储层和盖层的力学性质。将大量的 CO_2 储存在地下，会诱发地表变形和地震活动[10-13]。如果 CO_2 泄漏或逃逸至浅层地层，则会污染地下水[14-16]。如果 CO_2 发生泄漏并出现地表富集现象，则会威胁植被的生长，甚至还会威胁到人类与动物的健康[17,18]。CO_2 的封存时间会持续数千年之久，即使以最低的泄漏速率发生泄漏，也会明显降低碳捕获、利用与储存项目在减少温室气体排放方面的减排效果。因此，对碳捕获、利用与储存的监测就显得非常重要。加强 CO_2 地质储存的环境风险评价与管理，确保项目的安全稳定运行。通过先进监测技术的应用，能够更准确、及时地发现可能存在的环境风险。然而，与其他国家相比，中国使用的监测技术并不十分先进[15,19-22]。

22.2 中国的碳捕获、利用与储存现状

2006 年 2 月，中国国务院公布了"国家中长期科学和技术发展计划纲要（2006—2020）"。明确指出，中国应重点研究和开发温室气体（如 CO_2 和 CH_4）排放控制与处置技术。2007 年 6 月，国务院发布了"中国应对气候变化国家方案"，将 CO_2 捕获、利用和储存确定为研究与技术的关键领域之一。2007 年 6 月，科技部、国家发展和改革委员会等 16 个部门联合发布了"中国应对气候变化科技专项行动"，旨在重点开发碳捕获、利用与储存技术，控制温室气体排放。"国家十二五科学技术发展规划"将二氧化碳捕获与储存视为一项重要技术，以此来构建支撑能源与环境可持续发展的技术体系。2011 年 9 月完成的"中国碳捕集、利用与封存技术发展路线图研究报告"，绘制了未来 20 年的碳捕获、利用与储存及其技术发展目标蓝图[23,24]。

Xie 等调查了中国企业在政府支持下开发的 36 个项目。其中包括 14 项 CO_2 提高石油采收率项目、15 项 CO_2 ECBM 项目、5 项 CO_2 EGS 项目和 2 项 CO_2 CMU 项目。这些项目获得了来自中国国家重点基础研究发展计划（"973"计划）、国家高技术研究发展计划（"863"计划）和国家自然科学基金等的资助[25]。CO_2 提高石油采收率是碳地质利用与储存技术中最成熟的技术，在中国的能源安全战略中发挥了重要作用。

除了开展碳捕获、利用与储存方面的基础研究外，中国还一直通过诸如碳收集领导人论坛（CSLF）、美中清洁能源研究中心、煤炭利用近零排放（NZEC）和中澳 CO_2 地质储存（CAGS）等组织加强国际科技合作。在参与国际合作的过程中，中国的研究机构和企业已经形成了自己的核心碳捕获、利用与储存研究团队。

在《全球碳捕获与储存现状 2014》[26]中，中国确定了 12 项大型碳捕获与储存项目，其中包括 4 项 CO_2 提高石油采收率项目（表 22.1）。例如，中国石化正计划在胜利油田开展两项大型 CO_2 提高石油采收率项目，即中国石化胜利电厂碳捕获与储存项目和中国石化齐鲁石化碳捕获与储存项目。

此外，中国还成功设立了几项碳捕获、利用与储存技术示范项目。2007 年投入运行的中国石油吉林油田提高石油采收率示范项目，捕获能力 $10 \times 10^4 t/a$。上海市于 2009 年启动了华能集团上海石洞口捕获示范项目（$12 \times 10^4 t/a$）。中国石化胜利油田 CO_2 捕获与提高石油采收率示范项目（2010 年），年捕获 CO_2 $4 \times 10^4 t$。

表 22.1　中国大型碳捕获、利用与储存项目

序号	项目生命周期阶段	项目名称	投运时间	位置	行业	捕获类型	捕获能力 $10^4 t/a$	主要储存选项
1	评价	神华鄂尔多斯煤制液项目（二期）	2020 年	中国内蒙古自治区	煤制液	燃烧前捕获（气化）	100	专用于地质储存、陆上深部盐水层
2	识别	神华/陶氏化工榆林煤化工项目	2020 年	中国陕西省	化工生产	工业分离	200~300	专用于地质储存、陆上深部盐水层
3	识别	大唐大庆碳捕获与储存项目	2020 年	中国黑龙江省	发电	氧—燃料燃烧捕获	100~120	专用于地质储存、陆上深部盐水层

续表

序号	项目生命周期阶段	项目名称	投运时间	位置	行业	捕获类型	捕获能力$10^4 t/a$	主要储存选项
4	识别	华润电力（海丰）一体化 CO_2 捕获封存示范项目	2018 年	中国广东省	发电	燃烧后捕获	100	专用于地质储存、海上深部盐水层
5	识别	东莞太扬州带碳捕获与储存的集成气化联合循环项目	2019 年	中国广东省	发电	燃烧前捕获（气化）	100~120	专用于地质储存、海上枯竭油和/或气藏
6	确定	中国石化齐鲁石化碳捕获与储存项目（原中国石化胜利东营碳捕获与储存项目）	2016 年	中国山东省	化工生产	燃烧前捕获（气化）	50	提高石油采收率
7	确定	中国石化胜利电厂碳捕获与储存项目	2017 年	中国山东省	发电	燃烧后捕获	100	提高石油采收率
8	确定	中国石油吉林油田提高石油采收率项目（二期）	2016—2017 年	中国吉林省	天然气加工	燃烧前捕获（气化）	80	提高石油采收率
9	确定	延长一体化碳捕获与储存示范项目	2016 年	中国陕西省	化工生产	燃烧前捕获（气化）	46	提高石油采收率
10	评价	华能绿色发电集成气化联合循环项目（二期）	2010 年	中国天津市	发电	燃烧前捕获（气化）	200	提高石油采收率，重要的陆上储存选项（处于审查阶段）
11	识别	山西国际能源集团碳捕获、利用与储存项目	2020 年	中国山西省	发电	氧—燃料燃烧捕获	200	未指定
12	识别	神华宁夏煤制液项目	2020 年	中国宁夏回族自治区	煤制液	燃烧前捕获（气化）	200	未指定

22.3 碳捕获、利用与储存监测

22.3.1 国内外监测技术

本文介绍了 20 项 CO_2 地质储存监测技术，分析了这些技术的监测目的、技术特点、应用限制、监测参数和技术成熟度（表 22.2）[27]。

表 22.2　国内外主要监测技术

监测技术	监测目标位置	监测目的	技术特征	应用限制	监测参数	技术成熟度
CO_2 探测器	大气	探测 CO_2 漏失及其位置	CO_2 传感器监测	很难确定 CO_2 来源，只能监测小范围内的 CO_2 浓度	CO_2 浓度	商用阶段
涡度协方差技术	近地表	探测 CO_2 漏失及其位置	采用带风速、风向和 CO_2 通量分析数据的红外 CO_2 探测器	只能确定平坝区域的 CO_2 通量	监测地表与大气之间的 CO_2 通量	研发阶段
激光雷达差分吸收技术	大气	探测 CO_2 漏失及其位置	利用电磁波 CO_2 吸收带明槽装置监测数千米范围内的 CO_2 浓度	无法监测低水平漏失，气象变化会干扰监测结果	CO_2 浓度	研发阶段
热成像光谱	地表	探测 CO_2 漏失及其位置	监测数千平方千米范围内的 CO_2 浓度	应用不多	CO_2 浓度	项目应用阶段
高光谱成像/多光谱成像	地表	植物生长检测	可安装在不同类型的观测平台上，但由于平台的差异，地面覆盖范围和空间分辨率也不同	气象变化会干扰监测结果	归一化差分植被指数（NDVI），植被净初生产力（NPP），叶面指数（LAI）	研发阶段
示踪技术	大气或地表	探测 CO_2 漏失及其迁移方向	将同位素和 CO_2 注入储层	无合适的离线分析仪器	土壤与空气中的同位素比值	项目应用阶段
U 形管采样技术	浅层或地层	探测 CO_2 的迁移及其对含水层的影响	U 形管采样器可以获得高保真水样和土壤气体	监测范围有限，钻井水会对样品产生影响	地下水中的离子浓度、重金属、pH 值和土壤气体浓度	项目应用阶段
差分合成孔径雷达干扰测量	地表	储存与盖层的地质力学效应，探测 CO_2 的迁移途径	利用卫星雷达监测 100km² 范围内的地面高程变化	当地的大气和地形条件会影响监测结果	数字高程模型	项目应用阶段
测斜仪	地表或地层	储存与盖层的地质力学效应，探查 CO_2 的迁移路径	利用雷达或卫星采集的监测数据来监测高程倾斜变化	遥测	水平位移倾角	商用阶段
浅层二维地震勘探	浅层	监测 CO_2 羽流的迁移与空间分布	气相 CO_2 的高分辨率	无法监测平衡 CO_2		商用阶段

监测技术	监测目标位置	监测目的	技术特征	应用限制	监测参数	技术成熟度
感应激发极化法	浅层	与直流电阻率仪器连接,用于分辨金属矿物、含水层和黏土矿物	地下含水层的特性直流电阻率/电导率	无法描述非金属矿物	电导率	项目应用阶段
时移三维地震勘探成像	地层	获取储层的地质环境和 CO_2 的运移情况	地震勘探响应的变化能够描述地层流体性质	(1) 如果流体与溶解岩石之间的阻抗对比度小,则难以成像; (2) 采样复现困难; (3) 背景噪声的不可预测性	P 波和 S 波波速、地震反射与地震波衰减	商用阶段
垂直地震勘探剖面和井间地震勘探	地层	详细探测储层中的 CO_2 分布情况,检测由于失效或破损导致的 CO_2 漏失	部署在井下的检波器可以获得高分辨率成像的 CO_2 地下分布	数据覆盖范围有限	P 波和 S 波波速、地震反射与地震波衰减	商用阶段
微地震	地层	评价 CO_2 注入引发的地震风险	诱导裂缝和裂隙可以从注入的 CO_2 分布上反映出来	剥离背景噪声	地震位置、震级和震源特征	商用阶段
测井方法 感应测井 声波测井 中子测井 脉冲中子测井	地层	跟踪 CO_2 羽流的迁移过程,确定羽流边界的水平范围和迁移情况	CO_2 和孔隙—流体的相互作用导致的储层物性变化	(1) 仅适用于井筒附近; (2) 流体不同,灵敏度也不同; (3) 钻井水会影响监测数据	电阻率 CO_2 饱和度 孔隙度 CO_2 饱和度	项目应用阶段
重力监测方法	地层	确定 CO_2 羽流的垂直迁移和空间分布	分析 CO_2 注入地层的重力变化	(1) 无法进行 CO_2 溶解成像; (2) 低分辨率	重力场加速度变化	商用阶段
电磁监测方法	地层	监测储层 CO_2 的运移情况,以及向浅层含水层的迁移情况	应用于深部盐水层的 CO_2 地质储存监测	(1) 受金属的影响; (2) 低分辨率	地层电导率	项目应用阶段

碳捕获、利用与储存监测贯穿项目的所有阶段[28]。为了给后来的监测工作打下基础,项目必须详细列出本底监测阶段监测现场的大气、地表与地下水、土壤、生态系统环境、CO_2 本底浓度和地表变形情况[29]。通过监测 CO_2 羽流运移情况,确定 CO_2 在油藏内的运移方

向、扩散边界、扩散区域和其他相关信息。表 22.3 列出了项目周期的所有阶段，以及监测频次[8,27,30-37]。

表 22.3 监测碳捕获、利用与储存项目周期与监测频次

监测技术	环境本底监测	运行监测	场地关闭监测	关闭后监测
地球物理监测	详细	1 年或半年一次	2 年一次	2 年一次
差分合成孔径雷达干扰测量	高频次	确保监测的灵敏度和精确度		
大气 CO_2 浓度	高频次	可减少监测频次和监测点位的数量	关键区域自动监测，可减少监测点位的数量	关键区域自动监测
土壤 CO_2 通量	高频次	可减少监测频次和监测点位的数量		
水质监测(地表与地下)	高频次	关键区域自动监测，可减少监测频次和监测点位的数量	关键区域自动监测，可减少监测点位的数量	关键区域自动监测
高光谱遥感	高频次	确保监测的敏感性与准确性		
注入井	高频次	实时监测		
监测井	高频次	实时监测	实时监测	实时监测
水文地质调查	详细			
气象调查	详细			
生存环境调查	详细			

22.3.2 U 形管采样系统

在 CO_2 的地质储存过程中，地下流体和矿物必然会发生变化。U 形管采样系统能够采集一定深度下的地下流体。2004 年，劳伦斯伯克利实验室在 Frio Saline 含水层示范项目中使用了内置 U 形管采样系统(采样深度 1513.9m)。中国科学院岩土力学研究所开发了一种新的浅层样品 U 形管采样系统[50]。U 形管采样系统操作方便，动力来自压缩气体。图 22.1 是 U 形管采样系统示意图，该 U 形管系统适用于各种现场条件，应用效果好[57]。到目前为止，已在几项示范项目中投入了使用。

22.3.3 中国碳捕获、利用与储存项目监测技术

CO_2 地质储存监测技术是碳捕获、利用与储存技术体系的重要组成部分[58]。它能够确保项目运

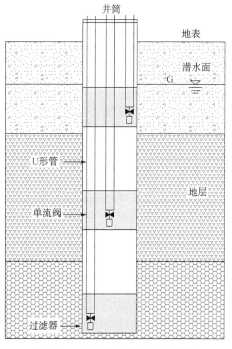

图 22.1 U 形管采样系统示意图

行的长期性、安全性和有效性。CO_2地质储存监测用于异常信号的检测，并及时将检测到的异常信号信息反馈回控制室。因此，项目需要一套完整的监测解决方案[59]。国家在制定相关法规和标准时，从技术上说明了项目监测的合理性。在公众的参与过程中，对项目进行充分的环境监测将有助于提高公众的接受程度。应不断优化项目监测方案，健全的监测系统有助于碳捕获、利用与储存技术的推广应用[60,61]。

CO_2提高石油采收率技术是最成熟的碳地质利用与储存技术，但在工业应用方面，仍处于起步阶段。碳地质利用与储存项目在中国仍处于示范阶段，仍然没有通用的环境监测系统[62,63]。针对中国目前实施的示范项目，表 22.4 列出了示范项目中使用的监测技术[2,15,25,38,47,64-67]。

表 22.4　国内碳捕获、利用与储存示范项目监测技术回顾

时移垂直地震勘探剖面		地层监测					地表与近地表监测		
		时移地震勘探	三维地震勘探	井流体	水	土壤气	大气	植被	地面沉降
盐水层的CO_2封存	神华碳捕获与储存	✓		✓		✓	✓	✓	✓
CO_2强化采油	胜利油田		✓		✓	✓	✓	✓	✓
	吉林油田			✓		✓	✓		
	延长油田			✓		✓	✓		

22.4　中国典型碳捕获、利用与储存项目用监测技术

22.4.1　神华碳捕获与储存示范项目

神华碳捕获与储存示范项目位于内蒙古鄂尔多斯，用来储存神华煤液化项目产生的CO_2，储入深部盐水层。从 2011 年 1 月到 2014 年 8 月，该项目注入了约 $22×10^4$t 的 CO_2，利用罐车将 CO_2 运往目的地。项目包括一口注入井和两口监测井。注入井井深 2826m，一口监测井井深 2500m。井身结构信息显示储层总厚度为 112m，由 6 个储层—隔层组合组成。

由于储层的低孔隙度、低渗透率特性，实施了改善储层注入能力的储层压裂改造。第一口监测井监测各储层的温度与压力变化，第二口监测井监测盖层的温度与压力变化[64,68]。

为了制订监测方案，初期示范项目监测活动收集了有关气象资料、水文资料、地质资料和社会经济资料各方面的信息。环境本底监测始于 2010 年 12 月。该项目于次年 5 月启动灌注试验，8 月开始监测运行情况。监测参数包括储层温度与压力、CO_2羽流的扩散与运移、机械稳定性、目标储层上覆压力与温度、注入井与监测井的完整性，以及地表水、土壤和大气中的 CO_2浓度。

神华的碳捕获与储存示范项目建立了自己的风险评价、预警和项目管理方法，提出了环境影响、安全与风险评价方法，开发了 CO_2 地质储存立体监测系统。表 22.5 给出了神华碳捕获与储存示范项目的环境影响评价指标体系和关键监测要素[27]。

表 22.5　环境影响评价指标系统与神华碳捕获、利用与储存示范项目关键监测要素

1级指标	2级指标	3级指标	监测阶段	监测方法
储存场地和灌注	注入井控制	温度	Ⅱ，Ⅲ	F，G
		压力	Ⅱ，Ⅲ	F，G
		注入量	Ⅱ，Ⅲ	F，G
	CO_2 地质储存	CO_2 羽流扩散运移模式与范围	Ⅲ，Ⅳ	H，K
		储存数量	Ⅱ，Ⅲ	H，K
	安全性与 CO_2 漏失	盖层温度	Ⅱ，Ⅲ，Ⅳ	C，D，F，G
		盖层压力	Ⅱ，Ⅲ，Ⅳ	C，D，F，G
	井筒完整性	套管与井筒完整性	Ⅱ，Ⅲ，Ⅳ	C，F，G
		水泥环完整性	Ⅱ，Ⅲ，Ⅳ	C，F，G
地质环境扰动	地表变形	地面基准面	Ⅰ	B，G
		地面隆起或沉降	Ⅱ，Ⅲ，Ⅳ	B，G
	诱发地震	诱发活断层	Ⅱ，Ⅲ，Ⅳ	B，G
	其他	管线、井场施工引起的景观破坏	Ⅱ	B，G
		CO_2 漏失导致的生态景观破坏	Ⅲ，Ⅳ	B，G
环境容量	大气环境	CO_2 大气本底浓度测量、温度、大气压、风速、风向	Ⅰ	A，B，G
		CO_2 大气浓度阈值、温度、大气压、风速、风向	Ⅲ，Ⅳ	A，B，G，H
		CO_2 大气浓度变化、温度、大气压、风速、风向	Ⅱ，Ⅲ，Ⅳ	B，G
	土壤环境	土壤 CO_2 和氧气通量本底测量	Ⅰ	A，E，H
		土壤 CO_2 和氧气通量阈值	Ⅲ，Ⅳ	A，E，G，H
		土壤 CO_2 和氧气通量变化	Ⅱ，Ⅲ，Ⅳ	E，G，H
		土壤 pH 值	Ⅱ，Ⅲ，Ⅳ	E，G，H
		土壤温度		
		土壤氧化还原电位	Ⅱ，Ⅲ，Ⅳ	E，G，H
		土壤含盐量	Ⅱ，Ⅲ，Ⅳ	E，G，H
		土壤表面结构	Ⅱ，Ⅲ，Ⅳ	E，G，H
	水环境	地表水质本底测量（全分析与测试）	Ⅰ	A，E，G，H
		地表水质本底测量（全分析与测试[①]）	Ⅰ	A，E，G，H
		简分析测试[②]	Ⅱ，Ⅲ，Ⅳ	E，G，H
生态影响	植被生态	出苗率	Ⅱ，Ⅲ，Ⅳ	B，H
		生理性状（株高、叶数、干重）	Ⅱ，Ⅲ，Ⅳ	A，E，G，H
		果实品质（蛋白质含量）	Ⅱ，Ⅲ，Ⅳ	A，E，G，H
		生化性状	Ⅱ，Ⅲ，Ⅳ	A，E，G，H
	土壤微生物	细菌、真菌、放线菌	Ⅱ，Ⅲ，Ⅳ	A，E，G，H
	土壤动物	蚯蚓、蚂蚁、潮虫等	Ⅱ，Ⅲ，Ⅳ	A，E，H

1级指标	2级指标	3级指标	监测阶段	监测方法
人类健康影响	生理反应	工作场所卫生标准	Ⅱ，Ⅲ，Ⅳ	A，I，H

注：Ⅰ为本底监测；Ⅱ为施工监测；Ⅲ为运行监测；Ⅳ为场地关闭与关闭后监测；A为采集资料；B为遥感调查；C为地球物理勘探；D为钻井；E为样品分析；F为灌注试验；G为仪器监测；H为综合研究；J为公共调查；K为其他地质工艺或工具。

①除简分析外，Fe^{3+}、Fe^{2+}、NH_4^+、Al^{3+}、NO_3^-、NO_2^-、F^-、Br^-、I^-浓度，暂时硬度、永久硬度、化学需氧量、腐蚀性CO_2、SiO_2、硼等。

②检测项目包括颜色、气味、味道、温度、浊度、Ca^{2+}、Mg^{2+}、K^+、Na^+、CO_3^{2-}、HCO_3^-、Cl^-、SO_4^{2-}浓度，总硬度、溶解固体总量、游离态CO_2、pH值等。

22.4.2 胜利油田CO_2提高石油采收率项目

中国石化胜利油田CO_2提高石油采收率项目是一项工业规模的示范项目，储存容量$(50\sim100)\times10^4$t/a[69]。Li等获得了该项目的监测技术（就该项目来说，从监测选择工具的角度来看，这些监测技术是合适的）和本底监测框架（表22.6）[70]。

表 22.6 本底监测建议——目标与技术

主要类型		对象/指标	仪器/方法	频次
大气		气象：气温、湿度、风速、大气稳定性	涡度协方差	实时
		CO_2通量	涡度协方差	
		CO_2浓度	红外二极管激光器	
		空气中的^{13}C稳定同位素	同位素分析仪	每月
		CO_2排放源调查	来自生态系统和工农业的CO_2源模型的建立	一次
土壤气		土壤温度、基质电位、含水量	地下传感器	每月
		土壤表面CO_2通量	土壤呼吸测量系统	
		给定深度土壤气中的CO_2含量	土壤呼吸测量系统	
		其他的土壤气组分：氮气、甲烷、氧气	便携式气相色谱仪	
		土壤气中^{13}C稳定同位素的比值	同位素分析仪	
植被生态		动植物调查	样方调查	一次
		植被指数	机载光谱成像	每季度
地表变形		垂直方向	数字电子水准仪	每季度
		水平方向	精密全站仪	每季度
水质	地表水	(1)温度、pH值、溶解固体总量、总有机碳、总无机碳、电导率、碱度；	(1)玻璃电极法、滴定法、燃烧氧化—非分散红外吸收法	每月
	浅层地下水	(2)主要阴离子和阳离子；	(2)离子色谱法	
	注入层地下水	(3)气体组分； (4)^{13}C稳定同位素	(3)气相色谱法 (4)质谱法	

主要类型	对象/指标	仪器/方法	频次
CO_2 地下运移	水位、流速、流向的变化	绳索、数据测井仪	每月
	流体示踪剂	U 形管，可用示踪剂有 SF_6、SF_5、Kr、PFT、PFC 和 YCD4	一次
	时移垂直地震勘探剖面		一次
	三维地震勘探		一次
	电阻率		一次
	水—岩石—CO_2 相互作用实验		一次

22.5 中国的环境治理与监测趋势

除美国外，中国的碳捕获、利用与储存项目数量超过了世界上任何其他的国家。但是，中国没有相应的碳捕获、利用与储存环境风险评价和管理系统[71]。目前，中国的技术标准还没有跟上碳捕获、利用与储存项目的发展步伐。中国环境保护部发布《关于加强碳捕集、利用和封存试验示范项目环境保护工作的通知》，旨在建立环境风险防控体系和标准作业规程[72,73]。科学技术部制定的《二氧化碳捕集、利用与封存环境风险评估技术指南》以及《国家环境保护总局标准》于 2015 年开始实施[23]。指南的实施有助于各方的碳捕获、利用与储存环境风险认知，有助于政府部门更好地执行监管职能，降低运营中的碳捕获、利用与储存项目的可能风险，确保项目运营的安全性和有效性。中国 CO_2 地质储存的环境影响与安全风险评价仍然处于探索阶段。无针对碳捕获、利用与储存项目的环境影响评价技术规范。指南提供了碳捕获、利用与储存项目的风险评价与管理技术规范。

指南介绍了针对碳捕获、利用与储存项目的不同阶段、技术和过程的环境风险评价与管理方法，且仅适用于 CO_2 地质利用和（或）储存（不包括化学利用和生物利用）。指南还确定了主要的环境风险受体：人、动物、植物、地表水、地下水、土壤、空气及其他环境介质。CO_2 地质利用与储存的环境风险评价必须考虑 CO_2 储存区域的地质结构、注入参数、储存区域内新井与老井的数量与井深、CO_2 的运移、工程施工、资源开采活动和机械材质[74]。

中国越来越重视碳捕获、利用与储存技术的开发，正在设立多项国家级碳捕获、利用与储存研究项目。随着碳捕获、利用与储存技术的普及，中国正在不断提高它的技术水平和政策制定能力。

22.6 结论

与国外相比，中国在 CO_2 地质利用与储存方面仍然存在较大差距。此外，中国的碳捕获、利用与储存项目缺乏系统的监测方案。监测技术的应用受到成本高、加工技术和研发能力不足的限制。许多示范项目需要建立碳捕获、利用与储存监测指标体系和指标阈值。中国需要加强与国外先进的碳捕获、利用与储存项目之间的交流，学习国外先进的监测技术、项目风险评价与管理经验。政府应制定与 CO_2 地质储存相关的法律法规，提高公众的项目参

与程度和对 CO_2 储存项目的接受程度。CO_2 捕获、利用与储存的环境风险评价指南将使中国的碳捕获、利用与储存项目的风险评价与管理更加标准化。

参 考 文 献

[1] S. Bachu. CO_2 Storage in Geological Media: Role, Means, Status and Barriers to Deployment. Progress in Energy and Combustion Science. vol. 34, no. 2, pp. 254−273. DOI: 10. 1016/j. pecs. 2007. 10. 001. 2008.

[2] X. Wu, ed. Carbon Dioxide Capture and Geological Storage: The First Massive Exploration in China. Science Press: Beijing. p. 363. 2013.

[3] D. Y. C. Leung, G. Caramanna, M. M. Maroto−Valer. An Overview of Current Status of Carbon Dioxide Capture and Storage Technologies. Renewable & Sustainable Energy Reviews. vol. 39, no. pp. 426−443. DOI: 10. 1016/j. rser. 2014. 07. 093. 2014.

[4] L. Myer. Global Status of Geologic CO_2 Storage Technology Development. United States Carbon Sequestration Council Report July. vol. 2011, no. 2011.

[5] U. Zahid, Y. Lim, J. Jung, et al. CO_2 Geological Storage: A Review on Present and Future Prospects. Korean Journal of Chemical Engineering. vol. 28, no. 3, pp. 674 − 685. DOI: 10. 1007/s11814 − 010 − 0454 − 6. 2011. Monitoring of Carbon Dioxide Geological Utilization 353.

[6] ACCA21, ed. An Assessment Report on CO_2 Utilization Technologies in China. Science Press: Beijing. p. 206. 2014.

[7] R. Zevenhoven, J. Fagerlund, J. K. Songok. CO_2 Mineral Sequestration: Developments toward Large−scale Application. Greenhouse Gases−Science and Technology. vol. 1, no. 1, pp. 48−57. DOI: 10. 1002/ghg3. 7. 2011.

[8] A. A. Olajire. A Review of Mineral Carbonation Technology in Sequestration of CO_2. Journal of Petroleum Science and Engineering. vol. 109, no. pp. 364−392. DOI: 10. 1016/j. petrol. 2013. 03. 013. 2013.

[9] X. Li, S. Peng, B. Bai. Dictionary of Carbon Dioxide Capture, Use and Storage (CCUS). In: Dictionary of Carbon Dioxide Capture, Use and Storage (CCUS). B. Bai, J. Cheng, L. Du, M. Fang, J. Guo, Z. Hou, L. Jia, H. Li, J. Li, Q. Li, X. Li, Y. Li, S. Peng, X. Ren, Y. Song, H. Wang, W. Wei, Y. Xiao, S. Xu, T. Xu, D. Zhang, J. Zhang, J. Zhang, J. Zhang, K. Zhang, S. Zhang, S. Zhang, C. Zheng. Editors. China Publishing Group Corporation, World Publishing Corporation: Wuhan, China. pp. 258. 2013.

[10] X. Lei, X. Li, Q. Li, et al. Role of Immature Faults in Injection−induced Seismicity in Oil/Gas Reservoirs: A Case Study of the Sichuan Basin, China. Seismology and Geology. vol. 36, no. 3, pp. 625 − 643. DOI: 10. 3969/j. issn. 0253−4967. 2014. 03. 2014.

[11] S. D. Unwin, C. Sullivan, A. Sadovsky, et al. Risk−Informed Monitoring, Verifcation and Accounting (RI−MVA): An NRAP White Paper Documenting Methods and a Demonstration Model for Risk−Informed MVA System Design and Operations in Geologic Carbon Sequestration. Pacifc Northwest National Laboratory. Alexandria, VA. p. 36. 2011. http: //www. pnnl. gov/main/ publications/external/technical_ reports/PNNL−20808. pdf.

[12] Q. Li, X. Liu, L. Du, et al. "Review of Mechanical Properties Related Problems for Acid Gas Injection". In: Y. Wu, J. C. Carroll, Q. Li, Eds., Gas Injection for Disposal and Enhanced Recovery. Wiley. pp. 275−292. 2014.

[13] X. Lei, X. Li, Q. Li. Insights on Injection−induced Seismicity Gained from Laboratory AE Study—Fracture Behavior of Sedimentary Rocks. In: ARMS8−2014 ISRM International Symposium−8th Asian Rock Mechanics Symposium−Rock Mechanics for Global Issues − Natural Disasters, Environment and Energy −. N. Shimizu, K. Kaneko, J. −i. Kodama. Editors. ISRM Digital Library: Sapporo, Japan. pp. 947−953. 2014.

[14] Y. Jung, Z. Quanlin, J. T. Birkholzer. Early Detection of Brine and CO$_2$ Leakage through Abandoned Wells Using Pressure and Surface-deformation Monitoring Data: Concept and Demonstration. Advances in Water Resources. vol. 62, Part C, no. 0, pp. 555-569. DOI: 10. 1016/j. advwatres. 2013. 06. 008. 2013.

[15] G. Liu. "Carbon Dioxide Geological Storage: Monitoring Technologies Review". In: G. Liu, Ed. Greenhouse Gases-Capturing, Utilization and Reduction. InTech. pp. 299-338. 2012.

[16] K. Shitashima, Y. Maeda, T. Ohsumi. Development of Detection and Monitoring Techniques of CO$_2$ Leakage from Seafloor in Sub-seabed CO$_2$ 354 Acid Gas Extraction for Disposal and Related Topics Storage. Applied Geochemistry. vol. 30, no. 0, pp. 114-124. DOI: 10. 1016/j. apgeochem. 2012. 08. 001. 2013.

[17] R. R. P. Noble, L. Stalker, S. A. Wakelin, et al. Biological Monitoring for Carbon Capture and Storage-A Review and Potential Future Developments. International Journal of Greenhouse Gas Control. vol. 10, pp. 520-535. DOI: 10. 1016/j. ijggc. 2012. 07. 022. 2012.

[18] A. K. Luhar, D. M. Etheridge, R. Leuning, et al. Locating and quantifying greenhouse gas emissions at a geological CO$_2$ storage site using atmospheric modeling and measurements. Journal of Geophysical Research: Atmospheres. vol. 119, no. 18, pp. 10, 959-10, 979. DOI: 10. 1002/2014JD021880. 2014.

[19] L. Liu, Q. Li. USA Regulation on Injection Well of CO$_2$ Geological Sequestration. Low Carbon World. vol. 20, no. 01, pp. 42-52. 2013.

[20] W. Kordel, H. Garelick, B. M. Gawlik, et al. Substance-related Environmental Monitoring Strategies Regarding Soil, Groundwater and Surface Water-an Overview. Environ Sci Pollut Res Int. vol. 20, no. 5, pp. 2810-27. DOI: 10. 1007/s11356-013-1531-2. 2013.

[21] X. Li, X. Lei, Q. Li, et al. Characteristics of Acoustic Emission during Deformation and Failure of Typical Reservoir Rocks under Triaxial Compression-Experimental Investigation of Sinian Dolomite and Shale from the Sichuan Basin. Chinese Journal of Geophysics-Chinese Edition. vol. 58, no. 3. DOI: 10. 6038/cjg20150301. 2015.

[22] D. Yang, Q. Li, S. Wang. Numerical Analysis of the Propagation of Pore Pressure Waves in Compressible Fluid Saturated Porous Media. Rock and Soil Mechanics. vol. 35, no. 7, pp. 2047-2056. 2014.

[23] L. Liu, G. Leamon, Q. Li, et al. Developments towards Environmental Regulation of CCUS Projects in China. Energy Procedia. vol. 63, no. pp. 6903-6911. DOI: 10. 1016/j. egypro. 2014. 11. 724. 2014.

[24] X. Zhang, J. Fan, Y. Wei. Technology Roadmap Study on Carbon Capture, Utilization and Storage in China. Energy Policy. vol. 59, no. 0, pp. 536-550. DOI: 10. 1016/j. enpol. 2013. 04. 005. 2013.

[25] H. Xie, X. Li, Z. Fang, et al. Carbon Geological Utilization and Storage in China: Current Status and Perspectives. Acta Geotechnica. vol. 9, no. 1, pp. 7-27. DOI: 10. 1007/s11440-013-0277-9. 2013.

[26] GCCSI. Te Global Status of CCS: 2014. Global CCS Institute. Canberra. p. 2014. http://www. globalccsinstitute. com/publications/global-status-ccsfebruary-2014.

[27] J. Guo, D. Wen, S. Zhang, et al. Suitability Evaluation and Demonstration Project of CO$_2$ Geological Storage in China Geological Publishing House p. 2014.

[28] C. Cooper. A Technical Basis for Carbon Dioxide Storage. Energy Procedia. vol. 1, no. 1, pp. 1727-1733. DOI: 10. 1016/j. egypro. 2009. 01. 226. 2009.

[29] Jenkins, C. Statistical aspects of monitoring and verifcation. International Journal of Greenhouse Gas Control. vol. 13, pp. 215-229. DOI: 10. 1016/j. ijggc. 2012. 12. 020. 2013. Monitoring of Carbon Dioxide Geological Utilization 355.

[30] Y. Dong, Q. Li, A. Dou, et al. Extracting Earthquake Damages due to Wenchuan Ms 8. 0 Earthquake, China from Satellite SAR Intensity Image. Journal of Asian Earth Sciences. vol. 40, no. 4, pp. 907-914. 2011.

[31] Y. Dong, Q. Li, A. Dou, et al. Disaster Mapping from Medium Spatial Resolution ALOS PALSAR Images. In:

IGARSS 2010 – Remote Sensing: Global Vision for Local Action, IEEE: Honolulu, Hawaii, USA. pp. 2167–2170. 2010.

[32] I. de Gregorio-Monsalvo, J. F. Gomez, O. Suarez, et al. CCS and NH_3 Emission Associated with Low-mass Young Stellar Objects. Astrophysical Journal. vol. 642, no. 1, pp. 319–329. 2006.

[33] U. Sauer, C. Schutze, C. Leven, et al. An Integrative Hierarchical Monitoring Approach Applied at a Natural Analogue Site to Monitor CO_2 Degassing Areas. Acta Geotechnica. vol. 9, no. 1, pp. 127 – 133. DOI: 10. 1007/s11440-013-0224-9. 2014.

[34] Q. Li, X. Li, S. Lu, et al. Geomechanical Issues of CO_2 Storage for Performance and Risk Management. In: Te 3rd Symposium of the China – Australia Geological Storage of CO_2 (CAGS): Changchun, Jinlin, China. 2011.

[35] S. Schloemer, M. Furche, I. Dumke, et al. A Review of Continuous Soil Gas Monitoring Related to CCS – Technical Advances and Lessons Learned. Applied Geochemistry. vol. 30, pp. 148 – 160. DOI: 10. 1016/j. apgeochem. 2012. 08. 002. 2013.

[36] Q. Li, I. Sato, F. Sakuma. A Novel Strategy for Precise Geometric Registration of GIS and Satellite Images. Presented at 2008 IEEE International Geoscience and Remote Sensing Symposium-Geoscience and Remote Sensing: The Next Generation(IGARSS 2008), Boston, MA, USA, IEEE, 2008.

[37] G. Liu, Q. Li. A Basin-scale Site Selection Assessment Method for CO_2 Geological Storage under the Background of Climate Change. Climate Change Research Letters. vol. 3, no. 1, pp. 13 – 19. DOI: 10. 12677/ccrl. 2014. 31003 2014.

[38] H. Alnes, O. Eiken, T. Stenvold. Monitoring Gas Production and CO_2 Injection at the Sleipner Field Using Time-lapse Gravimetry. Geophysics. vol. 73, no. 6. 2008.

[39] S. M. Benson. Monitoring Carbon Dioxide Sequestration in Deep Geological Formations for Inventory Verifcation and Carbon Credits. In: SPE Annual Technical Conference and Exhibition Society of Petroleum Engineers: San Antonio, Texas, USA. 2006.

[40] B. Cai. CO_2 Geological Storage and Environmental Monitoring. Environmental Economy. 08, pp. 44–49. 2012.

[41] P. d. Caritat, A. Hortle, M. Raistrick, et al. Monitoring Groundwater Flow and Chemical and Isotopic Composition at a Demonstration Site for Carbon Dioxide Storage in a Depleted Natural Gas Reservoir. Applied Geochemistry. vol. 30, pp. 16–32. DOI: 10. 1016/j. apgeochem. 2012. 05. 005. 2013.

[42] A. Chadwick, R. Arts, O. Eiken, et al. "Geophysical Monitoring of the CO_2 Plume at Sleipner, North Sea". In: S. Lombardi, L. K. Altunina, S. E. Beaubien, Eds., Advances in the Geological Storage of Carbon Dioxide. Springer Netherlands. pp. 303–314. 2006. 356 Acid Gas Extraction for Disposal and Related Topics.

[43] B. M. Freifeld, T. M. Daley, S. D. Hovorka, et al. Recent Advances in Wellbased Monitoring of CO_2 Sequestration. Energy Procedia. vol. 1, no. 1, pp. 2277–2284. DOI: 10. 1016/j. egypro. 2009. 01. 296. 2009.

[44] W. D. Gunter, R. J. Chalaturnyk, J. D. Scott. Monitoring of Aquifer Disposal of CO_2: Experience from Underground Gas Storage and Enhanced Oil Recovery. Amsterdam: Elsevier Science Publ B V. p. 1999.

[45] N. Gupta, D. Paul, L. Cumming, et al. Testing for Large-scale CO_2-enhanced Oil Recovery and Geologic Storage in the Midwestern USA. Energy Procedia. vol. 63, pp. 6393 – 6403. DOI: 10. 1016/j. egypro. 2014. 11. 674. 2014.

[46] P. Humez, J. Lions, P. Négrel, et al. CO_2 Intrusion in Freshwater Aquifers: Review of Geochemical Tracers and Monitoring Tools, Classical Uses and Innovative Approaches. Applied Geochemistry. vol. 46, pp. 95 – 108. DOI: 10. 1016/j. apgeochem. 2014. 02. 008. 2014.

[47] Q. Li, K. Ito, Y. Dong, et al. PS-InSAR Monitoring and Finite Element Simulation of Geomechanical and Hydrogeological Responses in Sedimentary Formations. In: 2011 IEEE International Geoscience and Remote

Sensing Symposium（IGARSS）IEEE：Vancouver，BC，Canada. pp. 2193-2196. 2011.

［48］ J. Lions，N. Devau，L. de Lary，et al. Potential Impacts of Leakage from CO_2 Geological Storage on Geochemical Processes Controlling Fresh Groundwater Quality：A Review. International Journal of Greenhouse Gas Control. vol. 22，pp. 165-175. DOI：10. 1016/j. ijggc. 2013. 12. 019. 2014.

［49］ D. Lumley. 4D Seismic Monitoring of CO_2 Sequestration. Te Leading Edge. vol. 29，no. 2，pp. 150-155. DOI：10. 1190/1. 3304817. 2010.

［50］ Q. Li，X. Liu，J. Zhang，et al. A Novel Shallow Well Monitoring System for CCUS：With Application to Shengli Oilfield CO_2 - EOR Project. Energy Procedia. vol. 63，pp. 3956 - 3962. DOI：10. 1016/j. egypro. 2014. 11. 425. 2014.

［51］ J. L. Verkerke，D. J. Williams，E. Toma. Remote Sensing of CO_2 Leakage from Geologic Sequestration Projects. International Journal of Applied Earth Observation and Geoinformation. vol. 31，pp. 67 - 77. DOI：10. 1016/j. jag. 2014. 03. 008. 2014.

［52］ L. Wielopolski，S. Mitra. Near-surface Soil Carbon Detection for Monitoring CO_2 Seepage from a Geological Reservoir. Environmental Earth Sciences. vol. 60，no. 2，pp. 307-312. 2010.

［53］ P. Winthaegen，R. Aets，B. Schroot. Monitoring Subsurface CO_2 Storage. Oil & Gas Science and Technology. vol. 60，no. 3，pp. 573-582. 2005.

［54］ Q. Zhang，Y. Cui，X. Bu，et al. Coal Combined Oil and Coal Chemical Industry. Shenhua Science and Technology. 02，pp. 77-82. 2011.

［55］ H. Dong，W. Huang. Research of CO_2 Capture，Geological Storage and Leakage Technologies. Resources & Industries. 02，pp. 123-128. 2010.

［56］ U. Schacht，C. Jenkins. Soil gas monitoring of the Otway Project demonstration site in SE Victoria，Australia. International Journal of Greenhouse Gas Control. vol. 24，pp. 14 - 29. DOI：10. 1016/j. ijggc. 2014. 02. 007. 2014.

［57］ X. Liu，Q. Li，Z. Fang，et al. A Novel CO_2 Monitoring System in Shallow Well. Rock and Soil Mechanics. DOI：10. 16285/j. rsm. 2015. 03. 001. 2015. Monitoring of Carbon Dioxide Geological Utilization 357.

［58］ K. Michael，A. Golab，V. Shulakova，et al. Geological Storage of CO_2 in Saline Aquifers—A Review of the Experience from Existing Storage Operations. International Journal of Greenhouse Gas Control. vol. 4，no. 4，pp. 659-667. DOI：10. 1016/j. ijggc. 2009. 12. 011. 2010.

［59］ R. Sweatman，G. R. McColpin. Monitoring Technology Enables Long-term CO_2 Geosequestration：Tried-and-true Methods Can Be Used in a New Way. In：E&P Hart Energy Publishing：Houston，TX，USA. 2009.

［60］ J. E. Aarnes，S. Selmer-Olsen，M. E. Carpenter，et al. Towards Guidelines for Selection，Characterization and Qualifcation of Sites and Projects for Geological Storage of CO_2. Energy Procedia. vol. 1，no. 1，pp. 1735-1742. DOI：10. 1016/j. egypro. 2009. 01. 227. 2009.

［61］ B. D. Wolaver，S. D. Hovorka，R. C. Smyth. Greensites and Brownsites：Implications for CO_2 Sequestration Characterization，Risk Assessment，and Monitoring. International Journal of Greenhouse Gas Control. vol. 19，pp. 49-62. DOI：10. 1016/j. ijggc. 2013. 07. 020. 2013.

［62］ C. R. Jenkins，P. J. Cook，J. Ennis-King，et al. Safe Storage and Effective Monitoring of CO_2 in Depleted Gas Fields. Proceedings of the National Academy of Sciences. vol. 109，no. 2，pp. E35 - E41. DOI：10. 1073/pnas. 1107255108. 2012.

［63］ Y. Wu，J. C. Carroll，Q. Li，eds.，Gas Injection for Disposal and Enhanced Recovery. Hardcover ed. Advances in Natural Gas Engineering. ed. Y. Wu，J. C. Carroll Wiley-Scrivener：New York. p. 400. 2014.

［64］ W. Fei，Q. Li，X. Liu，et al. Coupled Analysis for Interaction of Coal Mining and CO_2 Geological Storage in Ordos Basin，China. In：ARMS8 - 2014 ISRM International Symposium - 8th Asian Rock Mechanics

Symposium-Rock Mechanics for Global Issues – Natural Disasters, Environment and Energy –. N. Shimizu, K. Kaneko, J. –i. Kodama. Editors. ISRM Digital Library: Sapporo, Japan. pp. 2485-2494. 2014.

[65] Q. Li, Z. A. Chen, J. T. Zhang, et al. Positioning and Revision of CCUS Technology Development in China. International Journal of Greenhouse Gas Control. DOI: 10. 1016/j. ijggc. 2015. 02. 024. 2015.

[66] Q. Li, K. Ito, Y. Tomishima, et al. "Bridging Satellite Monitoring and Characterization of Subsurface Flow: With a Case of Horonobe Underground Research Laboratory". In: F. Oka, A. Murakami, S. Kimoto, Eds., Prediction and Simulation Methods for Geohazard Mitigation. CRC Press. pp. 519-524. 2009.

[67] C. B. Yang, K. Romanak, S. Hovorka, et al. Near-Surface Monitoring of LargeVolume CO_2 Injection at Cranfeld: Early Field Test of SECARB Phase III. SPE Journal. vol. 18, no. 3, pp. 486-494. 2013.

[68] Q. Li, W. Fei, X. Liu, et al. Challenging Combination of CO_2 Geological Storage and Coal Mining in Ordos Basin, China. Greenhouse Gas: Science and Technology. vol. 4, no. 4, pp. 452 – 467. DOI: 10. 1002/ghg. 1408. 2014.

[69] G. Lv, Q. Li, S. Wang, et al. Key techniques of reservoir engineering and injection-production process for CO_2 flooding in China's SINOPEC Shengli Oilfield. Journal of CO_2 Utilization. 0. DOI: 10. 1016/j. jcou. 2014. 12. 007. 2015. 358 Acid Gas Extraction for Disposal and Related Topics.

[70] Q. Li, G. Liu, J. Zhang, et al. Status and Suggestion of Environmental Monitoring for CO_2 Geological Storage. Advances in Earth Science. vol. 28, no. 6, pp. 718-727. 2013.

[71] F. Wei, X. Li, M. Liu, et al. Current Status of CCS International Standardization Activities and its Suggestions for China. Science and Technology Management Research. vol. 34, no. 06, pp. 201 – 205. DOI: 10. 3969/j. issn. 1000-7695. 2014. 06. 041. 2014.

[72] Q. Li, G. Liu, X. Liu, et al. Application of a Health, Safety, and Environmental Screening and Ranking Framework to the Shenhua CCS Project. International Journal of Greenhouse Gas Control. vol. 17, pp. 504-514. DOI: 10. 1016/j. ijggc. 2013. 06. 005. 2013.

[73] L. Liu, Q. Li, J. Zhang, et al. Toward a Framework of Environmental Risk Management for CO_2 Geological Storage in China: Gaps and Suggestions for Future Regulations. Mitigation and Adaptation Strategies for Global Change. DOI: 10. 1007/s11027-014-9589-9. 2014.

[74] CAEP – MEP, IRSM – CAS, ACEE – MEP, et al. Environmental Risk Assessment Guidelines for Carbon Dioxide Capture, Utilization and Storage (Trial Version) (Draf). In: National Environmental Protection Standards of People's Republic of ChinaMEP: Beijing. 2014.

23 利用吸收—吸附混合法从沼气中分离甲烷

Yong Pan, Zhe Zhang, Xiong-Shi Tong, Hai Li, Xiao-Hui Wang,
Bei Liu, Chang-Yu Sun, Lan-Ying Yang, Guang-Jin Chen

（中国石油大学重油加工国家重点实验室，中国北京）

摘　要　石油资源减少的结果使世界各国的研究人员更加重视可再生能源的研究。沼气是一种应用广泛的重要生物质能源。沼气经过净化与提质处理后，可以用作车用燃料，也可以作为天然气的替代品。在这项研究工作中，提出了乙二醇—2-甲基咪唑（乙二醇—MLM）浆液悬浮沸石咪唑酯骨架-67（ZIF-67）从 CH_4—CO_2 混合物中分离 CH_4 的吸收—吸附混合法。结果表明，这种方法具有很高的 CO_2/CH_4 混合物选择性，超过了高效分离所需的选择性。最重要的优点是吸着熔仅为-33kJ/mol。由于 CO_2 与浆液的弱相互作用，浆液所需的再生能量低了很多。本研究的突破实验证明，在常压和不同温度下，ZIF-67/乙二醇—MLM 浆液可高效脱除气体混合物中的 CO_2。

23.1 简介

沼气的主要成分是甲烷，占55%~65%，剩下的主要是 CO_2。近年来，世界各国越来越重视沼气的工业化应用研究，尤其是欧洲。然而，由于沼气的 CO_2 含量高，不仅降低了沼气的热值，而且也增加了运输与储存费用。因此，为了实现沼气的工业化应用，其中重要的一环是高效脱除沼气中的 CO_2。

最先进的 CO_2 捕获技术利用链烷醇胺吸收剂水溶液和离子液体化学吸收 CO_2[1-5]。由于 CO_2 与吸收剂之间存在强烈的相互作用（温度为296K时，吸收熔的典型值为-100~-50kJ/mol，以及低 CO_2 负荷）和链烷醇胺吸收剂的沸点高，只有在很高的温度下才能释放出 CO_2，因而此项技术的再生过程会消耗大量的能量。

与化学和物理吸收方法相比，固体物理吸附剂（用于填料或流化吸附床）具有明显的能效优势。已经考虑采用各种固体物理吸附剂来捕获 CO_2，尤其是微孔与中孔材料（碳基吸着剂：如活性炭和碳分子筛、沸石和化学改性中孔材料）、金属氧化物和水滑石类化合物[6]。金属有机骨架（MOF）属于一类新材料，由于这类新材料的气体吸附容量大及其所拥有的结构与化学耐久性，因而可作为开发下一代 CO_2 捕获材料的理想平台[7-15]。沸石咪唑酯骨架（ZIF）属于金属—有机骨架亚类，可以采用基于如下两种置换的沸石结构类型，即用四面体过渡金属离子（如 Zn^{2+} 或 Co^{2+}）置换四面体 Si^{4+} 和 Al^{3+} 和用桥连咪唑基配体置换桥连 O^{2-}。最近，一篇全面性的综述文章[16]强调了沸石咪唑酯骨架优异的选择性捕获与储存特性[17-19]。高通量合成方法被广泛用来生产各种孔径的捕获材料。咪唑酯和苯并咪唑酯交联剂的功能化也表明，可通过微调孔壁与客体分子之间的相互作用，改变吸附选择性。重要的是，与许多金属有机骨架相比，沸石咪唑酯骨架在回流的含水有机介质中表现出很高的热稳定性与化学稳定性，这也是实际分离过程所需要的[17]。尤其是，在决定骨架是否适合用来捕获烟道气中的 CO_2 时，骨架长期暴露于水蒸气中的稳定性在其中发挥了关键作用[20]。

尽管科学界对金属有机骨架和其他纳米多孔材料作为固体吸附剂充满热情，但是并没有认为固体吸附是一种有前途的液体吸收替代方法，其原因在于固体吸附涉及吸附与再生间歇过程，要实现高效的热集成也是非常困难的。在前期工作中[21]，采用乙二醇—2-甲基咪唑（乙二醇—MLM）浆液法，使用 ZIF-67（沸石咪唑酯骨架-67）进行 CO_2/CH_4 混合物的 CO_2 分离实验。此方法采用液体吸收剂悬浮固体吸收剂的方法来制备浆液，既可以实现连续处理，也可以进行热集成。这种浆液的 CO_2 选择性高，分离效率非常好。ZIF-8 $[Zn(MLM)_2]$ 是具有沸石方钠石拓扑的最具代表性的沸石咪唑酯骨架材料。扩展方钠石骨架展现出诱人的特征：可以通过狭窄六环孔隙窗口（0.34nm）进入大方钠石笼子（1.16nm）。此外，ZIF-8 还具有高温稳定性（在氮气中为550℃）和比表面积大（BET 为 $1630m^2/g$）的特点[17,18]。ZIF-67 $[Co(MLM)_2]$ 与 ZIF-8 同构，具有与 ZIF-8 相同的骨架结构与有机配体，但具有不同的金属原子 Co。Co 属于过渡金属，可与不饱和烃（如双键烯烃）形成 π 键[22]。由于 CO_2 也具有双键，推测 CO_2 能够与 ZIF-67 中的 Co 形成 π 键。如果这个推测是正确的，ZIF-67/乙二醇—MLM 浆液应具有比 ZIF-8/乙二醇—MLM 浆液更好的 CO_2 捕获能力。

本研究中，为了验证上述推测，通过乙二醇—2-甲基咪唑（乙二醇—MLM）悬浮 ZIF-67 来制备 ZIF-67/乙二醇—MLM 浆液，用来捕获沼气中的 CO_2。除了分批平衡分离实验外，主要通过鼓泡塔突破实验来调查温度、浆液的 ZIF-67 质量分数、原料气组分和进给流量对分离性能的影响。实验结果表明，ZIF-67/乙二醇-MLM 浆液的 CO_2 捕获性能优于 ZIF-8/乙二醇—MLM 浆液。

23.2 实验

23.2.1 实验装置

实验装置流程如图 23.1 所示。

装置的关键部件是透明蓝宝石池和钢制盲池，它们都安装在空气浴中。蓝宝石池的有效容积为 $60cm^3$，盲池的容积加上与其相连的管线容积，总容积为 $112cm^3$。蓝宝石池和盲池设计最大工作压力均为 20MPa。为了清楚观察池中发生的现象，将 LG100H 发光源固定在池的外侧。使用的温度传感器是二次铂电阻温度计（Pt 100 型）。使用校准的 Heise 压力计和差压传感器测量系统压力。压力和温度测量不确定度分别为 ±0.01MPa 和 ±0.1K。记录系统温度和压力随时间的变化情况，并通过计算机显示出来。

23.2.2 材料

所有分析级的化学品和试剂都可从市场上购得。用于合成 ZIF-67 的 $Co(NO_3)_2 \cdot 6H_2O$ 和 2-甲基咪唑（MLM）购自 Sigma-Aldrich。分析级 CO_2（99.99%）和 CH_4（99.99%）购自北京 AP Beifen 气体工业公司。合成气体 CO_2/CH_4 是在本实验室内制备的。使用 Hewlett-Packard 气相色谱仪（HP 7890）分析合成气体和实验平衡气体混合物组成。制备浆液使用的电子天平精度为 ±0.1mg。

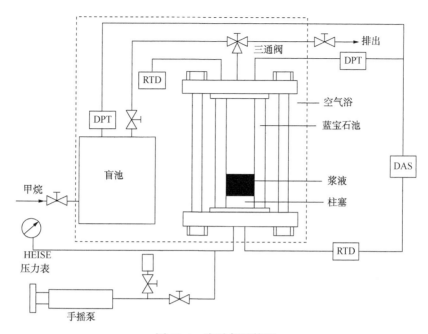

图 23.1　实验仪器简图

RTD—电阻热偶检测器；DPT—差压传感器；DAS—数据采集系统

采用 TA Q2000 仪器进行热重分析(TGA)，分析条件为：空气处于流动状态、加热速率 5℃/min。采用 PAN-alytical X 射线衍射仪进行粉末 X 射线衍射(XRD)实验，电压为 230V，容量为 65kV·A，速度为 5°/min，在 2θ 内的步长为 0.02°，使用的是 Cu Kα 辐射。在 5°~40°的 2θ 范围内连续记录衍射图样。

23.2.3　ZIF-67 的合成与活化

按照文献[23]描述的方案，使用 2-甲基咪唑作为交联剂合成 ZIF-67。在常规实验中，ZIF-67 的大规模合成装置流程如图 23.1 所示，合成溶液的组分物质的量比为：Co^{2+}∶2-甲基咪唑∶H_2O=1∶8∶1617。制备过程：首先，用 120kg 去离子水溶解 3.38kg 2-甲基咪唑，通过添加 TEA 将溶液的 pH 值调至 9.5 左右。其次，用 30kg 去离子水溶解 1.50kg Co(NO$_3$)$_2$·6H$_2$O。然后，搅拌混合硝酸钴溶液和 2-甲基咪唑溶液。所有操作均在室温(20℃±2℃)下进行。搅拌 20min 后，用空气压缩机将反应溶液推至过滤器，过滤并用去离子水洗涤数次，为了加快整个过程的过滤速度，用氮气加压，得到紫色产物。合成产物含有大量 2-甲基咪唑和水分子。使用以下自制测试程序完成 ZIF-67 的活化过程，获得干净、无残留且稳定的 ZIF-67。通过对去离子水中的微晶产品进行三次超声处理，完全除去过量的 2-甲基咪唑和孔隙滞留水分子，所用时间为 2h。在真空状态下，对 ZIF-67 样品进行连续 3 天的高温处理，处理温度为 120℃，除去孔隙中的溶剂及其他客体分子，获得 0.991kg(以 Co 原子为基础的情况下为 86.9%)的 ZIF-67。得到的空隙清洁样品称为活化样品。

23.2.4　气体—浆液平衡实验

首先，从实验装置上取下蓝宝石池，用蒸馏水洗涤并干燥，然后加入适量的(柴)油包水乳液。对系统(蓝宝石池—盲池—连接管线)进行真空清洁处理,并用原料气进行置换,确保系统内无空气。随后,将规定数量的原料气注入盲池,并将空气浴温度调节至规定值。一旦盲池内的温度和压力不再变化,将此时的气体混合物压力记为初始压力p_1。然后,向蓝宝石池注入规定数量的原料气(原料气来自盲池),随后启动磁力搅拌器以加速水合物的形成。注入过程结束后,盲池内残余气体混合物的压力记为p_2。随着乳液系统中气体混合物的吸收和水合,蓝宝石池中的系统压力逐渐降低。当系统压力长时间维持不变时,说明水合物的形成过程已经结束,将此时蓝宝石池的压力记为p_E。需注意的是,在整个实验期间,温度维持恒定不变。通过使用手动泵推动蓝宝石池中的活塞,在维持压力不变的条件下,采集蓝宝石池中的平衡气体混合物样品,利用 HP 7890 气相色谱仪分析样品组成。在每次实验过程中,利用计算机记录蓝宝石池内压力随时间的变化情况。通过测量蓝宝石池内的乳液或浆液相高度求出蓝宝石池内的乳液或浆液相体积,蓝宝石池内径 1.27cm。

23.2.5 数据处理

在这项研究工作中,采用下面的质量平衡方法,确定浆液相吸收与吸附的各种气体物质数量。

注入蓝宝石池的气体混合物总物质的量(n_t)计算如下:

$$n_t = \frac{p_0 V_t}{Z_0 RT} - \frac{p_1 V_t}{Z_1 RT} \tag{23.1}$$

式中 T——系统温度;

p_0——盲池内的初始压力;

p_1——向蓝宝石池注入气体后,盲池内的平衡压力;

V_t——盲池与连接管线的总容积;

R——气体常数。

使用 Benedict-Webb-Rubin-Starling 状态方程计算压缩因子Z_0和Z_1。实现吸收与吸附平衡后,蓝宝石池内平衡气相中的总气体量(n_E)为:

$$n_E = \frac{p_E V_g}{Z_E RT} \tag{23.2}$$

式中 p_E——蓝宝石池内的平衡压力;

Z_E——对应于温度 T 和压力p_E的压缩因子;

V_g——每次实验结束时,蓝宝石池内的平衡气相体积。

浆液的 $CO_2(n_1)$ 和 $CH_4(n_2)$ 捕获总量计算如下:

$$n_1 = n_t z_1 - n_E y_1 \tag{23.3}$$
$$n_2 = n_t z_2 - n_E y_2 \tag{23.4}$$

式中 z_1, y_1——合成气和平衡气相中的 CO_2摩尔分数;

z_2, y_2——合成气和平衡气相中的 CH_4摩尔分数。

因此,平衡浆液相中的 $CO_2(x_1)$ 和 $CH_4(x_2)$ 表观摩尔分数计算如下:

$$x_1 = \frac{n_1}{n_1 + n_2} \tag{23.5}$$

$$x_2 = \frac{n_2}{n_1 + n_2} \tag{23.6}$$

在平衡分离过程中，CO_2 分离效率可以用混合物中吸着剂的吸着选择性来表示[3]。在本项研究中，浆液中的 CO_2 表观选择性(β)计算如下：

$$\beta = \frac{x_1/y_1}{x_2/y_2} \tag{23.7}$$

吸着介质中的 CO_2 溶解度系数$[S_c, mol/(L \cdot bar)]$是分离效率的重要指标，计算如下：

$$S_c = \frac{n_1}{V_s p_E y_1} \tag{23.8}$$

式中　V_s——吸着介质(液体或浆液)的体积。

浆液中的 CO_2 表观体积溶解度(S_v, mol/L)定义如下：

$$S_v = \frac{1000 n_1}{V_s} \tag{23.9}$$

初始气体—浆液体积比(φ)和气体—固体吸附剂体积比(φ')定义为：

$$\varphi = \frac{22400 n_t}{V_s} \tag{23.10}$$

23.2.6　突破实验

使用高度为 165cm、内径为 2cm 的不锈钢鼓泡塔进行突破实验，注入 450g ZIF-67/乙二醇—MLM 浆液。使用纯氦气进行吸附剂原位再生的突破实验系统如图 23.2 所示。

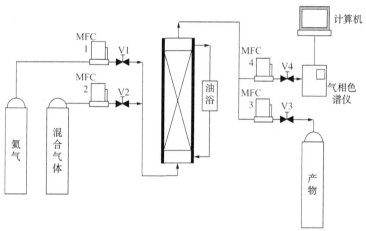

图 23.2　收集突破曲线的装置简图

MFC—质量流量控制器；V1、V2、V3、V4—阀

如图 23.2 所示，气体管汇由两条管线组成，管线"1"和"2"，配有质量流量控制器。利用管线"1"，在实验前注入惰性气体(氦气)清除鼓泡塔与管线内的空气，并在每次实验后进行浆液再生处理。利用管线"2"，以恒定的流量注入突破实验用含 CO_2 的气体混合物。使用三通阀将管线"1"和"2"连接至鼓泡塔。对鼓泡塔出口处的气流进行取样，采集的样品采用 HP 7890 气相色谱仪进行定期分析处理。在每组实验结束后，通过将纯氦气鼓入鼓泡塔和升温来实现浆液的原位再生。

23.3 结果和讨论

23.3.1 吸附剂表征

图 23.3 提供了 ZIF-67 的 X 射线衍射(XRD)图样(合成样品,图 23.3 曲线 b)和来自单晶 X 射线衍射的 ZIF-67 模拟 X 射线衍射图样(图 23.3 曲线 a)[10]。对比用活化 ZIF-67 样品 X 射线衍射图样也一并列入图 23.3(图 23.3 曲线 c)。

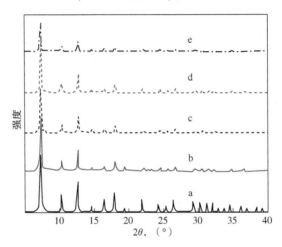

图 23.3 X 射线衍射图样

a—模拟获取的 ZIF-67 的 X 射线衍射图样;b—合成样品的 X 射线衍射图样;

c—活化样品的 X 射线衍射图样;d—来自 ZIF-67/乙醇浆液再生固体样品的 X 射线衍射图样;

e—来自 ZIF-67/乙醇—MLM 浆液再生样品的 X 射线衍射图样

如图 23.3 所示,自制合成样品和模拟 X 射线衍射图样之间良好的一致性证实了纯 ZIF-67 相的形成。除了 2θ 角小于 10°时的峰值强度增强外,活化样品(不含水和其他杂质)的粉末 X 射线衍射图样并没有实质性的变化,这是由于孔隙内无水分子引起的电子密度对比度增大所致。实验结果表明,活化样品的孔隙尺寸和几何形状与合成样品类似,证实活化样品的孔隙中无残留物。X 射线衍射结果还表明,再生后,ZIF-67 结构的结晶度没有变化。

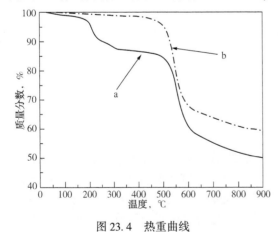

图 23.4 热重曲线

a—合成 ZIF-67 样品的热重曲线;b—活化样品的热重曲线

合成 ZIF-67 样品的热重曲线见图 23.4 曲线 a。出现在 230℃ 左右的快速失重现象说明游离水—MLM 溶液正在蒸发,随后的慢速失重现象则说明固体 ZIF-67 孔隙中的溶液正在蒸发。合成样品进行连续 3 天的高温处理,处理温度为 120℃,除去孔隙或表面的溶剂及其他客体分子。如图 23.4 中曲线 b 所示，在温度达到 500℃前，失重现象不明显，随后的快速失重现象则预示材料的分解现象，该曲线表明样品的活化程度几乎达到了完美的程度。

23.3.2 吸收—吸附等温线

与 ZIF-8/乙二醇—MLM 浆液类似[21]，ZIF-67/乙二醇—MLM 浆液的 CO_2 捕获能力也取决于溶剂（乙二醇—MLM）的吸收能力和悬浮在溶剂中的 ZIF-67 的吸附能力。为了评价它的 CO_2 吸收—吸附能力，首先在不同温度和压力下，测量浆液中的 CO_2 表观溶解度（S_v），即吸收—吸附等温线。

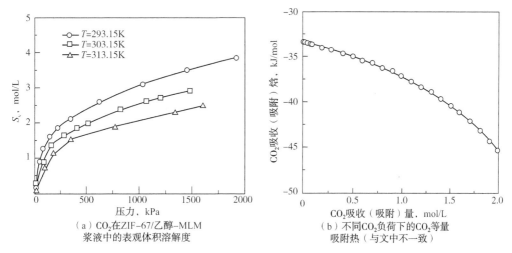

(a) CO_2 在 ZIF-67/乙醇—MLM
浆液中的表观体积溶解度

(b) 不同 CO_2 负荷下的 CO_2 等量
吸附热（与文中不一致）

图 23.5 吸收—吸附等温线

实验结果如图 23.5(a) 所示，浆液中的 ZIF-67 质量分数规定为 0.15，乙二醇与 MLM 之间的质量比规定为 3:2。现以 CO_2 的 293.2K 等温线为例，表观溶解度的快速上升期出现在低压区。压力为 1bar、温度为 303.2K 时，浆液中的 CO_2 表观溶解度达到了 1.3mol/L，略高于文献[14]中报道的 CO_2 在 ZIF-8/乙二醇—MLM 浆液中的表观溶解度（1.25mol/L）。在低 CO_2 分压下，这样的表观溶解度足以确保在人们实际感兴趣的条件下，拥有良好的吸着容量，例如烟道气的 CO_2 常压捕获。利用图 23.5(a) 所示的 293.2K、303.2K 和 323.2K 的吸着等温线，计算 CO_2 的等量吸着热（Q_{st}）。使用 Langmuir Freundlich 方程[24]进行吸着等温线拟合，并使用修正的 Clausius-Clapeyron 方程[25]计算吸着焓。计算结果如图 23.5(b) 所示。在吸着开始时，ZIF-67/乙二醇—MLM 浆液中的 CO_2 吸着焓 Q_{st} 为 -33kJ/mol；当 CO_2 捕获量更高时，增加至 -45kJ/mol。这与 ZIF-8/乙二醇—MLM 浆液一致（当 CO_2 捕获量更低时，约为 -29kJ/mol），远低于许多链烷醇胺水溶液（约为 -100kJ/mol）[5]。这样的话，就能够实现碳捕获过程的高效率与低能耗。

为了研究 ZIF-67/乙二醇—MLM 浆液的分离选择性，将 ZIF-67/乙二醇—MLM 浆液注入平衡池，通入 CO_2/CH_4 混合物，进行一系列的平衡级分离实验。为了便于比较，使用固体 ZIF-67 或 ZIF-67/乙二醇浆液进行对比实验。图 23.6 给出了温度为 303.2K 时不同压力下的 CO_2 分离因子。同样，为了便于比较，也将文献报道的 ZIF-8/乙二醇—MLM 浆液的实验结果[21]和乙二醇—MLM 溶液的实验结果列入图 23.6。

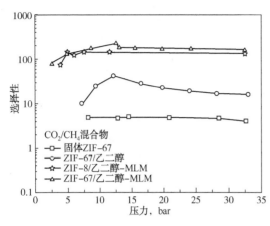

图 23.6　在固体 ZIF-67、ZIF-67/乙二醇浆液、液体乙二醇—MLM、ZIF-8/乙二醇—MLM 浆液和 ZIF-67/乙二醇—MLM 浆液中，CO_2 的分离选择性是压力的函数　实验温度为 303.2K

如图 23.6 所示，五种吸着材料（固体 ZIF-67、含质量分数为 40% MLM 的乙二醇—MLM 溶液、ZIF-67/乙二醇浆液、ZIF-67/乙二醇—MLM 浆液和 ZIF-8/乙二醇—MLM 浆液）中，ZIF-67/乙二醇—MLM 浆液的分离选择性最高。对于 CO_2/CH_4 混合物来说，使用 ZIF 67/乙二醇—MLM 浆液，CO_2 分离因子的最大值等于 222，高于使用 ZIF-8/乙二醇—MLM 浆液的 144，这样的选择性优于报道的效果极好的金属有机骨架[26,27]。如图 23.6 所示，使用未添加 MLM 的 ZIF-67/乙二醇浆液，其 CO_2 的分离选择性也是比较高的（对于 CO_2/CH_4 混合物来说，其 CO_2 分离因子高达 42），表明混合吸收—吸附法提供了一种非常高效的 CO_2 捕获方法。

23.3.3　突破实验

为了模拟实际的 ZIF-67/乙二醇浆液碳捕获分离过程，利用不锈钢鼓泡塔进行了一系列突破试验，测试温度、ZIF-67 质量分数、原料气流量以及组成对浆液捕获能力的影响。在这组实验组中，规定制备浆液用乙二醇—MLM 溶液中的 MLM 浓度为 40%（质量分数）。另外，鼓泡塔内的液体或浆液的高度规定为 1.45m，并且所有实验都是在常压下进行的。

图 23.7（a）比较了三种具有不同 ZIF-67 质量分数的 ZIF-67/乙二醇—MLM 浆液的 CO_2 突破曲线，温度和原料气的流量（CO_2/CH_4，摩尔分数 $z_{CO_2} = 26.8\%$）分别规定为 303.2K 和 25mL/min。很明显，浆液的捕获率和捕获容量都随着浆液中的 ZIF-67 质量分数的增加而增加。对于 ZIF-67 质量分数为 15% 的浆液来说，5h 后出口气流中的 CO_2 浓度仅为 1.7%，同时 ZIF-67 质量分数为 5% 的浆液，其出口气流中的 CO_2 浓度则增加至 13.92%。这样的结果表明，在混合吸收—吸附分离过程中，起主要作用的是 ZIF-67 的吸附作用。浆液中的 ZIF-67 浓度越高，CO_2 捕获能力越强。但是，浆液的黏度也会随着 ZIF-67 质量分数的增加而增大。根据实验情况，可以认为合适的 ZIF-67 质量分数为 15%~20%。

图 23.7（b）比较了 5 种吸着材料的原料气 CO_2/CH_4（摩尔分数 $z_{CO_2} = 26.8\%$）突破性能，温度和原料气流量分别规定为 303.2K 和 25mL/min。如图 23.7（b）所示，液体乙二醇、ZIF-67/乙二醇浆液、含 40% MLM 的乙二醇—MLM 溶液、ZIF-8/乙二醇—MLM 浆液和 ZIF-67/乙二醇—MLM 浆液的 CO_2 捕获能依次增强。比较结果表明，就 ZIF-67/乙二醇—MLM 浆液的总吸收—吸附容量来说，乙二醇的贡献很小。就浆液的捕获能力来说，ZIF-67 和 MLM 的贡献起了关键作用。ZIF-67/乙二醇—MLM 浆液的 CO_2 捕获能力优于 ZIF-8/乙二醇—MLM 浆液。ZIF-67 和 ZIF-8 具有相同的骨架结构，唯一的不同是金属原子不同。ZIF-67/乙二醇—MLM 浆液优异的 CO_2 捕获能力应归功于金属原子 Co。这一结果部分支持了本实验的推测，即二氧化碳能够与 ZIF-67 中的 Co 形成 π 键，其原因在于它含有双键。

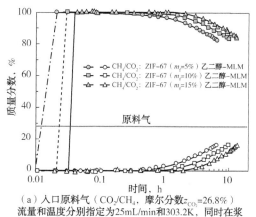 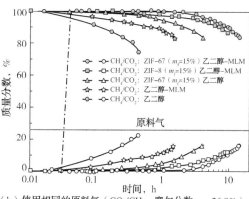

（a）入口原料气（CO₂/CH₄，摩尔分数z_{CO_2}=26.8%）流量和温度分别指定为25mL/min和303.2K，同时在浆液中指定不同质量分数的ZIF-67

（b）使用相同的原料气（CO₂/CH₄，摩尔分数z_{CO_2}=26.8%），五种吸着材料的突破性能对比，入口原料气（CO₂/CH₄，摩尔分数z_{CO_2}=26.8mol%）流量和温度分别指定为25mL/min和303.2K，ZIF-8/乙二醇—MLM浆液的突破曲线

图23.7　不同操作条件下，ZIF-67/乙二醇—MLM 浆液的突破曲线

在突破实验结束后，进行饱和浆液再生处理，即在大气压力下，通入氦气来实现饱和浆液的再生。图23.8（a）和图23.8（b）分别给出了氦气流量和温度对被 CO₂/CH₄（摩尔分数 z_{CO_2}=26.8%）气体混合物饱和的 ZIF-67/乙二醇—MLM 浆液解吸行为的影响（再生温度为303.2K），连续鼓入氦气10h。再生过程表明，增大再生气体氦气的流量或升高温度，可以有效加快解吸过程。另外，再生初期出口气流中的 CH₄浓度非常高，随后快速下降。这一现象说明 CH₄的解吸率很高。在大多数情况下，CH₄的解吸过程可以在20min内完成。CH₄解吸结束后，出口气流中的 CO₂浓度迅速增加，在 1h 内达到峰值浓度，随后开始下降。CO₂的解吸过程通常会持续很长时间（6~10h），并且严重依赖于再生气体的温度和流量。在 ZIF-67/乙二醇—MLM 浆液的实际应用过程中，可以通过加热和真空处理来实现饱和浆液的再生。

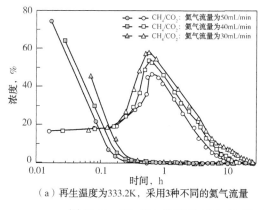 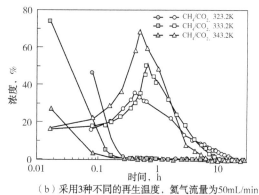

（a）再生温度为333.2K，采用3种不同的氦气流量

（b）采用3种不同的再生温度，氦气流量为50mL/min

图23.8　CO₂/CH₄饱和的 ZIF-67/乙二醇—MLM 浆液在常压、氦气再生期间，出口气流中的 CO₂和 CH₄浓度随时间的变化情况

通过将整个解吸过程中不同时段的 CH₄和 CO₂解吸量相加，在浆液中预先溶解这么多的 CH₄和 CO₂。然后进行再生实验，氦气流量为 50mL/min，再生温度为 343.2K，实验结果如图23.8（b）所示，每克浆液解吸的 CH₄和 CO₂总量分别为 0.004mmol 和 0.474mmol，对应于

突破实验结束时，浆液相中的气体摩尔组分为 0.8% CH$_4$ 和 99.2% CO$_2$。实验结果表明，ZIF-67/乙二醇—MLM 浆液的 CO$_2$ 捕获选择性非常高。

就实际应用来说，吸附剂不仅应具有吸着容量大和高选择性的特点，而且还应具有数千次吸着/解吸循环的高稳定再生性。在本次实验中，使用鼓泡塔突破装置进行 ZIF-67/乙二醇—MLM 浆液的吸附/解吸循环实验，实验结果如图 23.9(a) 所示。在 10 次吸着/解吸循环期间，浆液的 CO$_2$ 吸附容量几乎维持不变，这一情况表明浆液属于完全可再生浆液。稳定的吸着/解吸性能表明，新的 ZIF-67/乙二醇—MLM 浆液极有希望投入实际应用。

通过 X 射线衍射表征吸附分离前后的 ZIF-67 结构。图 23.9(b) 给出了吸附分离实验前后 ZIF-67 的 X 射线衍射图样。就 ZIF-67/乙二醇—MLM 浆液来说，ZIF-67 的结构甚至在 10 次循环操作后仍未发生变化。

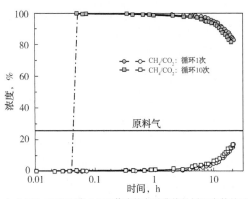 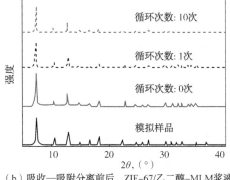

（a）ZIF-67/乙二醇-MLM浆液的突破曲线是循环次数的函数　（b）吸收—吸附分离前后，ZIF-67/乙二醇-MLM浆液中的ZIF-67X射线衍射图样

图 23.9　吸着/解吸循环实验

23.4　结论

ZIF-67/乙二醇—MLM 浆液表现出低 CO$_2$ 吸附热和极佳的 CO$_2$ 选择性。多次吸附/解吸分离循环的突破实验结果表明，就沼气的 CO$_2$ 吸附循环分离来说，ZIF-67/乙二醇—MLM 浆液吸附剂是稳定的。在环境条件下，偶然发现的 ZIF-67/乙二醇—MLM 浆液的高 CO$_2$ 捕获能力与分离能力，有助于在不久的将来广泛开展多孔金属有机骨架浆液的 CO$_2$ 捕获研究。

参 考 文 献

[1] G. T. Rochelle, Amine Scrubbing for CO$_2$ Capture. Science, 2009, 325, 1652-1654.

[2] C. M. Wang, H. M. Luo, X. Y. Luo, H. R. Li. and S. Dai, Equimolar CO$_2$ capture by imidazolium-based ionic liquids and superbase systems. Green Chem. , 2010, 12, 2019-2023.

[3] C. M. Wang, S. M. Mahurin, H. M. Luo, G. A. Baker, H. R. Lia and S. Dai, Reversible and robust CO$_2$ capture by equimolar task-specifc ionic liquid superbase mixtures. Green Chem. , 2010, 12, 870-874.

[4] L. Y. Zhou, J. Fan, G. K. Cui, X. M. Shang, Q. H. Tang, J. J. Wang and M. H. Fan, Highly efcient and reversible CO$_2$ adsorption by amine-grafed platelet SBA-15 with expanded pore diameters and short mesochannels. Green Chem. , 2014, 16, 4009-4016.

[5] X. Y. Li, M. Q. Hou, Z. F. Zhang, B. X. Han, G. Y. Yang, X. L. Wang and L. Z. Zou. Absorption of CO_2 by ionic liquid/polyethylene glycol mixture and the thermodynamic parameters. Green Chem., 2008, 10, 879−884.

[6] S. Choi, J. H. Drese and C. W. Jones. Adsorbent Materials for Carbon Dioxide Capture from Large Anthropogenic Point Sources. ChemSusChem, 2009, 2, 796−854. Separation of Methane from Biogas 375.

[7] J. R. Li, R. J. Kuppler and H. C. Zhou, Selective gas adsorption and separation in metal−organic frameworks. Chem. Soc. Rev., 2009, 38, 1477−1504.

[8] R. E. Morris and P. S. Wheatley, Gas storage in nanoporous materials. Angew. Chem., Int. Ed., 2008, 47, 4966−4981.

[9] Q. Wang, J. Luo, Z. Zhong and A. Borgna, CO_2 capture by solid adsorbents and their applications: current status and new trends. Energy Environ. Sci, 2011, 4, 42−55.

[10] J. M. Simmons, H. Wu, W. Zhou and T. Yildirim, Carbon capture in metal−organic frameworks−a comparative study. Energy Environ. Sci., 2011, 4, 2177−2185.

[11] T. C. Drage, C. E. Snape, L. A. Stevens, J. Wood, J. Wang, A. I. Cooper, R. Dawson, X. Guo, C. Satterley and R. Lrons, Materials challenges for the development of solid sorbents for post−combustion carbon capture. J. Mater. Chem., 2012, 22, 2815−2823.

[12] R. Sathre and E. Masanet, Prospective life−cycle modeling of a carbon capture and storage system using metal−organic frameworks for CO_2 capture. RSC Adv., 2013, 3, 4964−4975.

[13] S. D. Kenarsari, D. Yang, G. Jiang, S. Zhang, J. Wang, A. G. Russell, Q. Wei and M. Fan, Review of recent advances in carbon dioxide separation and capture. RSC Adv, 2013, 3, 22739−22773.

[14] J. M. Huck, L. C. Lin, A. H. Berger, M. N. Shahrak, R. L. Martin, A. S. Bhown, M. Haranczyk, K. Peuter and B. Smit, Evaluating different classes of porous materials for carbon capture. Energy Environ. Sci., 2014, 7, 4132−4146.

[15] J. Wang, L. Huang, R. Yang, Z. Zhang, J. Wu, Y. Gao, Q. Wang, D. OHare and Z. Zhong, Recent advances in solid sorbents for CO_2 capture and new development trends. Energy Environ. Sci., 2014, 7, 3478−3518.

[16] A. Phan, C. J. Doonan, F. J. Uribe−Romo, C. B. Knobler, M. O'Keeffe and O. M. Yaghi, Synthesis, structure, and carbon dioxide capture properties of zeolitic imidazolate frameworks. Acc. Chem. Res., 2010, 43, 58−67.

[17] R. Banerjee, A. Phan, B. Wang, C. Knobler, H. Furukawa, M. O'Keeffe and O. M. Yaghi, High−throughput synthesis of zeolitic imidazolate frameworks and application to CO_2 capture. Science, 2008, 319, 939−943.

[18] K. S. Park, Z. Ni, A. P. Cote, J. Y. Choi, R. Huang, F. J. Uribe−Romo, H. K. Chae, M. O'Keeffe and O. M. Yaghi, Exceptional chemical and thermal stability of zeolitic imidazolate frameworks. PNAS, 2006, 103, 10186−10191.

[19] H. Hayashi, A. P. Cote, H. Furukawa, M. O'Keeffe and O. M. Yaghi, Zeolite A imidazolate frameworks. Nat. Mater., 2007, 6, 501−507.

[20] P. Kusgens, M. Rose, I. Senkovska, H. Frode, A. Henschel, S. Siegle and K. Kaskel. Characterization of metal−organic frameworks by water adsorption. Microporous Mesoporous Mater., 2009, 120, 325−330.

[21] H. Liu, B. Liu, L. C. Lin, G. J. Chen, Y. Q. Wu, J. Wang, X. T. Gao, Y. N. Lv, Y. Pan, X. X. Zhang, X. R. Zhang, L. Y. Yang, C. Y Sun, Berend Smit, W. C. Wang. A hybrid absorption−adsorption method to efficiently capture Carbon. Nat. Commun. (2014) 5: 5147. 376 Acid Gas Extraction for Disposal and Related Topics.

[22] R. T. Yang and E. S. Kikkinides, New Sorbents for Olefin/Paraffin Separations by Adsorption via π-Complexation. AIChE J., 1995, 41, 509.

[23] A. F. Gross, E. Sherman, J. J. Vajo, Aqueous room temperature synthesis of cobalt and zinc sodalite zeolitic imidizolate frameworks. Dalton Trans. 2012, 41, 5458-5460.

[24] J. An, S. J. Geib and N. L. Rosi, High and Selective CO_2 Uptake in a Cobalt Adeninate Metal-Organic Framework Exhibiting Pyrimidine-and AminoDecorated Pores. J. Am. Chem. Soc, 2010, 132, 38-39.

[25] Z. Q. Wang, K. K. Tanabe and S. M. Cohen, Tuning Hydrogen Sorption Properties of Metal-Organic Frameworks by Postsynthetic Covalent Modifcation. Chem. Eur. J., 2010, 16, 212-217.

[26] P. Nugent, Y. Belmabkhout, S. Burd, A. J. Cairns, R. Luebke, K. Forrest, T. Pham, S. Ma, B. Space, L. Wojtas, M. Eddaoudi, M. J. Zaworotko, Porous materials with optimal adsorption thermodynamics and kinetics for CO_2 separation. Nature, 2013, 495, 80-84.

[27] R. Babarao, J. Jiang, . Unprecedentedly high selective adsorption of gas mixtures in rho zeolite-like metal-organic framework: A molecular simulation study. Am. Chem. Soc. 131, 11417-11425(2009).